Biotechnologie

M.P. Tombs

Biotechnologie in der Lebensmittelindustrie

Aus dem Englischen übersetzt
von Dr. Barbara Vollert-Schmid

Bearbeitet von
Dipl.-Chem. Dörte Klostermeyer

Mit 54 Abbildungen und 24 Tabellen

Springer-Verlag
Berlin Heidelberg New York
London Paris Tokyo
Hong Kong Barcelona Budapest

Prof. M.P. Tombs   *Department of Applied Biochemistry*
and Food Science
University of Nottingham/UK

Dr. Barbara Vollert-Schmid   *Zum Kohlwaldfeld 6*
65817 Eppstein-Vockenhausen

Dipl.-Chem. Dörte Klostermeyer   *Universität München*
Institut für Organische Chemie
Karlstraße 23
80333 München

Originalausgabe:
Tombs, Biotechnology in Food Industry
First published 1990 by Open University Press, Milton Keynes
©1990 M.P. Tombs, All rights reserved.
Authorized translation from English language edition
published by John Wiley & Sons Ltd.

ISBN-13:978-3-540-57452-1   e-ISBN-13:978-3-642-78649-5
DOI: 10.1007/978-3-642-78649-5

CIP-Eintrag beantragt

Umschlaggestaltung: Struve & Partner, Heidelberg
Satz: Datenkonvertierung durch B. Vollert-Schmid und Springer-Verlag
SPIN: 10086472   02/3020 - 5 4 3 2 1 0 - Gedruckt auf säurefreiem Papier

Vorwort des Autors

Das vorliegende Buch versteht sich als Einführung für Studenten nach dem Vordiplom und für Mitarbeiter aus den Forschungs- und Entwicklungsabteilungen in der Nahrungsmittelindustrie, die sich nicht direkt mit biotechnologischen Fragestellungen beschäftigen. Es wird vorausgesetzt, daß der Leser chemische oder biochemische Kenntnisse besitzt und wenigstens am Rande mit der Lebensmittelchemie und der Chemie der Naturstoffe vertraut ist.

Biotechnologie als akademisches Forschungsgebiet ist nicht eindeutig definiert [1], was aber nicht bedeutet, daß es für Akademiker uninteressant wäre. Die meisten wegweisenden Fortschritte auf dem Gebiet der Molekularbiologie stammen von Akademikern. Allerdings haben Studenten, die ja im allgemeinen ein klar umrissenes Gebiet und vor allem klare Lehrpläne bevorzugen, Schwierigkeiten, mit der wesentlich weniger klar umrissenen Materie eines interdisziplinären Lehrfaches vertraut zu werden. „Biotechnologie" als Begriff soll auch gar nicht weiter definiert werden. Viele Mitarbeiter in den Forschungs- und Entwicklungsabteilungen in der Nahrungsmittelindustrie würden auf eine entsprechende Frage ihr Tätigkeitsfeld mit ‚Biotechnologie' beschreiben. Das vorliegende Werk beschreibt solche Tätigkeitsfelder. Da die Biotechnologie aus akademischer Sicht nicht bzw. nur in geringem Maß vernünftig gegliedert ist, kommt mein Ansatz vom industriellen und anwendungsorientierten Standpunkt. Wenn man überhaupt von einer Struktur sprechen möchte, so ist im vorliegenden Werk die Struktur der Industrie widergespiegelt. Trotzdem habe ich versucht, die Sachverhalte aus akademischer Sicht zu vervollständigen und zwar derart, daß ich in sinnvoller Weise die speziellen, notwendigen biochemischen und biologischen Gesichtspunkte dargestellt habe. Der laufende Text ist ohne Literaturhinweise und ich habe versucht, eher einen erzählenden Ton einzuschlagen. Ein wichtiges Anliegen ist mir, einen Eindruck der derzeitigen Fortschritte zu vermitteln, denn die meisten der biotechnologischen Möglichkeiten in der Nahrungsmittelindustrie sind noch nicht verwirklicht.

Am Ende des Buches sind Bücher, Übersichtsartikel und einige Originalveröffentlichungen kapitelweise zitiert. Die Abbildungen sind mit den Lite-

---

[1] Der Begriff ‚Biotechnologie' war in den letzten beiden Jahrzehnten einer ständigen Wandlung unterworfen, er wurde schließlich von der Europäischen Föderation Biotechnologie (EFB, 1989) sehr weit gefaßt. Im Vereinigten Königreich wird der Begriff dagegen – wie im vorliegenden Buch – meist enger als die integrierte Anwendung von Natur- und Ingenieurwissenschaften zur Nutzung der Gentechnik verstanden.

raturzitaten versehen. Die Auswahl der Literatur erfolgte eher nach dem Gesichtspunkt, wie intensiv die jeweilige Thematik behandelt ist, und weniger nach der Aktualität. Biotechnologische Publikationen decken das Spektrum von gelehrten Zeitschriften bis zu Aktientips ab. Nur wenige der vielen Veröffentlichungen behandeln biotechnologische Anwendungen in der Nahrungsmittelindustrie. Die diesbezügliche Primärliteratur ist auf Zeitschriften aus der Ernährungswissenschaft, der Mikrobiologie und natürlich auch der Biotechnologie verteilt, und vieles schlummert noch in Patenten. In den jährlich erscheinenden ernährungswissenschaftlichen Übersichtsartikeln finden sich einige Veröffentlichungen über biotechnologische Anwendungen zur Verarbeitung von Nahrungsmitteln sowie auch in der Publikationsreihe ‚*Biotechnology and Genetic Engineering Reviews*‘, wobei diese mehr auf landwirtschaftliche Anwendungen Wert legt.

In diesem Zusammenhang möchte ich einige Anmerkungen zur Nahrungsmittelindustrie machen. In der allgemeinen Vorstellung beginnt die Nahrungsmittelindustrie am Hoftor des Bauern zu greifen und endet erst beim Verbraucher. Man kann auch sagen, sie beginnt an der LKW-Laderampe. Wie dem auch sei, man ist sich jedoch einig, daß sich die Nahrungsmittelindustrie nicht mit Landwirtschaft oder der Vor-Ort-Produktion von Rohstoffen beschäftigt. Allerdings wird sich die Biotechnologie auf die Landwirtschaft vermutlich stark auswirken und die Nahrungsmittelindustrie reagiert ihrerseits äußerst empfindlich auf die Versorgung mit Rohstoffen. Die Trennlinie läßt sich also nicht eindeutig ziehen: ich habe versucht, solche Entwicklungen aufzunehmen, die neuartige Rohstoffe erwarten lassen, und solche Entwicklungen ausgespart, die lediglich dazu beitragen, die Vorräte bereits bekannter Rohstoffe zu vergrößern. So wurden z. B. Ölsaaten, die neuartige Lipide enthalten, aufgenommen, nicht jedoch Getreidesorten, die höhere Ernten versprechen.

Im ersten Kapitel werden grundlegende Prinzipien anhand von Beispielen nähergebracht, wobei speziell der Versuch, die Lipidsynthese zu modifizieren, nähere Beachtung findet. Mit den grundlegenden Prinzipien sind übrigens nicht nur die entsprechenden biochemischen Verfahren gemeint, sondern auch Vorgehensweisen zur Projektauswahl oder die Tatsache, daß manchmal aus Zeit- und Kostengründen Projekte, die aus rein wissenschaftlicher Sicht recht attraktiv erscheinen, aufgegeben werden müssen.

Die Beispiele sollen auch die rein technisch bedingten Schwierigkeiten bei biotechnologischen Projekten illustrieren. Die Biotechnologie wird in den Veröffentlichungen als zu einfach dargestellt. Jeder Forscher weiß, daß manche Gebiete schwerer zu bearbeiten sind als andere, und im allgemeinen werden zur Illustration eines Prinzips Vorzeigeergebnisse herangezogen. Die anfänglichen Forschungsarbeiten zur Proteinsynthese wurden beispielsweise an Zellen durchgeführt, die große Mengen eines einzigen Proteins produzieren, und ein nicht unerheblicher Teil der Forschung zu Proteinstrukturen wurde zunächst an Proteinen durchgeführt, die bereits in Lösung vorlagen, wie z. B. in Milch, Blut oder Eiern. In der Industrie wird die Wahl des jeweiligen Systems von wirtschaftlichen Gegebenheiten diktiert, die sich naturgemäß nicht nach experimentellen Möglichkeiten richten. Mit diesem Problem muß vor allem die Biotechnologie kämpfen, denn um in ihr ein wirklich erfolgreiches Instrument zu besitzen, muß sie auf eine Vielzahl detaillierter Informationen zurückgreifen können. Kapitel 1 erläutert zunächst, welche Informationen Voraussetzung für eine erfolgreiche Genmanipulation sind. Im weiteren werden die Proteasen im Hinblick auf fermentierte Produkte sowie Nahrungsmittel, die auf Strukturen basieren, die sich von Proteinen ableiten, eingehender besprochen. Keine vertiefte Behandlung erfahren gegorene Getränke, denn für ihre Herstellung sind kaum neue Entwicklungen erkennbar, die beteiligte Biotechnologie ist nicht neu und überdies in anderen Werken behandelt.

Weitere Kapitel behandeln Lipide im Umfeld der Nahrung und Lipasen als Beispiel für isolierte Enzyme zur Verarbeitung von Lebensmitteln. Kapitel 2 beschreibt den aktuellen Stand bei den Süßungsmitteln. Auf diesem Gebiet feiert die Biotechnologie bereits Triumphe, und es sind neue biotechnologische Vorstöße zu erkennen. Diese Beispiele decken das gesamte Gebiet vom Gentransfer zum Enzymreaktor ab.

Weiterhin werden einige denkbare Anwendungen der Biotechnologie beim Brotbacken sowie zur Verarbeitung von Stärke bzw. von anderen Strukturbildnern auf Kohlenhydratbasis vorgestellt.

Der Zweig der Biotechnologie, der sich mit großtechnischen mikrobiellen Fermentationen beschäftigt, ist in der Nahrungsmittelindustrie noch kaum zu finden, wenn man von den schon lange bekannten Hefefermentationen für alkoholische Getränke sowie Essig- und Milchsäurefermentationen absieht. Großtechnische mikrobielle Fermentationen können möglicherweise zur Produktion von Rohstoffen für synthetische Geschmacksstoffe sowie zur direkten Produktion von Farb- oder Geschmacksstoffen Anwendung finden. Auch hierfür sind Beispiele zu finden.

Fachleute auf dem einen oder anderen Gebiet werden sicher meinen, ein wichtiger Aspekt fehle, der unbedingt hätte aufgenommen werden müssen. Leider mußte ich eine Auswahl treffen, und ich wählte die einzelnen Themenkreise aus dem Blickwinkel der Industrie und nicht aus der Sicht eines engagierten Biotechnologen. Ich hoffe, daß das Buch nicht zuviele fehlerhafte Aussagen oder Anachronismen enthält, obgleich ich meine, daß die schnelle Entwicklung auf diesem Gebiet dies wohl unumgänglich machen wird. Die Auswahl der Themen erfolgte einerseits nach ihrer Aussagekraft und andererseits nach ihrer möglichen Bedeutung für die Zukunft. In der Vergangenheit entwickelte sich die Nahrungsmittelindustrie in unerwartete Richtungen, dies kann auch für die Zukunft gelten.

M. P. Tombs

Danksagung

Es ist mir ein Bedürfnis, meinen früheren und jetzigen Kollegen zu danken. Ich konnte bei ihnen noch sehr viel über Biotechnologie lernen. Einige von ihnen sind hervorragende Experten auf den hier vorgestellten Gebieten und ich konnte aus unserer gemeinsamen Erfahrung großen Nutzen ziehen. Bedanken möchte ich mich außerdem bei Herrn Morris Stubbs, der während vieler Jahre hervorragende elektronenmikroskopische Aufnahmen anfertigte. Ein kleiner Teil der Aufnahmen ist in diesem Werk aufgenommen. Weiterhin danke ich all jenen, die mir aus ihren Veröffentlichungen Abbildungen zur Verfügung stellten. Soweit möglich, sind die Abbildungen mit den jeweiligen Quellenangaben versehen.

Vorwort zur Übersetzung

Innerhalb der Lehrbuchreihe ‚Basiswissen der Biotechnologie' im Springer-Verlag ist der vorliegende Band der zweite, der sich mit der direkten Anwendung der Biotechnologie auseinandersetzt, jedoch der erste Band, der sich ausschließlich mit einem einzigen Anwendungsgebiet beschäftigt. Dies aus gutem Grunde. Ist die Lebensmittelherstellung doch einerseits das älteste Anwendungsgebiet der Biotechnologie, und andererseits auch jenes, das vielen Menschen eine unbestimmte Furcht vor der Biotechnologie einzuflößen scheint. Angst resultiert aus Unwissen. So ist es nur zu begrüßen, daß M. P. Tombs in seinem Band recht locker biotechnologische Prozesse, die der Menschheit seit Jahrtausenden vertraut und lieb geworden sind, mit jenen verknüpft, über die derzeit spekulativ nachgedacht wird oder die auch schon praktisch realisierbar erscheinen.

Tombs tut dies aus einer sehr persönlichen Sicht, in der sich seine langjährigen Berufserfahrungen widerspiegeln. Dadurch kommt es zu Akzentsetzungen, die dem Buch ein eigenes Profil geben. Jeder aufmerksame Leser wird auch rasch feststellen, daß sich Tombs an die angelsächsische Auslegung des Begriffes ‚Biotechnologie' hält – auch aus diesem Grunde sollte das Buch auf dem europäischen Kontinent eine Lücke füllen. Die bisher im deutschen Sprachraum zur Verfügung stehende Literatur ist für die Lehre zu voluminös. Was fehlte, war Basislektüre für Studierende der Natur- und Ingenieurwissenschaften, aber auch für interessierte Laien.

Übersetzerin und Bearbeiterin haben den Charakter des Originals respektiert. Einige fehlerhafte oder mißverständliche Darstellungen wurden allerdings bereinigt, mit Ergänzungen wurde sparsam umgegangen. Das Literaturverzeichnis wurde um jene Lehr- und Handbücher ergänzt, die in jeder einschlägigen Instituts- bzw. Hochschulbibliothek zu finden sein sollten.

Oktober 1993

Henning Klostermeyer
Institut für Chemie- und Physik
des Forschungszentrums für Milch
und Lebensmittel
TU München
Vöttinger Str. 45, 85354 Freising

Inhalt

1 Grundlegende Verfahren in der Biotechnologie

1.1 Grundlagen

Die neuen Methoden, durch deren Zusammenwirken die Entwicklung der Biotechnologie erst ermöglicht wurde, veränderten in nicht gekanntem Ausmaß die Möglichkeiten, neuartige Ideen und Produkte von der Theorie in die Praxis umzusetzen und sind daher auch für die Industrie von Bedeutung.

Forschungs- und Entwicklungsanstöße stammen aus allen möglichen Quellen, meist jedoch aus anderen Abteilungenen der Firma. Häufig regt die Marketingabteilung Entwicklungen an, wenn sie beispielsweise meint, eine Marktlücke für ein neues Produkt entdeckt zu haben. Auch wenn beispielsweise ein Mitbewerber eine Neuheit auf den Markt gebracht hat, bei der es gilt, mitzuhalten oder auch eine verbesserte Version anzubieten, könnten Forschungs- und Entwicklungsaktivitäten die Folge sein. (In diesem Zusammenhang möchte ich klarstellen, daß Marketingabteilungen selten Vorschläge für neue Produkte machen, die möglicherweise mit einem bereits vorhandenen Verkaufsschlager in Konkurrenz treten könnten. Aus dem Blickwinkel der Marketingabteilungen steckt in Innovationen, die nur wegen erwarteter verbesserter Verkaufszahlen eingeführt werden, immer ein so hohes Risiko, daß es sich nicht lohnt, eine erfolgreiche Verkaufssituation durcheinander zu bringen. Und tatsächlich scheitern auf dem Nahrungssektor Neueinführungen relativ oft.)

Der Aufwand für Forschung und Entwicklung (F&E) besitzt manchmal die Qualität einer Versicherungsprämie, denn die entsprechenden Abteilungen sollen vorhersehen, welche neuen und wesentlich besseren Konkurrenzprodukte auf den Markt kommen. Nichts ist für eine Firma so niederschmetternd, als wenn unerwartet ein neues und womöglich wesentlich besseres Konkurrenzprodukt auf den Markt kommt. Ein gutes Beispiel für eine solche Situation ist die Neueinführung von synthetischen Detergentien auf Märkten, wo zuvor Seifen konkurrenzlos waren. Einige Traditionsunternehmen der Seifenindustrie wurden von dieser Entwicklung ahnungslos getroffen.

Forschungsarbeiten werden auch von den Produktionsabteilungen angeregt oder angefordert, wobei die Hintergründe meist in den Rohstoffen liegen und weniger wirklich neue Verfahren angefordert werden. Der Markt ist in Bewegung, auch der für Rohstoffe. Sie können sich verteuern oder auch ganz aus dem Angebot verschwinden. Dann müssen Mittel und Wege gefunden werden, entweder das gleiche Verfahren mit weniger Rohstoffen durchführen zu können oder neue Verfahren zu entwickeln. In einer derartigen Situation befanden sich Firmen, als kaum mehr Saponine erhältlich waren. Zur Herstellung photographischer Emulsionen für große Filmflächen sind Saponine als Spreitmittel unerläßlich. Röntgenapparate arbeiten z. B. mit großflächigen Filmen und so entstand ein relativ großes Problem. Eine alternative Quelle für Saponine wurde in der verarbeitenden Industrie von Ölsaaten gefunden. Hier fallen als Abfallprodukt große Mengen an Saponinen an, die einfach vernichtet wurden. Bevor jedoch die ersten Anstrengungen unternommen werden konnten, diese Saponinquelle zu erschließen, entspannte sich die wirtschaftliche Situation wieder. Günstige Gelegenheiten können von kurzer Dauer sein und erfordern schnelles Handeln.

Die Produktionsabteilungen in der nahrungsmittelverarbeitenden Industrie bevorzugen Verfahren, die möglichst wenig Anforderungen an die Rohstoffe stellen. Beispielsweise unterscheiden sich die einzelnen Kartoffelsorten erheblich in ihren Eigenschaften bei der Verarbeitung. So wäre es denkbar, an die Forschungsabteilung den Wunsch heranzutragen, ein Verarbeitungsverfahren zu entwickeln, das unabhängig von der Kartoffelsorte anwendbar ist. Denkbar wäre aber auch, die Entwicklung einer neuartigen Kartoffelsorte speziell zur Herstellung von Pommes Frites anzuregen.

Die Forschungsabteilungen sind auch gefordert, wenn die Ordnungsbehörden neue Forderungen stellen, wie z. B. Ersatzverfahren für schon lange eingeführte chemische Verfahren, die aus irgendwelchen Gründen als bedenklich eingestuft werden. Enzymatische Verfahren sind bei der gegenwärtig herrschenden öffentlichen Meinung, die ‚natürliche Produkte‘ bevorzugt, möglicherweise vorteilhaft. Enzyme gelten sicherlich nicht als unnatürlich und, was noch mehr zählt, mit Enzymen hergestellte Produkte enthalten weniger Nebenprodukte als chemisch hergestellte Produkte. Darin liegt auch der eigentliche Vorteil der Enzyme. Auch die öffentliche Einschätzung von Enzymen als ‚sichere Wirkstoffe‘ zeigt Auswirkungen.

Industrielle Strukturen sind Veränderungen unterworfen. So kamen die vertikal organisierten Strukturen, bei denen jeder Verarbeiter seine eigene Rohstoffversorgung regelte, aus wirtschaftlichen Gründen aus der Mode. Das alte System wurde vielmehr durch ein System ersetzt, bei dem die Rohstoffe auf dem offenen Markt sowohl ver- als auch gekauft werden. Dadurch veränderten sich natürlich auch die Anforderungen an die Forschung im Nahrungsmittelbereich sowie die Mittel und Wege, um die Vorteile der Biotechnologie nutzbringend einzusetzten. Eine Verlagerung von Aufgaben vom Rohstofflieferant zum Verarbeiter ist wahrscheinlicher, wenn die Interessen unterschiedlich sind. Auch aus wirtschaftlichen Aspekten in der Landwirtschaft oder aus handelspolitischen Überlegungen heraus können sich biotechnologischen Anwendungen, die sonst sehr attraktiv wären, Hindernisse in den Weg stellen und den Entwicklungsabteilungen möglicherweise viel Arbeit bringen.

Natürlich ist auch die Entwicklungsabteilung selbst Ideenträger für F&E-Projekte. Wie bereits angesprochen, ist es eine wichtige Funktion der Forschungsabteilung, die wissenschaftlichen Entwicklungen zu verfolgen und herauszupicken, was sich möglicherweise für eigene Weiterentwicklungen eignet. Die hoffnungsvollen Projekte bringen nahezu immer ein zeitliches Problem mit sich, denn bis eine Entwicklung marktreif ist, ziehen in der Regel einige Jahre ins Land. Unternehmen aus der Nahrungsmittelbranche haben im allgemeinen für einen Zeitraum von etwa einem Jahr feste Vorstellungen. Manche Firmen arbeiten mit etwas weniger starren Fünfjahresplänen, wobei in den meisten Fällen nachträglich festgestellt wird, daß nur die wenigsten Vorhaben erfüllt wurden.

Biotechnologische Entwicklungen erfordern einen äußerst langen Zeitraum (s.u.) und bringen Zeitmaßstäbe gründlich durcheinander. Eine Firma braucht ein beträchtliches Maß an Vertrauen, wenn sie sich auf ein Forschungsprogramm einläßt, das vielleicht erst in 15 Jahren Erfolge zeigt.

Auch unabhängige Erfinder können Ideen liefern. Dieser Menschentypus ist zwar selten, aber in Amerika weiter verbreitet als in Europa, und besitzt immer häufiger eine akademische Ausbildung. Auch Universitätsinstitute gehen mehr und mehr in eigener Regie dazu über, kommerzielle Fragestellungen anzugehen und versuchen, für ihre Forschungsergebnisse Anwendungen zu erschließen. Ihr Arbeitsspektrum entspricht weitgehend jenem von Forschungsabteilungen aus der freien Wirtschaft und auch sie kämpfen mit dem Zeitproblem. Der Vorteil der Forschungsinstitute ist wahrscheinlich, daß ihnen neue Informationen bereits zugänglich sind, noch bevor sie Allgemeingut geworden sind.

Machbarkeit.   Woher auch immer eine Idee stammt, die Forschung muß sich Gedanken über die Umsetzung in die Wirklichkeit machen. Leider verstehen die einzelnen Menschen unter Machbarkeit Verschiedenes, was häufig zu Mißverständnissen führt. Der Wissenschaftler geht die Umsetzbarkeit einer Idee häufig als eine technische Fragestellung an, also, ob das beabsichtigte Verfahren überhaupt machbar ist. Zum Beispiel mag die Idee, das menschliche Genom zu sequenzieren, zweifellos durchführbar sein. Alle dazu notwendigen Arbeitstechniken sind bekannt und es gibt keinen Grund, warum unüberwindliche Hindernisse auftreten sollten. Dagegen versteht ein durchschnittlicher, nicht technisch vorgebildeter Direktor unter der Machbarkeit etwas ganz anderes. Er möchte wissen, ob ein Projekt unter den Gesichtspunkten von Personalressourcen und vor allem der Kosten durchführbar ist. Diese Punkte sind für ihn so selbstverständlich, daß darüber nicht extra gesprochen werden muß. Die Gedanken an eine technische Machbarkeit liegen ihm sehr fern. Daher ist in seinem Erfahrungsbereich die Idee, das menschliche Genom zu sequenzieren, eindeutig nicht durchführbar.

Die Bedeutung der neuen Methoden, durch die die Biotechnologie erst ermöglicht wurde, ist vor allem darin zu sehen, daß sie die Frage der Durchführbarkeit einer Vielzahl attraktiver Ideen in der Produktion und Verarbeitung von Nahrungsmitteln verändert haben. Der Wandel betrifft jedoch nur die technische Machbarkeit, alle anderen Hindernisse sind die gleichen geblieben.

1.2 Nomenklatur der Enzyme

Die „International Union of Biochemistry" setzte zur Erarbeitung einer systematischen Enzymnomenklatur die Enzymkommission (engl.: Enzyme Commission, EC) ein. Die Nomenklatur umfaßt jeweils eine Enzymbezeichnung und eine Kombination von vier Zahlen.

Die erste Ziffer ist eine Zahl zwischen 1 und 6 und bezeichnet eine der nachfolgenden, allgemeinen Klassen:

(1) Oxidoreduktasen
(2) Transferasen
(3) Hydrolasen
(4) Lyasen
(5) Isomerasen
(6) Ligasen

Die zweite Zahl bezeichnet den Substrattyp, z. B. Nucleinsäure oder Kohlenhydrat. Die dritte Zahl gibt ein erforderliches Coenzym oder Substrat an und die vierte Zahl bezeichnet die laufende Nummer des Enzyms in der allgemeinen Aufstellung. Wahrscheinlich gibt es mehrere Millionen verschiedener Enzyme, jedoch wurden bislang weniger als 10 000 so ausreichend beschrieben, daß sie entsprechend klassifiziert werden konnten.

In diesem Buch erscheinen zwar nahezu ausschließlich Hydrolasen, aber in der Nahrungsmittelindustrie sind auch noch andere Enzymtypen zu finden. Wo irgend möglich ist es sinnvoll, die EC-Numerierung für ein Enzym anzugeben, denn häufig verhalten sich ähnliche Enzyme in der Praxis völlig unterschiedlich, und bei Verwendung des falschen Enzymes kann es Probleme geben. Daher wird im folgenden bei der erstmaligen Erwähnung eines Enzyms, wenn möglich, auch dessen EC-Numerierung angegeben. Häufig jedoch sind, beispielsweise bei der Verwendung von Mikroorganismen, wo die Wirkung durch sekretierte bzw. membrangebundene Enzyme hervorgerufen wird, die beteiligten Enzyme weder charakterisiert noch aufgelistet.

Enzyme. Die Biotechnologie beschäftigt sich im wesentlichen mit Enzymen und der Möglichkeit, sie bei der Herstellung von Nahrungsmitteln und Getränken zu verwenden. In den Anfängen der Nahrungsmittelverarbeitung wurde der vollständige Organismus verwendet und die Enzyme auf diese Weise zugänglich gemacht. Darunter fällt auch der Einsatz von Hefen für alkoholische Gärprozesse. Sie bewirken die enzymatische Umwandlung einiger Kohlenhydrate, hauptsächlich Saccharose, Glucose und Fructose, zu Ethanol. Bei der Gärung sind mehrere Enzyme beteiligt. Die Enzyme sind bequemerweise innerhalb der Hefezellen lokalisiert, aber die Verfahren sind eindeutig enzymatische Verfahren.

Die nächste Stufe auf dem Weg zu einem modernen Verfahren sind Gärprozesse mit sekretierten Enzymen. Die Verarbeitung von Sojabohnen zu einer Palette fermentierter Nahrungsmittel wird durch den Pilz *Aspergillus* ermöglicht und beruht auf Enzymen, die außerhalb der Zelle lokalisiert sind. Allerdings sind an der Umwandlung mehrere Enzyme beteiligt, die in ihrer Wirkung miteinander zusammenhängen. In einem Spezialverfahren bleiben die Enzyme an der Zellwand des Organismus fixiert. Dieser Reaktionstyp ist allerdings eher bei großen Bioreaktoren, die zur Produktion von chemischen Grundstoffen eingesetzt werden, von Bedeutung und weniger bei der Verarbeitung der typischerweise hochviskosen Nahrungsmittelprodukte. Eine erwähnenswerte Ausnahme ist die Glucose-Isomerase (s. Kap. 2).

Noch moderner ist die Verwendung von spezifisch wirksamen Enzymen und zwar unabhängig vom produzierenden Organismus. Am längsten bekannt ist wohl das Lab (auch Chymosin), eine Proteinase aus Kalbsmägen, die bei der Käseproduktion verwendet wird. Der Einsatz von Enzymen oder auch von spezifischen, isolierten Enzymen in der Nahrungsmittelindustrie ist also offensichtlich keine Neuigkeit mehr.

Es wäre aber sehr wohl für eine Reihe von Verfahren interessant, wenn sie enzymatisch durchgeführt werden könnten. Nur sind dafür die entsprechenden Enzyme noch nicht verfügbar. Solche Verfahren sind z. B. die Umlagerung von Stärke zu Maltose sowie von Glucose zu Fructose, die Modifizierung einiger Dickungsmittel zur Verbesserung von Eigenschaften oder die spezifische Modifizierung von Lipiden und Proteinen. Durch die Verwendung von Enzymen könnten bei den genannten Prozessen Verfahrens- und Produktverbesserungen erreicht werden. Manche der Verfahren sind bereits eingeführt, jedoch sind sie auf die ausreichende Verfügbarkeit der jeweiligen Enzyme angewiesen. Die Techniken der Biotechnologie machen mittlerweile im Prinzip jedes Enzym in jedem erdenklichen Umfang zugänglich. Dahinter steckt die Idee, ein passendes Gen in einen Wirtsorganismus zu überführen, der dann so behandelt wird, daß er das entsprechende Enzym bzw. Protein in möglichst hoher Ausbeute produziert. Die Beherrschung dieser Technik eröffnet eine nicht minder wichtige Möglichkeit. Mit Hilfe des neuen Enzyms im Wirtsorganismus kann nämlich dessen Stoffwechsel beeinflußt werden. Werden als Wirtsorganismen z. B. die Samen von Hülsenfrüchten oder Ölsaaten verwendet, könnten auf diesem Wege die stofflichen Zusammensetzungen von wichtigen Rohstoffen für die Nahrungsmittelindustrie modifiziert werden. Die dazu verwendeten Gene werden anfangs wohl bereits existierende Gene aus irgendwelchen Organismen sein. Allerdings sind die entsprechenden Techniken nicht auf solche Gene beschränkt, und sehr wahrscheinlich können zukünftig in den Wirtsorganismus auch modifizierte oder vollständig synthetische Gene eingeschleust werden.

Angenommen also, wir bringen ein Enzym dazu, die gewünschte Reaktion auszuführen, so sind wir nicht auf bereits existierende Enzyme beschränkt. Zur Zeit verhindert allerdings unser noch ungenügendes Wissen die Verwirklichung dieser Idee, mit Ausnahme von ein oder zwei intensiv untersuchten Spezialfällen, wie z. B. den Proteinasen. Bei anderen Zielen, wie z. B. Enzymen, die noch bei hohen Temperaturen aktiv sind, deuten die bislang erzielten Ergebnisse darauf hin, daß sich solche Spezifizierungen in Wirklichkeit recht schwierig erreichen lassen. Den Stoffwechsel eines Wirtsorganismus zu verändern wird sich nicht als einfach erweisen. Nur von sehr wenigen Organismen ist die Biochemie so gut untersucht, daß sich die Wirkung eines zusätzlich insertierten Enzyms voraussagen läßt. Bei einem zusätzlich insertierten Enzym handelt sich nicht um den Ersatz eines Enzyms. Dafür müßte ein anderes Gen selektiv entfernt werden, was ein sehr schwieriges Unterfangen ist, obgleich unkontrollierte, zufällige Deletionen bei der Entwicklung von Bakterienmutanten schon seit langem angewendet werden. Bei höheren Organismen ist man auf die zufällige Entdeckung von Stämmen angewiesen, denen das gewünschte Gen fehlt. So wurden z. B. vor kurzem Sojabohnen entdeckt, denen die Lipoxygenase fehlt. Solche Mutanten könnten sich dann gut als Wirtsorganismen eignen.

1.3 Zeit und Kosten

Den einzelnen biotechnologischen Entwicklungsstufen ist eigen, daß sie nur streng nacheinander in Angriff genommen werden können, d. h. der erste Schritt muß vollständig abgeschlossen sein, bevor der zweite angegangen werden kann, usw. Jede einzelne Stufe erfordert auch eine Vielfalt experimenteller Fertigkeiten und Spezialisierungen, die wohl kaum in einer einzelnen Arbeitsgruppe vorhanden ist. Tabelle 1.1 zeigt, welche Stufen von der Identifizierung eines interessierenden Enzyms bis zum Transfer des entsprechenden Gens in einen Wirtsorganismus erforderlich sind. Auch ein gut ausgerüstetes Labor, das sowohl Arbeiten an rekombinierter DNA ausführen darf als auch über erfahrene und fähige Wissenschaftler verfügt, muß für eine solche Aufgabenstellung zwischen sechs und neun Jahre investieren. Ist das in Frage kommende Enzym bereits gut bekannt und vollständig charakterisiert, kann sich der entsprechende Zeitrahmen auf drei bis sechs Jahre verkürzen. Falls eine blühende Pflanze als Wirtsorganismus dienen soll, verlängert sich der voraussichtliche Zeitbedarf für Stufe 4 beträchtlich, denn bis heute ist der Transfer von genetischem Material in Pflanzen nur mit sehr begrenztem Erfolg durchführbar.

Tabelle 1.1. Entwicklungsstufen für biotechnologische Verfahren

Stufe	Zeitbedarf	Arbeitsgruppen*
1. Biochemie Grundlagen, Identifizierung des Enzyms	2–3 Jahre	1 × A
2. Isolierung des Enzyms, Bestimmung der relativen Molmasse	1 Jahr	1 × A
3. Partielle Sequenzierung, Synthese einer Nucleotidsonde, Isolierung der mRNA, Synthese der DNA über eine reverse Transkriptase DNA Sequenzierung	1,5–2 Jahre	1 × B
4. Einschleusen in einen Vektor, Einführen in einen Wirtsorganismus, Vermehrung des Wirtsorganismus, Isolierung des Enzyms bzw. Processing einer modifizierten Quelle	2–3 Jahre	2 × C 1 × A

* A, B und C bezeichnen Arbeitsgruppen mit unterschiedlicher Spezialisierung

In Tabelle 1.1 wird der entsprechende Aufwand in ‚Team-Einheiten' angegeben, wobei sich eine ‚Team-Einheit' aus einem Teamleiter (meist promoviert oder mit langjähriger Erfahrung), einigen wissenschaftlichen Assistenten und einem Techniker zusammensetzt. Als jährliche Kosten sind für eine Team-Einheit mit dem notwendigen zuarbeitenden Personal und den Kosten für die Räumlichkeiten etwa 260 TDM anzusetzen. Da vier solcher Teams erforderlich sind, belaufen sich alleine die Personalkosten auf 5-10 Millionen DM. Die einzelnen Entwicklungsschritte erfolgen streng nacheinander und so wäre es äußerst unwirtschaftlich, eine Teameinheit nur auf ein Verfahren anzusetzen, vielmehr kann es nach und nach vier Projekte gleichzeitig bearbeiten. Damit werden die Kosten zwar deutlich gesenkt, unterschreiten aber wohl kaum die Schwelle von durchschnittlich 2,5 Millionen DM pro transferiertem Gen. (Um die Kosten etwas anschaulicher zu machen: 2,5 Millionen DM entsprechen ungefähr dem Gewinn aus dem Verkauf von 5 Millionen Fischstäbchen, die aneinandergereiht eine Strecke von 500 km ergäben.)

Die meisten Wirtschaftsunternehmen werden bereitwillig 2,5 Millionen Mark investieren, wenn ein jährlicher Rückfluß von etwa 500 TDM zu erwarten ist, sei es als Gewinn oder als Ersparnis. Könnten sie also diesen Betrag durch den vernünftigen Einsatz eines enzymatischen Verfahrens beispielsweise bei den Edukten sparen, wären für das Enzym ohne weiteres die oben genannten 2,5 Millionen DM denkbar. Allerdings beziehen sich die 2,5 Millionen DM nur auf die Aufwendungen, einen Organismus, der das entsprechende Gen enthält, zu finden sowie auf die Produktionskosten für das gewünschte enzymatisch hergestellte Produkt. Der Bau einer entsprechend großen Produktionsanlage verschlingt aber ein Mehrfaches dieser Summe.

Eine Faustregel besagt, daß die Kosten bis zur fertigen Produktionsanlage etwa zehnmal so hoch sind, wie die ursprünglichen Forschungskosten, wobei es sich hier allerdings um eine Mischung aus Personal- und Kapitalaufwand handelt (die Länge der aneinandergelegten, verkauften Fischstäbchen, verlängert sich also um viele Kilometer!). Auch komplizierte Kostenpläne mit niedrigeren Cash-Flow Ansätzen, bei denen die Geldkosten berücksichtigt sind, führen alle zu dem Ergebnis, daß sich die Ausarbeitung biotechnologischer Verfahren für Lebensmittel oder Lebensmittelkomponenten mit einen jährlichen Umsatz von weniger als 15 Millionen DM nicht rechnet. Allein aus monetären Gründen wäre ein Umsatz von wenigstens 30 Millionen DM wünschenswert. Mit diesem Gesichtspunkt werden zwar viele der vom Umsatz her unbedeutenderen Lebensmittelinhaltsstoffe ausgesondert, jedoch verbleiben für die Biotechnologie immer noch genügend Möglichkeiten in der Nahrungsmittelindustrie, einem Industriezweig, der auf die eine oder andere Weise die größte Industrie der Welt ist. Kapitel 5 und 6 behandeln einige Beispiele aus kleineren Märkten. Im Rahmen unserer Betrachtungen über die grundlegenden Prinzipien sowie die möglichen und praktischen Probleme in der Biotechnologie befassen wir uns nun im folgenden mit den sehr großen Tonnagen und Geldströmen, die bei einigen Lipidquellen für die menschliche Ernährung auftreten.

1.4 Modifizierung von Rohstoffen zur Gewinnung von Lipiden

Mit der Biotechnologie lassen sich auf diesem umfangreichen und sehr weitreichenden Anwendungsgebiet sehr unterschiedliche Wirkungen erzielen. Finanzielle Überlegungen spielen zwar eine Rolle, aber nicht nur sie.

Von einer Auswahl der bedeutendsten Lipidlieferanten für die menschliche Ernährung sind in Tabelle 1.2 die Welt-Gesamtproduktion sowie die produzierten Tonnagen einiger Anbauregionen zusammengestellt. Alle aufgeführten Rohstoffe sind auch im internationalen Handel von Bedeutung. Nach Weizen waren Sojabohnen lange Zeit der international am meisten gehandelte landwirtschaftliche Grundstoff. Mittlerweile konkurriert Palmöl um diesen Platz. Es liegt auf der Hand, daß bei diesen Produkten der Cash-Flow so groß ist, daß Forschungsvorhaben gut zu finanzieren sind. Aufgrund des Produktionsvolumens ist die Rentabilität bei nur kleinen Verbesserungen genügend hoch.

Das Handelsvolumen für die Lipid-Rohstoffe ist deshalb so groß, weil ein Großteil der Verbraucher in Gebieten lebt, wo diese Rohstoffe nicht angebaut werden können.

Tabelle 1.2 zeigt, daß die Produktion von Palmöl in den letzten Jahren enorm zugenommen hat. Die Einführung von klonalen Elitepalmen und die

Tabelle 1.2. Jahresproduktion von pflanzlichen Rohstoffen zur Fettgewinnung (Millionen Tonnen)

Quelle	Gebiet	1979–81 (Durchschnitt)	1984	1985	1986
Rapssamen	Welt	11 131	16 592	19 070	19 641
	Nordamerika	2 584	3 430	3 509	3 888
	Europa	3 170	5 869	6 271	6 559
	Großbritannien	274	925	895	950
Soja	Welt	86 018	90 233	100 575	95 521
	Nordamerika	56 095	52 285	58 776	56 230
	Europa	624	916	919	1 608
Sonnenblume	Welt	14 397	16 465	19 119	20 804
	Nordamerika	2 536	1 799	1 532	1 287
	Europa	3 087	4 484	4 779	5 998
Erdnuß	Welt	18 352	20 145	21 307	21 512
	Nordamerika	1 738	2 235	2 053	1 841
	Europa	24	21	21	20
Kokosnuß	Welt	3 690	4 032	3 949	3 882
Palmöl	Welt	5 024	6 932	7 629	8 226
	USA	44	59	73	71
Kernöl	Welt	1 751	2 409	2 619	2 752

weitere Verbreitung von Palmenplantagen läßt weitere Zuwächse erwarten. Seitdem Rapssamen zur Verfügung steht, der frei von Eruca-Säure (Z-13-Docosensäure) ist, ist auch, vor allem in Großbritannien, der Anbau von Raps zur Verwendung als Nahrungsmittel für den Menschen deutlich angestiegen. Interessanterweise konnte der Raps mit Hilfe klassischer Pflanzenzuchtmethoden verändert werden, was zeigt, daß diese Methodik keineswegs veraltet ist.

Der Anstieg der Weltbevölkerung, die Gründung der EU mit ihrer gesteuerten Landwirtschaft und viele weitere Faktoren lassen erkennen, daß bei den Rohstoffen, die zur Herstellung von Produkten auf Lipidbasis verwendet werden, eine Verschiebung stattfindet. Leider läßt sich Sojabohnenöl nicht einfach durch Rapsöl ersetzen oder Palmöl durch Sonnenblumenöl. Die Zusammensetzungen der Speicherlipide (Tabelle 1.3 zeigt eine Auswahl, es sind auch ausführlichere Zusammenstellungen erhältlich) unterscheiden sich in zweierlei Hinsicht recht markant, zum einen im Hinblick auf die Kettenlänge der Fettsäuren und zum anderen im Gehalt an einfach bzw. mehrfach ungesättigten Fettsäuren.

Man weiß noch nicht, warum die unterschiedlichen Früchte und Samen eine derartige Vielfalt an Triglyceriden aufweisen und auch hinsichtlich denkbarer evolutionsbedingter Vorteile gibt es keine einfache Erklärung.

Tabelle 1.3. Fettsäuren der wichtigsten pflanzlichen Lipidlieferanten

Quelle	Lipidgehalt im Samen (%)	C_6	C_8	C_{10}	C_{12}	C_{14}	C_{16}	C_{18}	$C_{18:1}$	$C_{18:2}$	$C_{18:3}$
Raps	42	–	–	–	–		4	2	64	–	9
Soja	21	–	–	–	–	1	11	4	22	53	8
Sonnenblume	40	–	–	–	–	1	6	3	23	64	1
Erdnuß	45	–	–	–	–	–	8	3	56	26	–
Kokosnuß	66	1	7	7	48	17	9	2	6	3	–
Palmöl											
Mesokarp	55	–	–	–	1	3	43	4	40	8	1
Kern	47	–	4	5	47	16	9	2	18	1	–

Tropische Früchte, wie z. B. die Kokosnuß, besitzen eher gesättigte Triglyceride mit einer Schmelztemperatur bei etwa 25 °C. Die Triglyceridketten von Ölsaaten aus gemäßigteren Zonen sind dagegen im allgemeinen länger, dafür ungesättigt und die Schmelztemperaturen ähneln denen der Triglyceride aus den Tropenfrüchten. Außerdem unterscheiden sich z. B. die mittlere Fruchthaut von Palmfrüchten und der eigentliche Samen in bezug auf die Lipidzusammensetzung beträchtlich.

Vermutlich handelt es sich bei den Speicherfetten um überproduzierte cytoplasmatische Fette, die vor allem in den Membranen auftreten. Dort beeinflussen sie anhand ihrer spezifischen Zusammensetzung das Fließverhalten und die funktionale Wirksamkeit der einzelnen Zellmembranen. Denkbare entwicklungsgeschichtliche Vorstufen von Triglyceriden sind auch die Phospholipide, denn sie treten im Zuge der Lipidsynthese auf. Man mag dagegenhalten, daß bei der Triglyceridsynthese wohl viele Angriffspunkte möglich sind, die zur Überproduktion von C_{10}, C_{12}, C_{16} und C_{18}-Fettsäuren führen können, offensichtlich jedoch keine Überproduktion von C_8- oder noch kürzeren Fettsäuren (diese Fettsäuren sind als Speicherlipide unbekannt) bewirken. Bei der Analyse von 12 klonierten Ölpalmen-Linien stellten sich zwei Gruppen heraus, die sich im Hinblick auf die Lipidzusammensetzung geringfügig unterscheiden. Daraus läßt sich schließen, daß solche Unterschiede bereits durch ein einziges unterschiedliches Gen hervorgerufen werden können und daß wir es offensichtlich mit einem Polymorphismus zu tun haben. Weitere Rohstoffe zur Lipidgewinnung wurden noch nicht auf diesen Aspekt hin untersucht.

Das Vorliegen ungesättigter Fettsäuren ist leichter zu erklären, denn sie treten nur zusammen mit spezifischen Desaturasen auf. Weiterhin sind Kettenlängen von mehr als 16 C-Atomen nur bei gleichzeitiger Anwesenheit von speziellen, kettenverlängernden Enzymen nachzuweisen. Warum die meisten pflanzlichen Triglyceride auf C_{16}- und C_{18}-Säuren basieren, manche jedoch auf C_{12}-Säuren, kann nicht eindeutig beantwortet werden. Die Fragestellung ist aber deshalb von Bedeutung, weil die Nahrungsmittel- und die chemische Industrie Produkte entwickelt haben (z. B. Margarinesorten und Seifen), die auf spezielle Kettenlängen der Fettsäuren in den Rohstoffen angewiesen sind. Außerdem steigt die Nachfrage nach ungesättigten Fettsäuren, denn viele Verbraucher wollen aus gesundheitlichen Gründen den Anteil an ungesättigten Fettsäuren in der täglichen Nahrung erhöhen. Auch die Schokoladenhersteller sind auf spezielle Triglyceride angewiesen (Näheres in Kap. 5). Wenn die entsprechenden Rohstoffe zur Verfügung stünden, wäre die Nachfrage nach weiteren speziellen Triglyceriden sicherlich noch größer. Auf die lange Sicht werden also Ölsaaten benötigt, die notfalls in gemäßigten Klimazonen angebaut werden können, und die in bezug auf die Zusammensetzung ihrer Speicher-Triglyceride gegen die schon eingeführten Ölsaaten aus aller Welt konkurrieren können.

Ist es also aus biotechnischer Sicht möglich, durch die Übertragung von Enzymen von einer Sorte auf die andere, Einfluß auf die Zusammensetzung der Speicher-Triglyceride zu nehmen? Damit haben wir die erste Stufe aus Tabelle 1.1 erreicht und müssen nun zunächst die biochemischen Vorgänge betrachten und versuchen, ein entsprechendes Enzym bzw. entsprechende Enzyme zu identifizieren.

1.4.1 Stufe 1: Biochemie

Regulierung der Kettenlänge bei der Fettsäuresynthese. Die Fettsäuresynthese tritt in den unterschiedlichsten Geweben auf und zwar mit den Substraten Acetyl- und Malonyl-CoA. Die Fettsäuresynthese beginnt mit der Übertragung der Acetyl- bzw. Malonyl-Gruppe von der Thiolgruppe des CoA zur Thiolgruppe im Pantotheinrest eines Acyl-Carrier-Proteins (ACP). Bei Tieren sowie einigen Pilzen und Bakterien ist das entsprechende ACP in die Peptidkette des Fettsäuresynthetase-Komplexes integriert. In Pflanzen und den meisten Bakterien ist das ACP jedoch nicht kovalent gebunden und läßt sich als ein eigenständiges, kleines Protein isolieren. In Abb. 1.1 sind die Sequenzen einiger Acetyl-Carrier-Proteine zusammengestellt. Abbildung 1.2 zeigt die Struktur der Acylierungsstelle. Sowohl das ACP als auch das CoA enthalten Pantothensäure (Vitamin der B-Gruppe). Die Übertragung des Acetyl- bzw. Malonyl-Restes erfolgt mit Hilfe von Transferasen, und zwar sind jeweils zwei unterschiedliche Enzyme beteiligt.

Die Übertragung der beiden Reste erfolgt durch die Acylierung der Transferasen. Abbildung 1.3 zeigt die Sequenzen der aktiven Zentren von Hefetransferasen.

Die Sequenzen ähneln sich zwar, zeigen aber doch deutliche Unterschiede. Die Fettsäuresynthetase (FSS; engl.: fatty acid synthetase, FAS) von Hefe produziert CoA-Derivate (im Unterschied dazu produziert die FSS von Säugetieren freie Fettsäuren) und man weiß, daß die Malonyl-

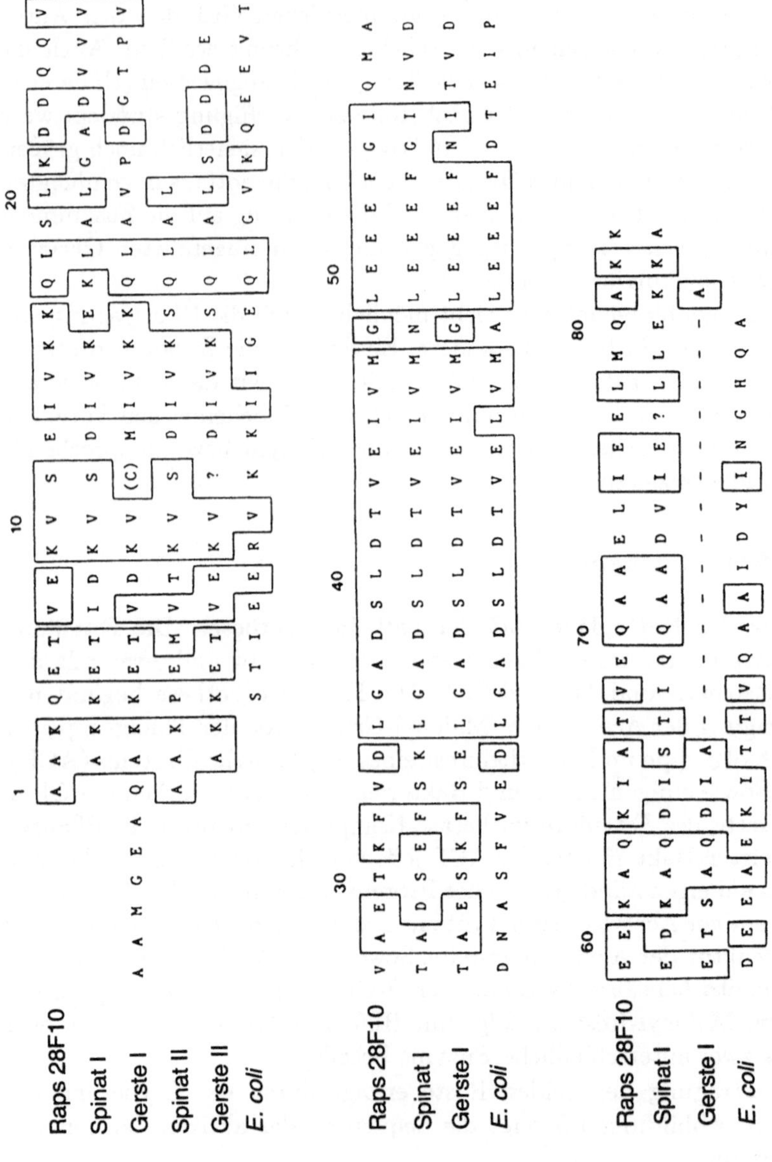

Abb. 1.1. Sequenzen pflanzlicher Acyl-Carrier-Proteine. Die Sequenzen von Spinat- und Gerste-II-CP sind nur in Teilen bekannt. Die Sequenzen sind auf Serin 39 ausgerichtet. Hier bindet Pantohtein (aus Safford R. et al. (1988) Eur. J. Biochem. 174, 287–295).

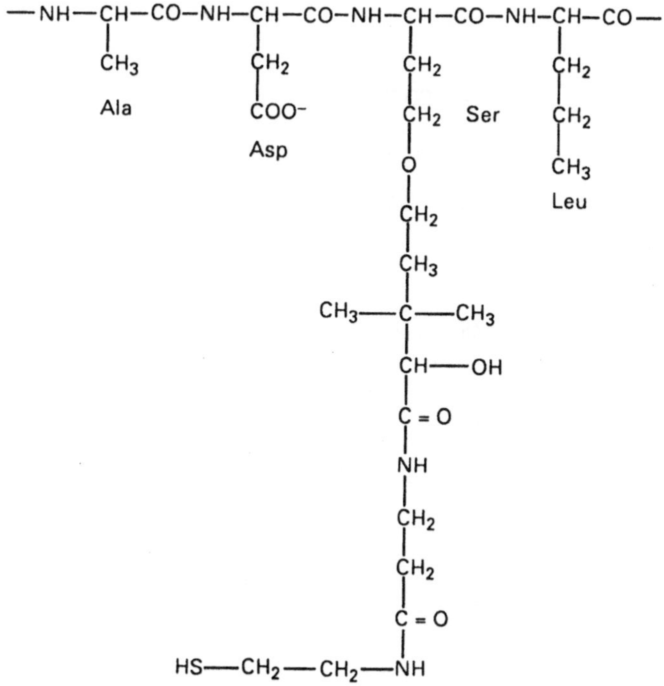

—NH—CH—CO—NH—CH—CO—NH—CH—CO—NH—CH—CO—

CH₃ ... CH₂ ... CH₂ ... CH₂

Ala ... COO⁻ ... CH₂ Ser CH₂

Asp ... O ... CH₃

CH₂ Leu

CH₃

CH₃——C——CH₃

CH——OH

C = O

NH

CH₂

CH₂

C = O

HS——CH₂——CH₂——NH

Abb. 1.2. Struktur der Acylierungsstelle in Acyl-Carrier-Proteinen.

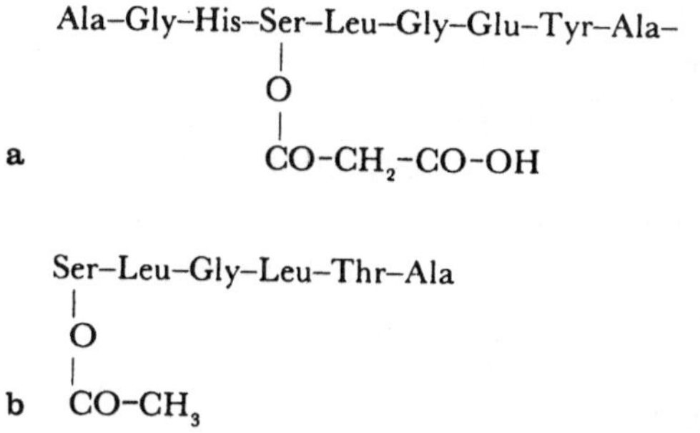

Ala–Gly–His–Ser–Leu–Gly–Glu–Tyr–Ala–

|
O
|
a   CO-CH₂-CO-OH

Ser–Leu–Gly–Leu–Thr–Ala

|
O
|
b CO-CH₃

Abb. 1.3. Sequenzen um das aktive Zentrum (a) der Malonyl-Transferase und (b) der Acetyl-Transferase aus Hefe.

Transferase identisch mit der Palmityl-Transferase ist, die die Syntheseprodukte wieder mit CoA verbindet. Pflanzen bilden wahrscheinlich ACP-Fettsäuren. Was unsere Fragestellung, die Bildung von Speichertriglyceriden in Pflanzen, betrifft, so können die ACP-Fettsäuren nicht direkt in den Triglycerid-Syntheseweg eintreten.

Im nächsten Syntheseschritt wirkt ein kondensierendes Enzym, das die Addition eines Malonyl-Restes am Carboxylende der Kette unter gleichzeitiger Freisetzung von CO_2 und damit die Bildung einer β-Ketoacyl-Fettsäure katalysiert. Abbildung 1.4 zeigt die Reaktion mit Acetat zum Ketobutyryl-Derivat. Das Schema deutet auch an, daß die Reste zu Thiolgruppen auf dem

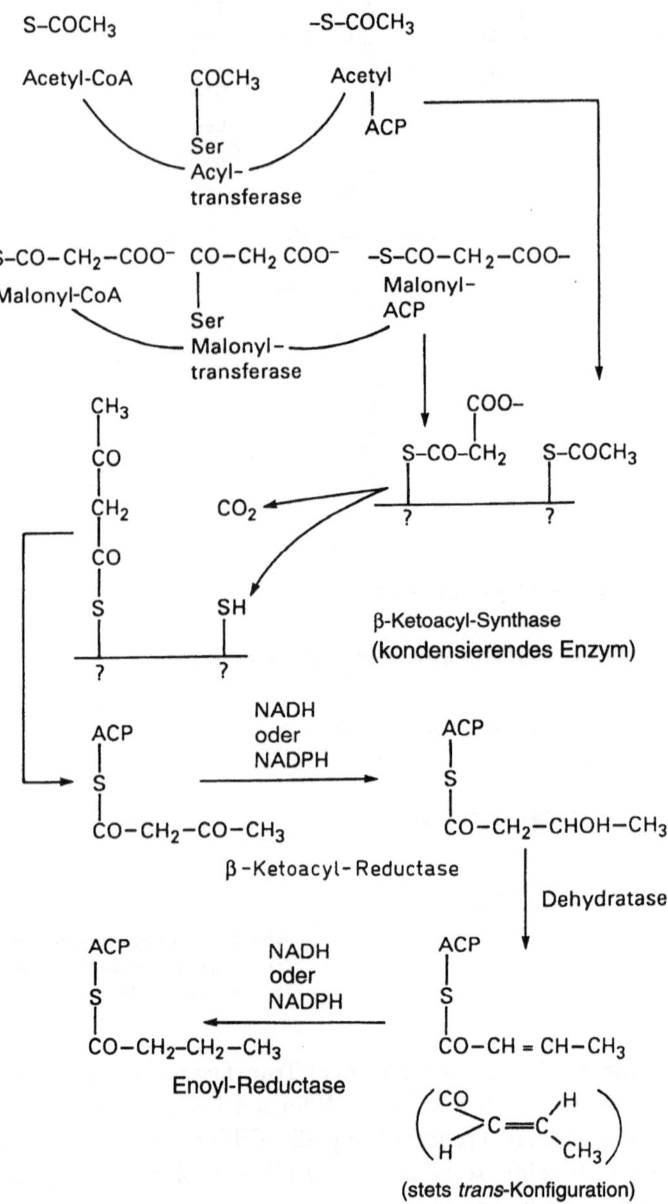

Abb. 1.4. Bei der Fettsäuresynthese beteiligte Enzyme.

kondensierend wirkenden Enzym wandern. Sicher ist nur, daß eine Thiolgruppe beteiligt ist, jedoch konnte bisher nur für Hefe nachgewiesen werden, daß zwei nahe benachbarte Thiolgruppen vorliegen, wovon eine von einem ACP stammen kann. Die Übertragung der Gruppen zurück zum ACP ist, ebenso wie die Beladung des Enzyms, nicht auf eine separate Transferaseaktivität angewiesen. Die weiteren Reaktionsschritte — Reduktion, Dehydrierung und nochmalige Reduktion — laufen sehr wahrscheinlich so ab, daß die Acylgruppe während der Reaktionsschritte an der Pantotheinkette haften bleibt. Diese Ergebnisse führten zu der reizvollen Vorstellung, daß die Pantotheinkette wie ein rotierender Arm agiert und ihr die Rolle zufällt, die Fettsäurereste den einzelnen aktiven Zentren im Multienzymkomplex zuzuführen. Diese Vermutung konnte durch konkrete Ergebnisse zwar noch nicht erhärtet werden, ist jedoch weithin akzeptiert. Bei der Reaktionsfolge sind drei unterschiedliche aktive Zentren beteiligt. Von manchen Pflanzen weiß man allerdings, daß jeweils zwei Reduktasen pro Reaktionsschritt beteiligt sind. Davon verwendet die eine NADPH, während die andere NADH so einsetzt, daß der Eindruck erweckt wird, das pflanzliche Fettsäuresynthetase-System (lokalisiert in den Plastiden) wäre das Resultat aus den Überresten von mindestens zwei unterschiedlichen Synthetasen.

Nach einem Cyclus liegt also Butyryl-ACP vor (Abb. 1.4). Den nächsten Schritt illustriert Abb. 1.5. Durch die Aufnahme eines weiteren MalonylRestes entsteht n-Hexansäure (Capronsäure) usw. Nach jedem Cyclus kann das ACP zwischen mehreren Möglichkeiten wählen. Es kann wiederum zum kondensierenden Enzym wandern, kann den Rest auf CoA, Wasser oder (in Pflanzen) ein Transfer-ACP übertragen oder einfach aus der Wirkungssphäre der Enzyme wegwandern. (Letzteres ist davon abhängig, ob es sich bei der Pflanzen-FSS um ein komplexes Enzym handelt oder nicht, was noch unklar ist). Die Reaktionswahl besteht solange, bis Palmitat (C_{16}) gebildet ist. Eine weitere Kettenverlängerung (Elongation) ist dann nicht mehr möglich.

An diesem Punkt zeigt sich zum ersten Mal die Festlegung auf eine bestimmte Kettenlänge. Die Ursache ist vermutlich in der Struktur des kondensierenden Enzyms zu suchen, ist allerdings noch nicht bewiesen. Wie bereits erwähnt, besitzt die Malonyl-Transferase zumindest in Hefe möglicherweise eine so hohe Bindungskapazität, daß sie einfach das gesamte verfügbare Palmityl-ACP bindet. Andere Spezies, wie z. B. Kaninchen, besitzen eine spezielle Thioesterase-Aktivität, die die synthetisierte Kette vom Pantothenat-Rest des ACP-Teils entfernt. Ein solches Enzym besitzen alle Fettsäuresynthetasen, die als Endprodukt freie Fettsäuren bilden. Die Determinierung der Kettenlänge könnte auch in einer derartigen Thioesterase begründet sein.

Die Synthese ausschließlich einer einzigen Fettsäure, wie z. B. Palmitat, konnte in *in vitro* Experimenten noch nicht verwirklicht werden. Typischerweise entstehen auch C_8-, C_{10}-, C_{12}- und C_{14}-Säuren in nicht unerheblichem Ausmaß. Man muß also annehmen, daß am Gabelungspunkt (wie in

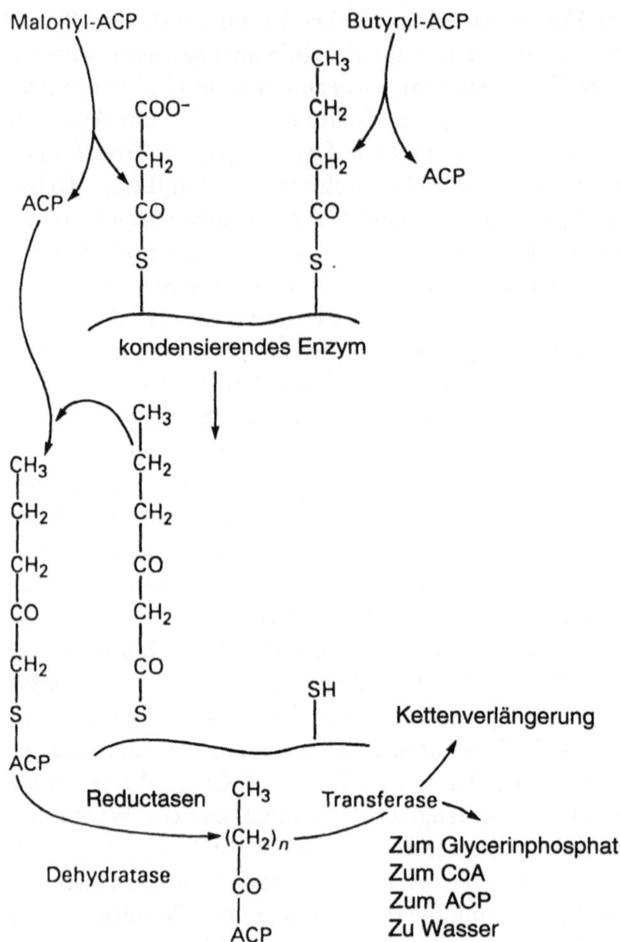

Abb. 1.5. Reaktionen zur Kettenverlängerung bei der Fettsäuresynthese.

Abb. 1.5 angedeutet) die Wahrscheinlichkeit einer Kettenverlängerung oder einer Abtrennung durch die Affinität zum kondensierenden Enzym bzw. zur Thioesterase bestimmt wird. Bis die Kettenlänge C_{16} erreicht ist, liegt die Affinität vollständig auf der Seite der Thioesterase. Auch eine kinetische Komponente ist wohl zu berücksichtigen, denn mit variierenden Konzentrationsverhältnissen zwischen Malonat und Acetat variieren auch die relativen Anteile der synthetisierten Fettsäuren. Erreicht eine Kette also das kondensierende Enzym, ohne daß ein Malonat-Molekül zur Reaktion bereitsteht, erhöht sich die Wahrscheinlichkeit, daß sie aus dem System ausgeschieden wird (d. h. daß keine weitere Kettenverlängerung mehr erfolgt).

In vivo wird Malonat mit Hilfe der Acetyl-CoA-Carboxylase (ACC, EC 6.4.1.2) aus Acetat und Kohlendioxid gebildet. Die Aktivität die-

Tabelle 1.4. Spezifische Aktivitäten der an der Fettsäuresynthese beteiligten Enzyme aus unterschiedlichen Pflanzen (überarbeitet aus Shimakata T., Stumpf P. (1983) J. Biol. Chem. **258**, 3592)

Enzym[a]	Spezifische Aktivität (mmol/min/mg Protein)				
	C. lutea[b]	Saflor-samen	Raps-samen	Erbsen-blätter	Spinat-blätter
Acetyltransacylase	0,064	0,018	0,19	0,005	0,009
Malonyltransacylase	9,8	24,1	24,4	8,81	12,3
Ketoacyl-ACP-Synthase I[c]	0,6	0,05	0,087	0,05	0,02
Ketoacyl-ACP-Synthase II[c]	0,10	0,04	0,10	0,04	0,15
Ketoacyl-ACP-Reductase	16,8	18,9	36,6	13,2	19,2
Hydroxyacyl-ACP-Dehydrase	8,3	12,8	15,2	7,30	6,72
Enoyl-ACP-Reductase	36,9	32,7	42,4	30,9	32,4

[a] Acetyl (ACP) S-Acetyltransferase (EC 2.3.1.38); Malonyl (ACP) S-Malonyltransferase (EC 2.3.1.39): Ketoacyl-ACP-Synthase (EC 2.3.1.41); 3-Ketoacyl-ACP-NADP-Reductase (EC 1.1.1.100); Enoyldehydrase (EC 4.2.1.17); Enoyl-ACP-Reductase (EC 1.3.1.9); Ethoyl-ACP-Reductase (NADPH) (EC 1.3.1.10). [b] Färberdistel. [c] Synthase I: durch Palmitat limitiertes kondensierendes Enzym; Synthase II: Palmitat-Stearat-Elongase.

ses Enzyms beeinflußt die gesamte Fettsäuresynthese. In Säugetieren wird das Enzym durch Palmitinsäure spezifisch reguliert, so daß das Fettsäurespektrum sehr genau eingeregelt werden kann. In Tabelle 1.4 sind von fünf verschiedenen Pflanzensorten jeweils einige kinetische Daten der an der Fettsäuresynthese beteiligten Enzyme zusammengetragen. Die Acetyl-Transacylaseaktivität ist demnach im Vergleich zu den anderen Enzymen so gering, daß hier vermutlich der geschwindigkeitsbestimmende Reaktionsschritt anzusiedeln ist. Mit steigendem Angebot an Acetyl-Transferase erhöht sich auch die gebildete Menge an Fettsäuren, wobei die durchschnittliche Kettenlänge allerdings abnimmt.

Elongation von Fettsäuren. Zwar bilden sowohl die pflanzliche als auch die tierische FSS Palmitat, jedoch ist eine spezielle Synthetase weitverbreitet, die mit den Substraten CoA- bzw. ACP-Palmitat und Malonat Stearinsäure (C_{18}) bildet. Es sind weitere Elongasen bekannt, die mit Hilfe von speziellen Enzymen C_{20}- und C_{22}-Säuren bilden können. Mit klassischen Züchtungsmethoden konnte die C_{20}-Elongase aus dem Rapssamen elimiert und damit Rapssamen erhalten werden, der keine Erucasäure (C_{22}-Säure) mehr enthält (s. Tabelle 1.2). Es ist noch unklar, inwieweit die Elongasen-Systeme lediglich auf ein anderes kondensierendes Enzym angewiesen sind und ob der restliche Komplex identisch mit dem Komplex zur Palmitatsynthese ist. Bei Tieren liegen die aktiven Zentren des Elongase-Systems alle auf der gleichen

Peptidkette, es muß sich also um ein eigenes System handeln. Allerdings ist nicht bekannt, ob sich die einzelnen Systeme wesentlich unterscheiden. Man vermutet, daß die Elongasen im Unterschied zu den anderen Fettsäuresynthetasen ausschließlich NADH verwenden.

Die Enzymsysteme determinieren also eindeutig die Kettenlänge der fertigen Fettsäure und zwar ist die determinierende Wirkung nahezu sicher dem kondensierenden Enzym zuzuschreiben, möglicherweise im Verbund mit dem restlichen System. Bislang konnte kein pflanzliches, kondensierendes Enzym isoliert und noch viel weniger sequenziert werden und es werden einige Jahre ins Land ziehen, bevor die determinierende Wirkung anhand der strukturellen Gegebenheiten verstanden sein wird. In naher Zukunft ist die Beeinflussung der Kettenlänge von Fettsäuren durch vorsichtige Veränderung der Ketoacylsynthetase wohl unwahrscheinlich. Allerdings wäre dieser Weg sehr interessant.

Einige Beispiele aus der Pflanzenwelt sind so interessant, daß sie vorgestellt werden sollen. Der Mechanismus, der in Palmkernen die Kettenlängen der Fettsäuren determiniert, ist unbekannt. Es könnte allerdings ein interessantes kondensierendes Enzym daran beteiligt sein. Das Nährgewebe von Kokosnüssen (*Cocos nucifera*) – es enthält C_{12}- und C_{14}-Fettsäuren in etwa gleichen Mengen – wurde eingehender untersucht. Eigenartigerweise produzierten zellfreie Extrakte vorwiegend Palmitat (C_{16}) und Stearat (C_{18}), Gewebsstücke dagegen vorwiegend C_{12}- und C_{14}-Säuren. Ursächlich für dieses Verhalten ist die unterschiedliche Spezifität der Acyltransferasen. Die genauen Vorgänge bleiben unbekannt, obwohl man meint, daß sehr wahrscheinlich eine kinetische Kontrolle zusammen mit der Kompartimentierung der einzelnen Enzyme eine Rolle spielt. Eine weitere denkbare Quelle für regulierende Enzyme ist *Cuphea*. Diese Pflanze produziert vorwiegend C_{10}-Fettsäuren. Allerdings wird noch viel Arbeit erforderlich sein, bevor die Biotechnologie hier einsteigen kann.

Die Arbeit an pflanzlicher Fettsäuresynthetase gestaltet sich wegen des erforderlichen ACP schwierig. Das einzige charakterisierte ACP war bis vor kurzem das Protein aus *Escherichia coli* und bis heute ist es auch das einzige erhältliche ACP. Dieses ACP arbeitet zwar in pflanzlichen Systemen, jedoch dürfen vergleichende Schlüsse aus den erhaltenen Daten, wie z. B. der Kettenlängen-Determinierung, nur mit Vorsicht gezogen werden. Im Gegensatz zu vielen anderen CoA-Derivaten ist das ACP nicht käuflich zu erwerben, und für eine ausreichend große Menge müssen einige Kilogramm *E. coli* extrahiert werden – alles in allem ein schwieriges Unterfangen. Mittlerweile weiß man, daß Pflanzen zwei unterschiedliche ACP mit jeweils einer etwas anderen Aufgabe besitzen. Rapssamen enthält in seiner Kern-DNA Codierungen für mindestens fünf unterschiedliche ACP-Moleküle, jedoch ist noch nicht bekannt, wieviele davon einem Populationspolymorphismus zuzuschreiben sind.

Möglicherweise ist für weitere Fortschritte bei der Kettenlängenregulierung Voraussetzung, ACP gentechnisch in genügendem Ausmaß zugänglich zu machen. Auch ACP selbst kommt als regulierendes Element in Frage. Setzt man nämlich der Fettsäuresynthetase *in vitro* ACP zu, verkürzt sich die durchschnittliche Kettenlänge der produzierten Fettsäuren. Mindestens eine Forschungsgruppe arbeitet zur Zeit daran, Spinat-ACP Gene in Rapssamen einzuschleusen, um dadurch auf die Lipidzusammensetzung Einfluß zu nehmen. Das Gen wurde in *E. coli* geklont.

Sowohl die Reduktasen aus dem pflanzlichen Synthesecyclus als auch aus *E. coli* können CoA-Derivate als Substrate verwerten. Deshalb wurden sie und nicht die kondensierenden Enzyme isoliert und sequenziert und zwar mit dem Hintergedanken, das Gen und den Rest des Fettsäuresynthetase-Komplexes (falls dieser überhaupt existiert, s. u.) zu isolieren. Als Zielsystem für Arbeiten dient die FSS aus Samen, die während der Reifezeit aktiviert ist. Auf diese Weise umgeht man zwar die Notwendigkeit von ACP, nicht jedoch spezifische experimentelle Schwierigkeiten: Zellwände aus Cellulose sind nicht nur Ursache dafür, daß sich das Gewebe schlecht extrahieren läßt, sondern auch dafür, daß der Proteingehalt geringer ist als in Tiergewebe. Weiterhin sind reifende Samen oft klein und zudem nur einmal jährlich in ausreichender Menge verfügbar. Drittens verfügen pflanzliche Gewebe über relativ aktive Proteasen, für die es keine wirksamen Inhibitoren gibt. FSS selbst wird durch die gleichen Substanzen inhibiert, die auch Thiolproteasen, wie z. B. Papain, inhibieren.

Dies ist auch der Grund, warum die pflanzliche FSS strukturell ungenügend charakterisiert ist. Die aufgezeigten Schwierigkeiten bestätigen nur den anfangs angedeuteten langen Zeitraum für größere Fortschritte.

Struktur der Fettsäuresynthetase. Die Substratveränderungen während der Fettsäuresynthese sind zwar gut bekannt, nicht jedoch die ursächlich wirksamen Enzyme, die in vielen Variationen vorkommen.

Einige genauere Angaben zu bekannten Strukturen sind in Tabelle 1.5 zusammengestellt. Von besonderer Bedeutung ist die Frage, ob die aktiven Zentren auf einer, auf zwei oder auf mehreren Peptidketten lokalisiert sind und aus wievielen vollständigen Aktivitätseinheiten das funktionale Molekül aufgebaut ist. Die Tabelle zeigt, daß mehrere Möglichkeiten verwirklicht sind und daß zwischen wenigstens drei verschiedenen Arten unterschieden werden kann. Manchmal wird behauptet, die Synthetase von Prokaryonten und Pflanzen bestünde aus sechs bis sieben unterscheidbaren Enzymen, die Synthetase von Eukaryonten dagegen aus komplexen Enzymen. Diese Aussage vereinfacht die Situation allerdings zu stark. Zunächst müssen auch bei komplexen Enzymen die einzelnen aktiven Zentren nicht auf der gleichen Peptidkette lokalisiert sein. In Wirklichkeit werden die Untereinheiten meist durch nicht-kovalente Wechselwirkungen zusammengehalten und der Aufbau der FSS in Säugern, deren sechs Aktivitäten sowie die ACP-

Tabelle 1.5. Strukturen einiger Fettsäuresynthetasen

Organismus	Peptide	MM*	Sets	Produkt	Kettenlänge	Kommentare
Hefe	2 (α und β)	1 200 000	6	Acyl-CoA Fettsäuren?	14, 16 18–24	Enthält FMN
Hühnerleber	1	500 000	2	Acyl-CoA	14, 16	und viele weitere Vögel- und Säugetierlebern
E. coli Cyanobacter	6 + ACP	Komplex? 250 000	1	Acyl-ACP Fettsäuren?	14, 16 18–24	Enthält FMN, 10 und 12 in einigen Geweben
Mycobacter smegmatis	1	1 700 000	2	Acyl-ACP	14, 16	
Pflanzen, z.B. Färberdistel	6 + ACP	Komplex? 250 000	1			
Aspergillus fumigatus	2 oder 6?	1 500 000				
Milchdrüsen (Ratte)	2 + 2	600 000 ⎫	2	Fettsäuren	8, 10, 12	MCH vorhanden
Bürzeldrüse (Ente)	2 + 2	600 000 ⎭				
Erbsenblattlaus	2 ?	?				
Milchdrüsen von Wiederkäuern	1	500 000		Fettsäuren Acyl-CoA	8, 10, 12 8, 10, 12	Keine bestimmte Hydrolase
Ceratitis capitata (Fliege)	2	500 000		Fettsäuren	16, 18	1 Pantothein pro zwei Ketten
Drosophila melanogaster	?	?		Fettsäuren	12, 14 oder 16, 18	abhängig von der Ionenstärke

* Relative Molmasse des funktionalen Enzyms

Einheit alle auf einer einzigen Peptidkette lokalisiert sind, ist für Enzyme sehr ungewöhnlich. (Sehr interessant ist dabei die Frage, wie sich ein solches Enzym ‚richtig' falten kann. Man nimmt an, daß sich die Domänen zeitgleich mit dem Austreten der wachsenden Kette aus dem Ribosom bilden. Wo diese Vorstellung nicht zutrifft, muß am Faltungsprozeß ein externes Agens, wie beispielsweise eine spezielle Membran, beteiligt sein. Als externe Agentien sind auch weitere Proteine, wie beispielsweise die Protein-Disulfid-Isomerase, die Peptidyl-Prolyl-*cis-trans*-Isomerase und die sog. Chaperonine denkbar. Bei derartigen Fällen erscheint es nicht erfolgversprechend, das Gen zur Expression in einen Wirtsorganismus zu überführen.)

Offensichtlich ist zum Erhalt eines aktiven Zentrums eine relative Molmasse von etwa 20 000–30 000 erforderlich. Die Molmassen der meisten Enzyme liegen in diesem Bereich. Die Säuger-FSS scheint die Peptidkette, die bei einer relativen Molmasse von 240 000 sieben aktive Zentren besitzt, sehr effektiv zu nutzen.

Komplexe Enzyme sind kinetisch wirksamer, denn ihre aktiven Zentren liegen sehr nahe beieinander. Ziel ist wohl, die Substratkonzentration zu jedem beliebigen Zeitpunkt möglichst gut auszunutzen. Andererseits sind Moleküle dieser Größe anfälliger gegen den Angriff von Proteasen: sie sind nämlich offensichtlich aus kompakten Domänen aufgebaut, die durch gut angreifbare Schleifen (loops) zusammengehalten werden. Mit Hilfe von Proteasen läßt sich solch ein Komplex partiell aufschließen, und die einzelnen Aktivitäten lassen sich voneinander abtrennen. Solche Enzymkomplexe können viele Umformungen durchlaufen, ohne daß die Gesamtaktivität beeinträchtigt wird. Dieses Verhalten wurde in früheren Arbeiten über derartige Enzyme nicht ausreichend berücksichtigt. Damals zog man als Kriterium, ob ein Enzym unbeschädigt vorliegt oder nicht, nur dessen Aktivität heran. Einiges deutet darauf hin, daß längere Ketten *in vivo* einen schnelleren Stoffumsatz (turnover) bewirken als kürzere.

Im Fall der FSS sind komplexe Enzyme vorteilhaft, denn ein funktionales Enzym enthält häufig zwei oder mehrere vollständige Enzymgruppierungen, die zueinander in nächster Nähe plaziert sind. Hefe besitzt z. B. sechs solcher Gruppierungen. Die Kette, die gerade synthetisiert wird, kann sich von Gruppierung zu Gruppierung bewegen, je nachdem, welche gerade frei ist und wo gleichzeitig ein Malonyl-Rest zur Verfügung steht. In Säugern mit ihren binären Enzymen gelten die gleichen Möglichkeiten.

Keine der Erklärungen kann jedoch die Frage beantworten, ob die FSS von *E. coli* oder von Pflanzen nun tatsächlich als komplexes Enzym vorliegt. Vorsichtig ausgeführte Experimente lassen vermuten, daß die Tatsache, daß sich die einzelnen Aktivitäten eindeutig mit jeweils eigenen Peptidketten isolieren lassen, das Ergebnis einer Proteolyse sind. Es gibt keinerlei Hinweise auf eine mögliche Komplexbildung oder auf die Bindung der FSS-Aktivität in Gewebeextrakten an große Moleküle (Molmasse ungefähr 500 000).

Der pflanzliche Stoffwechsel läuft wesentlich langsamer ab als der tierische. Im heranreifenden Samen erfolgt die Deponierung von Lipiden so langsam, daß hierfür auch ein relativ uneffektives Enzym ausreichend leistungsstark wäre. Die Lipidbildung in Pflanzen ist beispielsweise wesentlich langsamer als in Hefe. Sieht man das ACP als eine Art abtrennbare Einheit an, die von Enzym zu Enzym wandern kann, und hält man sich dessen Lokalisierung in den Plasmiden vor Augen, so sollte eine FSS in Dispersion ziemlich effektiv arbeiten können. Weiterhin besteht noch die Möglichkeit, daß die Enzyme einen partiellen Komplex bilden. Am wahrscheinlichsten ist dabei ein Kern aus vier zentral gelegenen Enzymen, d. h. dem kondensierenden Enzym, den beiden Reduktasen sowie der Dehydratase, und einer spezialisierten ACP-Form. Ein entsprechender Nachweis für diese Vermutung steht noch aus.

Aus der Sicht der Biotechnologie ist die Frage wichtig, wie viele Ketten beteiligt sind, denn damit gäbe es einen Hinweis auf die Anzahl der beteiligten Gene. Die Säuger-FSS wird durch eine einzige mRNA vollständig spezifiziert. Hefe benötigt für ihre beiden Peptide zwei Gene, die aller Wahrscheinlichkeit nach auf unterschiedlichen Chromosomen liegen. Zur Zeit versucht man über die in Pflanzen relativ gut zugänglichen Reduktasen die Peptid-Gene zu lokalisieren. Ob jedoch der Rest des Enzymkomplexes in der Nähe der beiden Gene lokalisiert ist, muß sich noch zeigen. Die Säuger-FSS wird mit Hilfe einer DNA-Sequenzierung vermutlich bald charakterisiert sein.

Desaturasen.   Die ungesättigten Fettsäuren aus Tabelle 1.3 entstehen alle durch die Wirkung von Desaturasen (EC 1.14.99.6) auf die gesättigten Fettsäuren. Ölsäure ($9C_{18:1}$), Linolsäure ($9,12C_{18:2}$) und Linolensäure ($9,12,15C_{18:3}$) werden aus Palmitinsäure gebildet und zwar mit Hilfe einer spezifischen Elongase und einer Gruppe von Desaturasen, die jeweils positionsspezifisch wirken. Jede Doppelbindung besitzt die *cis*-Konformation. In Tieren wirkt immer das CoA-Derivat als Substrat, in Pflanzen sehr wahrscheinlich das Acyl-ACP, obgleich Pflanzen *in vitro* auch CoA-Derivate verarbeiten können. In heranreifenden Samen können auch spezielle Phospholipide als Substrate dienen.

Die Desaturasen sind eindeutig auf Kettenlängen von C_{16} und länger spezifiziert und dehydrieren auch sehr positionsspezifisch. Sie sind membranassoziiert und für ihre Aktivität zumindest auf ein Membranfragment angewiesen. Das Enzym enthält neben einer eisenhaltigen Dehydrogenase-Untereinheit Cytochrom b_5 sowie eine Cytochromoxidase. Diese Desaturase liegt in Pflanzen stets an eine Membran gebunden vor, wodurch die Charakterisierung mit großen Schwierigkeiten verbunden ist. Die Struktur läßt sich vermutlich aus der bekannten Struktur des Cytochrom b_5 entwickeln, gentechnische Manipulation wird aber nicht leicht sein. Die Desaturasen sind wohl nur schlecht für die Kettenlängenregulierung von Fettsäuren geeignet. Sollte aber die Nachfrage nach ungesättigten Fettsäuren steigen, so kann das

Desaturasegen möglicherweise transferiert werden. Die tierische Desaturase wurde hingegen bereits isoliert und geklont.

Triacylglyceridsynthese. Die Triglyceridsynthese im heranreifenden Samen erfolgt nach demselben Reaktionsschema wie in den anderen Pflanzenteilen und auch im tierischen Organismus. Einen typischen zeitlichen Ablauf für die Deponierung von Lipiden zeigt Abb. 1.6 am Beispiel von heranreifenden Sonnenblumensamen. Gleichzeitig mit dem Auftreten von Lipiden ist eine größere Menge an FSS-Aktivität zu beobachten. Das Enzym wird früh im Reifungsprozeß synthetisiert und unterliegt vermutlich einer genetischen Kontrolle. Im Beispiel aus Abb. 1.6 verschwindet die FSS-Aktivität bei der Reifung, in anderen Pflanzenarten kann ihre Aktivität jedoch über den ganzen Reifungsprozeß nachgewiesen werden.

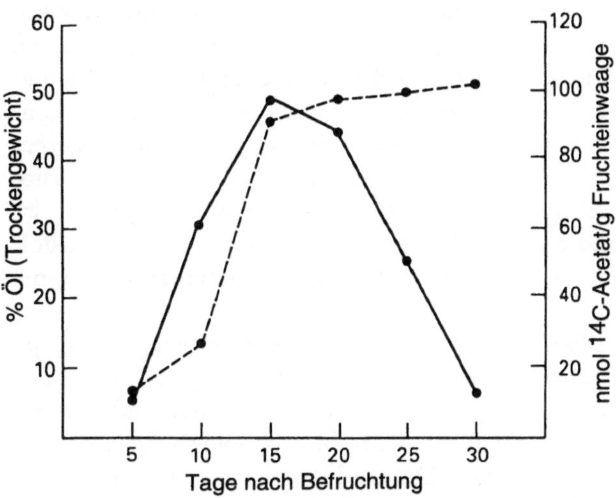

Abb. 1.6. FSS-Aktivität und Lipiddeponierung in heranreifenden Sonnenblumensamen. − − − Prozent Lipid; —— Geschwindigkeit des Acetateinbaus (aus Monza P., Munshi S., Sukhija P. (1983) Plant Sci. Lett. **31**, 311–321).

Wie bereits angesprochen, möchte man durch die Lokalisierung des Gens in irgendeinem Teilabschnitt der FSS u. a. den genetischen Kontrollmechanismus ausnutzen und in den reifenden Samen Gene insertieren, und zwar unter Heranziehung des Samens selbst. Mit dieser Methode gelang vor kurzem die Insertierung von Erbsen-Legumin in Tabak und es gelang die spezifische Produktion von Erbsen-Legumin in den Samen von Tabakpflanzen.

Der biochemische Reaktionsweg zu Triacylglyceriden beginnt mit der Acylierung von Glycerol-3-phosphat zu einer Lysophosphatidsäure. Diese wird nochmals acyliert sowie dephosphoryliert, wobei Mono-, Di- und Triacylglyceride entstehen. Die Phosphatidsäure selbst führt zu Phospholipiden. Das Acyl-CoA ist in diesem System *in vitro* zwar wirksam, vermutlich wirken jedoch *in vivo* ACP-Derivate als Substrate. Auf eine mögliche Regulierung der Kettenlänge gibt es keine Hinweise und über die beteiligten Enzyme (EC 2.3.1.40) ist wenig bekannt.

Schlußfolgerungen.   Die kurze Darstellung zum Wissensstand über die Synthese von Triacylglyceriden in heranreifenden Samen zeigt aus der Sicht der biotechnologischen Manipulationsmöglichkeiten ein nur wenig ermutigendes Bild. Wenn wir uns Tabelle 1.1 in Erinnerung rufen, so scheint es, daß für Stufe 1 – die Aufklärung der zugrunde liegenden biochemischen Reaktionswege – ein Zeitraum von mindestens zwei bis drei Jahren veranschlagt werden muß. Zwar sind bereits einige Hinweise vorhanden, jedoch ist es vermutlich nicht möglich, ein einziges Enzym oder nur eine Enzymklasse als Schlüssel für die Regulierung der Kettenlängen der Fettsäuren auszumachen. Auch wenn die derzeit zur Verfügung stehenden Methoden es erlaubten, zwar unter hohem Zeitaufwand, aber doch erfolgreich, das kondensierende Enzym (z. B. aus *Cuphea*) zu isolieren und zu charakterisieren, so wären die erhofften Erkenntnisse noch lange nicht garantiert. Die Biotechnologie, und darauf soll nochmals eindringlich hingewiesen werden, ist auf Enzyme angewiesen und auch die besten Kenntnisse über Reaktionsfolgen sind nicht ausreichend, wenn andererseits über die beteiligten Enzyme zu wenig bekannt ist.

Die Kenntnisse über pflanzliche FSS werden zwar immer besser, jedoch wird es noch einige Jahre dauern, bis die Regulierung der Fettsäure-Kettenlänge in z. B. Palmen oder Kokosnüssen verstanden ist. Andererseits sind die derzeitigen Kenntnisse auch nicht für biotechnologische Versuche ausreichend, die nur mit pflanzlichem Material arbeiten. Auf lange Sicht wird zur Modifizierung der Kettenlängen von Fettsäuren in Ölsaaten wohl am vielversprechendsten sein, Modifikationen an den kondensierenden Enzymen vorzunehmen. Bei der Suche nach geeigneten Enzymen ist man aber keineswegs nur auf pflanzliches Material beschränkt. Tabelle 1.4 enthält einen Hinweis auf einen speziellen Mechanismus zur Regulierung der Kettenlängen, der in einigen Säugern und in den Gefiederdrüsen von Enten gefunden wurde. An diesem Mechanismus ist eine spezifisch auf kurze Ketten wirkende Hydrolase beteiligt, die die FSS veranlaßt, nach Erreichen von C_{10}- bzw. C_{12}-Säuren abzubrechen und nicht, wie üblich, bis zu C_{16}-Säuren fortzufahren. Wäre es denkbar, daß dieses Enzym auch andere FSS zu diesem Verhalten bringen könnte? Ergebnisse aus *in vitro* Experimenten lassen es vermuten. Eine eingehendere Diskussion erfolgt später. Das wirksame Enzym wollen wir ‚MCH‘ (‚medium-chain-hydrolase‘, FSS-Acylthioester Hydrolase, EC 3.1.2.2) nennen. Es steht bereits teilweise gereinigt zur Verfügung und es schien, daß seine Gewinnung und letztlich auch die

Bestimmung seines Gens keine besonderen Probleme bereiten sollten. Mit diesem Enzym glaubte man im Rahmen der Möglichkeiten den wirkungsvollsten Weg gefunden zu haben, die Kettenlängen der Fettsäuren wenigstens in einem gewissen Umfang regulieren zu können. Tatsächlich stellten sich aber viele Probleme ein und die MCH zeigt hervorragend die Unwägbarkeiten in der zweiten Stufe aus Tabelle 1.1.

1.4.2 Stufe 2: Isolierung von Enzymen

Umfang der Isolierung.   Noch vor der Isolierung muß man sich zum einen über die benötigte Enzymmenge klar werden und zum anderen, welche Rohstoffquelle zur Verfügung steht. Diese beiden Aspekte beeinflussen nämlich das gesamte Vorhaben.

Alle Enzymisolierungsverfahren sind gewissermaßen ein Wettlauf gegen die Zeit. Qualität und Ausbeute der Präparate sind davon abhängig, wie geschickt die einzelnen Isolierungsstufen miteinander verbunden werden. Weiterhin spielt noch eine Rolle, wie schnell die einzelnen Schritte durchgeführt werden können. Leider ist es noch immer schwierig, die Isolierungsschritte genau zu reproduzieren, und es ist mit Schwankungen zu rechnen. Aus diesem Grunde ist es umso wichtiger, die obige Abschätzung möglichst genau vorzunehmen. Es ist sehr vorteilhaft, alle Messungen mit einer einzigen Probe durchzuführen. Zur Isolierung der MCH (oder auch jeder beliebigen anderen Zielsubstanz, an der genetische Manipulationen durchgeführt werden sollen) ist es zunächst wichtig, daß in ausreichendem Maße sequenziert wird, damit Meßsonden konstruiert werden können und die anhand der DNA synthetisierten Verbindungen einwandfrei identifiziert werden können. Die Sequenz ist auch zur Bestimmung der relativen Molekülmasse notwendig sowie zur Produktion von Antikörpern und zum Nachweis, daß das Gen erfolgreich exprimiert.

Die relativen Molmassen der einzelnen Ketten lassen sich aus den Ergebnissen einer kalibrierten SDS-Gelelektrophorese (s. u., benötigte Proteinmenge: etwa 50 μg) abschätzen. Ein verläßlicherer Wert für die relative Molekülmasse (muß nicht unbedingt mit der relativen Masse der einzelnen Kette übereinstimmen) erhält man aus Methoden, die auf Sedimentations-Gleichgewichten bzw. auf Lichtbrechung beruhen. Die dafür nötigen ca. 5 mg können allerdings wieder zurückgewonnen und anderweitig verwendet werden. Wenn das partielle spezifische Volumen $\bar{v}$ bestimmt werden muß, sind weitere 10 mg Substanz erforderlich. Aus der Aminosäure- Zusammensetzung läßt sich in den meisten Fällen ein hinreichend genauer Wert für $\bar{v}$ berechnen, der allerdings für konjugierte Proteine, wie z. B. Glykoproteine, nicht immer gilt.

In den letzten Jahren wurden die Methoden immer mehr verfeinert, so daß die Bestimmung der Aminosäuren sowie die Sequenzierung mit immer kleineren Substanzmengen erfolgen kann. Die Elektrophorese ist immer noch bei weitem die leistungsfähigste Methode zur Fraktionierung und zur Isolierung von Proteinen. Es ist relativ einfach, eine Mischung aus 100 unterschiedlichen Proteinen in die einzelnen Bestandteile aufzutrennen und der derzeitige Rekord liegt bei der Auftrennung von 2000 unterschiedlichen Proteinen. Der größte Nachteil der Elektrophorese ist jedoch, daß der Proteingehalt je Probe bei so hohen Auflösungen nicht mehr als 100 μg betragen darf. Nach jahrelangen, fruchtlosen Versuchen, den Maßstab der Elektrophorese zu vergrößern, läßt sich nun ein Trend zur Entwicklung von Techniken erkennen, die mit den Proteinmengen arbeiten können, wie sie aus elektrophoretischen Trennungsschritten anfallen.

Mit einer Standardausrüstung ist es heute möglich, aus etwa 10 μg Substanz die Aminosäurezusammensetzung zu erhalten. Für exakte Analysen sind etwa 50 μg Substanz erforderlich. Die Sequenzierung ist mit den modernsten Geräten bereits mit 1 mg (unter günstigen Bedingungen auch aus weniger) Substanz machbar. Gängige Ausrüstungen benötigen noch etwa 20 mg Substanz für entsprechende Ergebnisse. Die vollständige Sequenzierung eines relativ einfachen Enzyms mit etwa 300 Resten und einer relativen Molmasse von etwa 32 000 erfordert gar bis zu 100 mg Substanz. Genaugenommen werden etwa 3 μmol Substanz benötigt, denn bei längeren Ketten braucht man zur Sequenzierung mehr Material.

Antikörper sind zwar sehr nutzbringend, jedoch unterscheiden sich die einzelnen Proteine sehr stark in ihrer Antigenität, d. h. wie wirksam sie die Bildung von Antikörpern hervorrufen. Einige entwicklungsgeschichtlich sehr alte Proteine, wie z. B. Actin, sind in nahezu allen Lebewesen recht ähnlich gebaut und bewirken nahezu keine Bildung von Antikörpern. Von einem Globulin mittlerer Antigenität werden zur Immunisierung von Kaninchen und zum Austesten von Antiseren etwa 10 mg Substanz benötigt. Zur Herstellung monoklonaler Antikörper wird eine Maus immunisiert (erforderliche Proteinmenge etwa 20 μg). Zur Produktion der monoklonalen Antikörper wird dann die Bauchflüssigkeit der Maus benutzt (s. Kap. 6). Zum anschließenden Screening der Klone nach einem Antikörper muß aber nicht gereinigt werden. Die Schwierigkeit dieser Methode besteht aber darin, daß die meisten monoklonalen Antikörper nicht ausreichend fest binden, und in manchen Fällen mußten mehrere Hundert Klone ausprobiert werden, bevor ein geeigneter Klon gefunden wurde. Polyklonale Antikörper eignen sich für viele Anwendungen, wie z. B. für Isolierungen und Identifizierungen, sogar besser als monoklonale, obwohl auch Mischungen aus mehreren monoklonalen Antikörpern diese Aufgaben erfüllen könnten. Weiterhin wird zu Nachweiszwecken noch eine geringe Menge des authentischen Enzyms gebraucht, und zwar zum Nachweis dafür, daß der Wirtsorganismus das transferierte Gen exprimiert. Möglicherweise benötigt man eines Tages noch weiteres Protein zur Strukturbestimmung in kristalliner Form, dieses Ansinnen liegt jedoch außerhalb der gegenwärtigen Machbarkeit. Etwa weitere 5 mg Protein sollten noch für weitere Analysen, wie z. B. den Gehalt an Kohlenhydraten oder anderen post-transcriptionalen Modifikationen, zur Verfügung stehen. Unter den post-transcriptionalen Modifikationen versteht man kovalente Strukturmodifikationen, die nach der Bildung der Peptidkette am Ribosom an einem anderen Ort erfolgen. Die häufigsten post-transcriptionalen Modifikationen sind das Anfügen von Kohlenhydratresten, die Entfernung eines Teils der Kette, die Modifizierung der N-terminalen Gruppe oder die Bildung von Disulfidbrücken innerhalb der Kette. Berücksichtigt man alle Wünsche, so sind etwa 50 mg MCH bzw. Enoyl-FSS-Reduktase – beide sind globuläre Enzyme mit etwa 300–400 Resten – erforderlich.

Enzymquellen.   Es wäre unrealistisch von mehr als einer 10 %igen Ausbeute auszugehen. Als Rohstoffe kommen also nur Gewebe mit einem MCH-Gehalt von mehr als 500 mg in Frage. Man weiß aus Publikationen, daß 500 mg MCH in etwa 1 kg Ratten-Milchdrüsen (entsprechen den Milchdrüsen von etwa 60 Ratten; Ratten sind für Laboratorien relativ gut erhältlich) enthalten sind. Die Isolierung rückt damit schon nahezu in den Labormaßstab. Die begrenzenden Faktoren sind nämlich vor allem die Kapazitäten der Homogenisatoren und der Zentrifugen, die in Laborgröße jeweils etwa 5–6 Liter fassen. Die entsprechenden Mengen Enoyl-FSS-Reduktase erfordern beispielsweise mindestens 10 kg heranreifenden Rapssamen zur Extraktion. Zur Verarbeitung solcher Mengen ist bereits die Größenordnung einer kleinen Pilot-Anlage erforderlich. Eine solche Samenmenge ist kaum zu bearbeiten. Bei pflanzlichem Material als Rohstoffquelle sollten daher alle Möglichkeiten genutzt werden, die erforderliche Proteinmenge so gering wie möglich zu halten.

Extraktion und erste Fraktionierung.   In diesem Stadium will man das Enzym in Lösung erhalten und um dem Angriff der cytoplasmatischen Protease zuvorzukommen, sollte eine erste Fraktionierung so zügig wie möglich vorgenommen werden. Die Arbeiten erfolgen häufig bei niedriger Temperatur, damit die Proteaseaktivitäten und vor allem das Wachstum von Bakterien und Pilzen minimiert sind. Diese Organismen sind nämlich ebenfalls Quellen für Proteasen. Der pH-Wert ist bei diesen Schritten die wichtigste Variable. Bei pflanzlichen Rohstoffen bietet es sich an, die Proteaseaktivität in Abhängigkeit vom pH-Wert aufzuzeichnen. Meist durchläuft die Proteaseaktivität zwischen pH 3,5 und pH 4,0 ein Minimum. Die Ausbeute kann unter Beachtung des ‚richtigen‘ pH-Wertes wesentlich verbessert sein.

Zur Isolierung des Enzyms müssen die Zellwände und häufig auch Organellen zerstört werden. Tierisches Gewebe läßt sich in diesem Sinne mit einfachen Blatthomogenisatoren, die bis zu einem Volumen von etwa 5 l erhältlich sind, problemlos aufschließen. Pflanzen- und Bakterienzellen zeigen ein vollständig anderes Verhalten. Für pflanzliches Gewebe steht noch immer keine effektive Extraktionsmethode, die sich in großem Maßstab anwenden ließe, zur Verfügung. Der Aufschluß des Gewebes erfolgt vielmehr mit Hochgeschwindigkeits-Blatthomogenisatoren oder sogar durch Mahlen mit Sand im Batch-Verfahren und kleinen Ansätzen. Bakterien- und Hefezellen lassen sich gut mit Homogenisatoren vom Manton–Gaulin–Typ aufbrechen. Dabei wird die Zellsuspension unter hohem Druck durch eine Düse gepreßt. Für Arbeiten im größeren Maßstab eignen sich entsprechend umgebaute Apparaturen, die ursprünglich zur Herstellung von Speiseeis gedacht waren. Damit lassen sich innerhalb 30 min etwa 5 kg Zellsubstanz aufschließen. Alle vorgestellten Homogenisatoren haben mit der Kühlung der Suspension Probleme.

In den Anfängen der Biochemie wurden unlösliche Zelltrümmer durch Zentrifugieren entfernt, denn im Vergleich zu anderen Methoden ist die Abtrennung durch Zentrifugieren schnell. Für den gedachten Zweck (Volumen von etwa 10–20 l) eignen sich am besten Zentrifugen mit relativ kleinen Fließgeschwindigkeiten. So große Zentrifugen sind aber in Laboratorien nur selten zu finden. Die meisten Laborzentrifugen besitzen ein maximales Fassungsvermögen von etwa 5–6 l und arbeiten bei voller Beladung relativ uneffektiv.

Die Zellbruchstücke lassen sich wohl am besten abfiltrieren und zwar nach Zusatz eines Filtrierhilfsmittels (z. B. Celite). Bei etwa 5 l Extraktvolumen erfordert die Filtration eine ähnlich lange Zeit, arbeitet aber effektiver. Wie effektiv der Extrakt (die überstehende Flüssigkeit) aufgearbeitet werden kann, wird durch das Verhältnis von Extraktionsmittel zu Gewebemenge bestimmt. Die Rückstände von pflanzlichem Gewebe sind im Vergleich zu tierischem Gewebe sehr voluminös, d. h. pflanzliches Material erfordert mehr Extraktionsmittel und man erhält relativ verdünnte Extrakte.

Es kann recht vorteilhaft sein, vor der eigentlichen Enzymextraktion eine Zellfraktionierung durchzuführen, z. B. um Plastide oder Proteingranula zu isolieren. Leider können mit den Standardverfahren nur kleine Volumina verarbeitet werden und im Hinblick auf die erforderliche Menge von 50 mg Protein sind sie uninteressant. Mehr oder weniger nützliche Methoden zum Aufbrechen von Zellwänden arbeiten mit Cellulasen. Cellulasen erleichtern zwar die Extraktion, erschweren jedoch die nachfolgende Fraktionierung.

Aus zwei Gründen verschwindet die Enzymaktivität in den vorgereinigten Extrakten mehr oder weniger schnell. Zum einen wirken vorhandene Proteasen und zum anderen können manche Enzyme auch mit anderen Proteinen zu inaktiven Aggregaten reagieren. Solange der pH-Wert zwischen 3,5 und 9,0 gehalten wird und die Ionenstärke im physiologischen Bereich (0,1) liegt, ist bei einer Temperatur unterhalb 25 °C kaum mit einer spontanen Strukturveränderung (‚Entfaltung‘) zu rechnen. Thiole, wie z. B. Dithiothreitol, sollten nur dann zugesetzt werden, wenn die Enzymaktivität nachgewiesenermaßen erhalten bleibt. Thiole können nämlich die Umbildung von Disulfidbrücken sowie Aggregationen erleichtern (s. Kap. 4). Auch der Zusatz von Proteaseinhibitoren kann sinnvoll sein. Phenylmethylsulfonylfluorid wird zwar häufig verwendet, es hemmt aber weder alle

Proteasen noch wirkt es spezifisch auf Proteasen, und hemmt Thioester, wie z. B. die MCH, ebenfalls. Aus diesen Gründen müssen unerwünschte Bestandteile möglichst schnell aus dem Extrakt entfernt werden. Da keines der nachfolgenden Verfahren ein so großes Volumen verarbeiten kann, wie es bei der Extraktion anfällt, muß das Zielenzym angereichert werden.

Weitere Fraktionierung. Der zunächst anfallende Extrakt läßt sich nach drei Methoden für die weitere Fraktionierung vorbereiten. Nach der ältesten, aber immer noch besten Methode wird das Protein durch Zusatz von großen Mengen eines Salzes, i.a. Ammoniumsulfat, oder eines organischen Lösungsmittels (wie z. B. Ethanol) ausgefällt und durch Zentrifugieren abgetrennt. Die Abtrennung durch Zentrifugieren ist bis zu einem Volumen von 1 l recht wirkungsvoll, bei größeren Volumina arbeiten Filter wirksamer. Das Präzipitat wird gesammelt und anschließend in einen geeigneten Puffer dialysiert. Dieser Schritt ist zwar langsam, jedoch ist das Enzym bei dieser Stufe üblicherweise recht stabil. Abbildung 1.7 zeigt noch weitere Strategien.

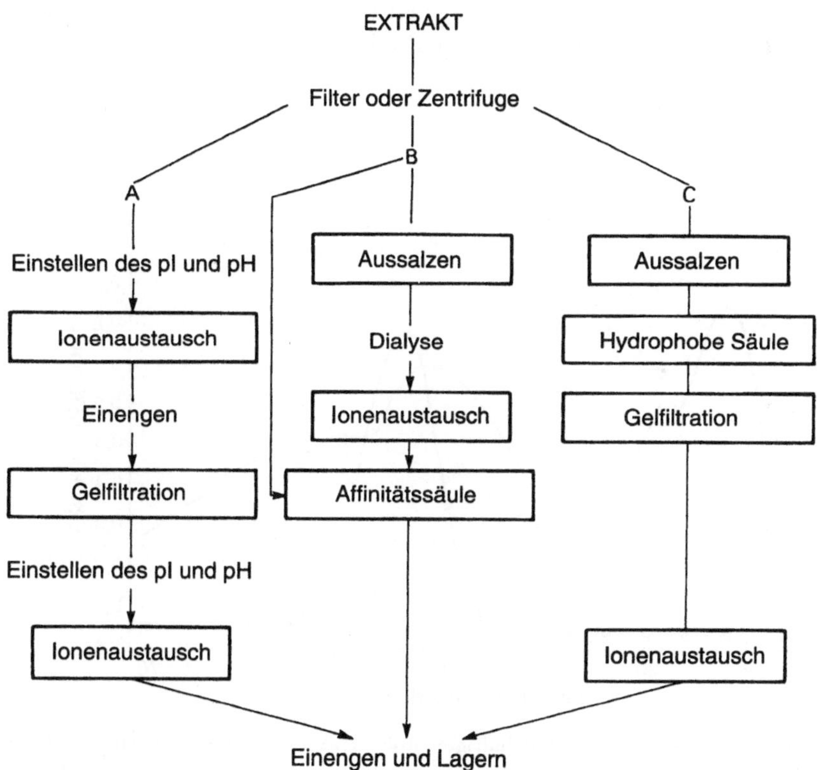

Abb. 1.7. Verschiedene, gängige Strategien zur Enzymisolierung. Die vier grundlegenden Fraktionierungsmethoden lassen sich auf vielerlei Art und Weise kombinieren.

Jede von ihnen besitzt Vor- und Nachteile. Jede der Strategien bedient sich der vier grundlegenden Fraktionierungsmethoden (Ionenaustauschchromatographie, Gelfiltration, hydrophobe Chromatographie und die Verwendung spezifisch wirksamer Affinitätssäulen), jedoch in unterschiedlicher Art und Weise.

1. *Ionenaustauschchromatographie (Ion Exchange Chromatography, IEC).* Ursprünglich arbeitete man mit Carboxymethylcellulose (COO^--Gruppen) als Kationentauscher und Dimethylaminoethylcellulose ($CH_2CH_2N^+(CH_3)_2$-Gruppen sowie einer geringen Anzahl an COO^--Gruppen) als Anionentauscher. Mittlerweile wurden weitere Materialien entwickelt, wie beispielsweise vernetzte Dextrane oder Silikate. Die Fraktionierungskapazitäten der einzelnen Packungsmaterialien sind ähnlich, sie unterscheiden sich lediglich in den Fließcharakteristiken, wenn sie in die Säule gepackt sind.

Proteine binden dann ans Säulenmaterial, wenn ihre Nettoladung der Ladung des Packungsmaterials entgegengesetzt ist. Wie stark die Wechselwirkung tatsächlich ist, hängt von der Ionenstärke ab. Die Erfahrung zeigt, daß die Ionenaustauschchromatographie am besten arbeitet, wenn der pH-Wert der mobilen Phase nahe dem isoelektrischen Punkt (pI) des Proteins liegt. Für die MCH mit ihrem isoelektrischen Punkt von $pI=5$ bieten sich z. B.

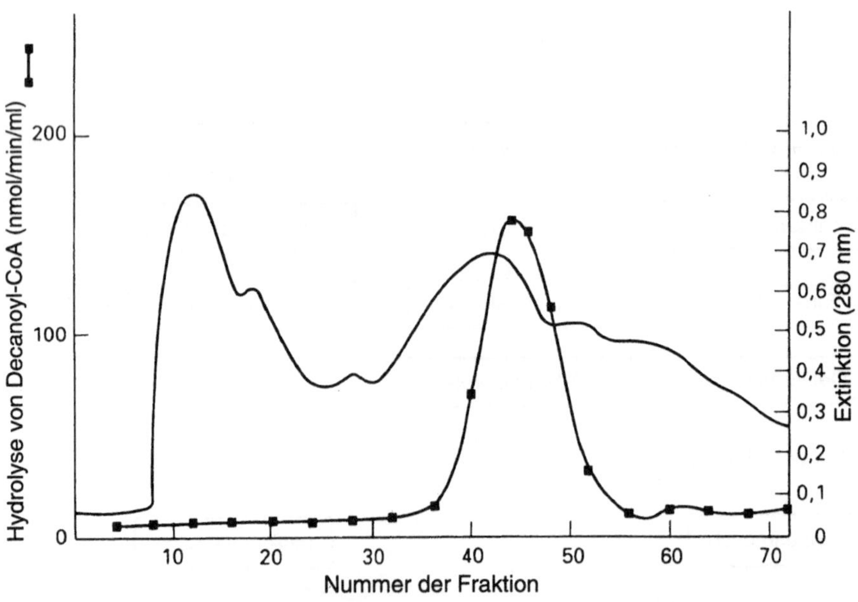

Abb. 1.8. Chromatographie eines MCH-haltigen Rohextraktes mit DEAE-Cellulose. Die Säule wird in 0,01 M Natriumphosphatlösung gepackt (pH 7,0); die Elution erfolgt bei linearem Gradienten (bis zu 0,4 M NaCl) im gleichen Puffer. Der Extrakt enthält mehr als 500 Proteine, so daß es nicht verwunderlich ist, daß der Aktivitätspeak mit keinem der Proteinpeaks aus der UV-Extinktionsmessung bei 280 nm übereinstimmt.

DEAE-Cellulose und ein pH-Wert von 6 an. Oberhalb ihres isoelektrischen Punktes sind die Proteine negativ geladen. Der pI ist zwar sehr hilfreich, jedoch im Vorfeld der eigentlichen Fraktionierungsversuche meist noch nicht bekannt. Dann wird bei steigender Ionenstärke eluiert. Abbildung 1.8 zeigt ein typisches Elutionsprofil für MCH-Extrakte, wobei der Gradient der Ionenstärke linear verläuft. Die experimentelle Anordung der Säule sowie die kontinuierliche Aufzeichnung der abfließenden Lösung mit Hilfe von UV-Absorptionsmessungen und die Verwendung von Fraktionssammlern sind seit Einführung dieser Methode im Jahre 1950 nahezu unverändert geblieben. Mittlerweile sind zahlreiche automatisch arbeitende Systeme im Handel und sogar Anlagen für Arbeiten im großen Maßstab (etwa 50 l) erhältlich (noch nicht Standard). Abbildung 1.9 zeigt die grundsätzliche Anordnung, wie sie im Prinzip auch noch in größeren industriellen Anlagen Anwendung findet.

Die Elution bei Variation des pH-Wertes ist relativ schwer einzustellen und zu reproduzieren. Proteine sind große Moleküle mit geladenen Gruppen. Sie können in mehreren, energetisch nahezu äquivalenten Positionen ans Säulenmaterial binden. Dadurch wird die erzielbare Auflösung eingeschränkt. Die IEC bietet den Vorteil, daß bei korrekter Einstellung von pH und Ionenstärke relativ große Volumina proteinhaltiger Lösungen verarbeitet werden können. Außerdem ist die Gesamtkapazität für Proteine relativ hoch. Nachteilig ist, daß die Volumina der einzelnen Fraktionen relativ groß sind und für die nachfolgenden Schritte wieder eingeengt werden müßen.

2. *Gelfiltration (Gelpermeationschromatographie, GPC)*. Das Auflösungsvermögen dieser Chromatographietechnik hängt davon ab, inwieweit ein Proteinmolekül wegen seiner Größe darin beeinträchtigt ist, in Poren zu diffundieren, deren Durchmesser in der Größenordnung des Durchmessers des Proteinmoleküls liegen. Es sind Säulenmaterialien mit unterschiedlichen Porendurchmessern erhältlich. Wird eine Proteinmischung auf eine Säule mit diesem Material appliziert und langsam durchgepumpt, so können kleine Moleküle schneller in die Poren diffundieren als große Moleküle. Die Säulenpackung besitzt also für kleine Moleküle, die eindiffundieren können, eine größeres Retentionsvolumen als für große Moleküle, die nicht eindiffundieren können. Folglich treten die großen Moleküle als erste wieder aus.

Daraus ergibt sich eine weitere Konsequenz. Diejenigen Moleküle, die nicht in die Poren hinein diffundieren können, verlassen die Säule in der säuleneigenen Pufferlösung und nicht in der Pufferlösung, in der sie ursprünglich appliziert wurden. Mit Hilfe der Gelfiltration kann also auch das Lösungsmittel getauscht werden. In diesem Fall wirkt sie wie eine schnelle Dialyse.

Die Gelfiltration kann leider nur kleine Volumina mit begrenztem Proteingehalt verarbeiten. Sie läßt sich zwar in manchen Fällen zusammen mit Aussalzen (Abb. 1.7 (Weg C)) verwenden, eignet sich allerdings am besten als letzte Stufe, um das Lösungsmittel zu kontrollieren, in dem das Pro-

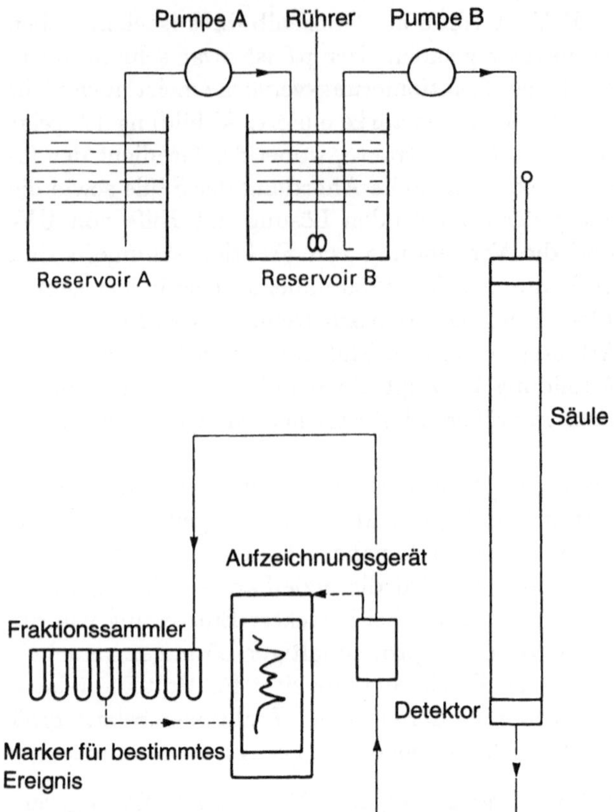

Abb. 1.9. Typische Anordnung zur Säulenchromatographie von Proteinen. Durch die Einregelung der Pumpleistungen der Pumpen A und B sowie durch die Zusammensetzung der beiden Reservoire lassen sich die unterschiedlichsten Gradienten einstellen. Es sind auch komplizertere Anordnungen in Betrieb. Der Säule nachgeschaltet ist ein Detektor, der entsprechende Eigenschaften der abfließenden Lösung aufzeichnet. Meist bedient man sich der UV-Absorption bei Wellenlängen zwischen 210 und 290 nm, je nach den aktuellen Konzentrationen. Aber auch Brechungsindex oder Leitfähigkeit eignen sich als Kenngrößen. Der Fraktionssammler ist mit dem Aufzeichnungsgerät verbunden, so daß sich Aufzeichnung und Probennehmen koordinieren lassen. Die Proben werden mittels einer Pumpe auf die Säulen aufgetragen. Mittlerweile sind Drucksysteme (HPLC) weit verbreitet.

tein gelagert werden soll. Die Auflösung, die durch die Gelfiltration erreicht werden kann, ist gering, jedoch besser als erwartet, denn der Moleküldurchmesser ist proportional zur dritten Wurzel der relativen Molmasse und verdoppelt sich lediglich in dem üblicherweise eingesetzten Bereich der relativen Molmassen (10 000 bis 100 000).

3. *Hydrophobe Interaktionschromatographie.* Diese Methode wird für Proteine erst seit kurzem angewendet. Es handelt sich hier um eine geschickte

Umsetzung der Prinzipien des Aussalzens an die Gegebenheiten von Säulen. Die Säulenpackung besteht aus vernetzten Dextranen, die Octyl- oder Phenylgruppen besitzen. Das Protein wird in Ammoniumsulfat oder einem anderen Medium mit hoher Ionenstärke appliziert. Die Elution erfolgt durch einen Gradient abnehmender Salzkonzentration, manchmal wird sogar Ethylenglykol verwendet. Bei solch milden Bedingungen kann es sein, daß manche Enzyme nicht mehr zu eluieren sind. Da sie aus hochkonzentrierten Salzlösungen heraus an das Säulenmaterial binden, neigen sie dazu, zusammen mit Ammoniumsulfat ausgefällt zu werden. Als relativ ungewöhnliches Adsorptionsmittel für Proteinfraktionierungen eignet sich Calciumphosphat-Gel. Leider besitzt es nur relativ geringe Bindungskapazität für Proteine. Zufälligerweise wurde zur Isolierung der MCH Calciumphosphat-Gel verwendet.

4. *Affinitätschromatographie.* Die Affinitätschromatographie kann zum einen mit Antikörpern arbeiten. Diese Methode ist für uns jedoch nur von untergeordnetem Interesse, denn zur Herstellung von Antikörpern muß das entsprechende Enzym bereits isoliert sein, was bei uns ja noch nicht der Fall ist. Hin und wieder kommt es jedoch vor, daß man bereits über Antikörper gegen ein ähnliches Enzym, welches isoliert werden soll, verfügt und daß das Zielenzym mit diesem Antikörper ebenfalls reagiert (cross-reaction). Solche Kreuzreaktionen sind typisch für polyklonale Antikörper, die ja im allgemeinen nicht ausgeprägt spezifisch auf eine Spezies reagieren. So zeigen z. B. Antikörper gegen das ACP von *E. coli* Kreuzraktion gegen das ACP aus Rapssamen.

Antikörper lassen sich auch an feste Stoffe, wie z. B. Dextrane oder Silikate, koppeln und in Säulen packen. Leider ist es schwierig, das Enzym nach der Bindung an den Affinitätsliganden unter Beibehaltung seiner aktiven Form zu eluieren und es besteht auch immer das Risiko, den Antikörper zu inaktivieren. Für die Enzyme, die uns interessieren, waren keine Antikörper erhältlich.

Wesentlich vielversprechender ist es, Gruppen an Trägermaterialien zu binden, die in bezug auf Größe und Form entweder dem Substrat oder dem Coenzym für das Zielenzym ähnlich sind. Man weiß, daß Enzyme mit solchen Gruppen starke Wechselwirkung zeigen und daß sie durch Zugabe des Substrats leicht zu eluieren sind. Für die Affinitätsmethode gibt es viele Beispiele, eines der besten ist wohl die Verwendung von Triazinfarbstoffen (z. B. Cibacron Blau) zur Affinitätsbindung von NADH-abhängigen Reduktasen. Damit konnte erfolgreich die Bindung der Enoylreduktase aus Rapssamen erreicht werden, eine Reaktion, die sich als Schlüsselreaktion zur Isolierung dieses Enzyms herausstellte. In Abb. 1.10 wird ein weiteres Beispiel vorgestellt und zwar ein Ligand für Pepsin. Der Ligand ist bezüglich seiner Größe und Form dem normalen Substrat sehr ähnlich. In Kap. 5 werden Lectine und deren Fähigkeit, an Mannoseresten auf Lipasen zu binden, dis-

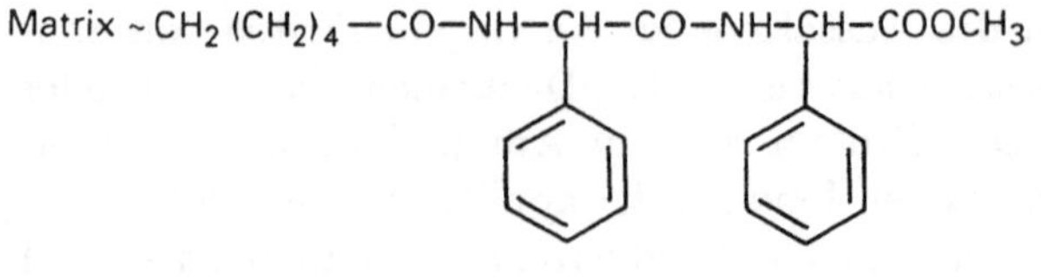

Matrix ~ CH$_2$ (CH$_2$)$_4$ —CO—NH—CH—CO—NH—CH—COOCH$_3$

Matrix-Caporyl-L-phenylalanyl-D-phenylalaninmethylester

Abb. 1.10. Affinitätsligand für Pepsin. Die Matrix besteht aus Sepharose H1000, einem Hydroxyalkylmethacrylat-Gel. Der Ligand ahmt die aromatischen Reste nach, mit denen Pepsin bevorzugt reagiert.

kutiert, auch diese Reaktion ist ein Beispiel für die Anwendung der Affinitätschromatographie. Jedoch kann die Affinitätschromatographie, auch bei hoher Spezifität und Bindungsstärke, kaum als ein ‚einstufiges' Reinigungsverfahren eingesetzt werden. Sie ist vielmehr erfolgversprechend, wenn ein Fraktionierungs- sowie ein Anreicherungsschritt vorgeschaltet werden. Bei Anwendung der Affinitätschromatographie ist häufig auch eine Dialyse erforderlich, denn die Säulenpackungen sind häufig auf sehr spezielle Pufferionen angewiesen. Das Produkt muß auch einem Reinigungsverfahren unterworfen werden, und wenn es nur darum geht, das Substrat, das zur Elution gedient hat, zu entfernen. Für eine erfolgreiche Anwendung der Affinitätschromatographie sind leider relativ gute Kenntnisse über das fragliche Enzym notwendig, was möglicherweise nicht gegeben ist, wenn das Enzym zum ersten Mal isoliert wird. Andererseits steht in der Affinitätschromatographie für die routinemäßige Isolierung von Enzymen im industriellen Maßstab ein hervorragendes Instrument zur Verfügung.

Jede der vier vorgestellten Chromatographiemethoden wirkt durch Verwendung anderer Moleküleigenschaften, d. h. sie arbeiten unabhängig voneinander. Durch geschickte Kombination kann man nahezu jedes Enzym oder Protein, das in Lösung gebracht werden kann, isolieren. Mehr als ein Zielmolekül läßt sich in den seltensten Fällen isolieren und wegen der zur Isolierung erforderlichen zahlreichen Reaktionsschritte sind Ausbeuten von mehr als 10 % die Ausnahme. Meist muß man sich mit weniger zufriedengeben. Im Vorfeld kann unmöglich vorausgesagt werden, welche Kombination der Isolierungsmethoden die beste sein wird. Bei erneuten Isolierungen läßt sich durch Optimierung die Ausbeute verbessern.

Um feststellen zu können, welche Fraktion das Zielprotein enthält, muß man über Nachweismöglichkeiten verfügen. Meist verwendet man dafür die Enzymaktivität. Wegen der Vielzahl der Nachweise ist man auf eine einfach durchzuführende Analytik angewiesen. Unsere Beispielsverbindung, die MCH, hydrolysiert z. B. das Decanoyl-CoA und die Reaktion läßt sich leicht UV-spektroskopisch verfolgen. Die MCH ist zwar nicht die einzige Thioesterase im Extrakt, jedoch diejenige mit dem größten Anteil. Ob sie in einer Fraktion vorliegt, läßt sich während des Isolierungsvorhabens leicht verfol-

Tabelle 1.6. Die einzelnen Stufen zur Isolierung der MCH aus Milchdrüsen von Ratten (leicht verändert entnommen aus Libertini L. J., Smith S. (1978) J. Biol. Chem. **253**, 1393–1401).

	Volumen ml	Protein mg	Aktivität	Spezifische Aktivität Einheiten/mg	Aus- beute %
Primärextrakt	855	17 180	99 200	5,8	100
Fällung mit Ammoniumsulfat	100	2 810	61 100	21,1	62
Calciumphosphat-Gel	260	1 378	47 700	31,1	48
Fraktionierung mit DEAE-Cellulose	80	100	27 400	274	28
Filtration über Sephadex-Gel	3	11,7	12 900	1 100	13

Tabelle 1.7. Aminosäurezusammensetzung der MCH sowie Codes für die einzelnen Aminosäuren

Aminosäure	Buchstaben-Code		Relativer Anteil
	mit drei	mit einem Buchstaben	pro Mol MCH
Alanin	Ala	A	20,5
Arginin	Arg	R	11,0
Asparagin	Asn	N	25,5
Entweder Amin oder Säure	Asx	B	
Asparaginsäure	Asp	D	
Cystein	Cys	C	2,9
Glutamin	Gln	Q	24,8
Entweder Amin oder Säure	Glx	Z	
Glutaminsäure	Glu	E	
Glycin	Gly	G	17,3
Histidin	His	H	9,2
Isoleucin	Ile	I	16,0
Leucin	Leu	L	32,4
Lysin	Lys	K	18,8
Methionin	Met	M	1,3
Phenylalanin	Phe	F	16,5
Prolin	Pro	P	15,8
Serin	Ser	S	15,8
Threonin	Thr	T	11,5
Tryptophan	Trp	W	0,8
Tyrosin	Tyr	Y	5,8
Valin	Val	V	12,0

gen. Liegt keine Enzymaktivität vor, so eignet sich z. B. ein Antikörper als Nachweisreagenz oder, wenn auch dies nicht möglich ist, hochauflösende Elektrophorese. Damit kann man zwar jedes beliebige Protein nachweisen, jedoch ist die Elektrophorese sehr aufwendig.

In Tabelle 1.6 sind die einzelnen Arbeitsschritte zur Isolierung der MCH zusammengestellt. Das Gewebe, das die MCH enthält, bereitete Probleme. Man stellte fest, das der MCH-Gehalt der Milchdrüsen gegen Ende der Laktationsphase recht schnell gegen Null abfallen kann und die Ausbeuten dann unerwartet niedrig ausfallen. Auch der letzte Schritt, bei dem eine Gelfiltration beteiligt war, bereitete Schwierigkeiten. In einem ersten Anlauf wurde das Enzym durch Gelfiltration bei pH 6.0 in einen Puffer überführt. Dabei klumpte es sofort zusammen und fiel aus der Lösung unter massiver Konformationsänderung aus. Beim herrschenden pH-Wert bildeten sich durch Austauschreaktionen zwischen den einzelnen Ketten Disulfidbindungen. Dieses Verhalten ist ungewöhnlich, denn ein Enzym sollte bei physiologischen pH-Werten keine derartige Reaktionen zeigen. Betrachtet man die Aminosäurezusammensetzung der MCH (Tabelle 1.7), so fällt der relativ hohe Gehalt an Histidin auf. Neben dem N-terminalen Rest, der acetyliert wird, besitzt nur noch der Histidinrest einen pK-Wert nahe 7 (der Wert gibt den pH-Wert an, bei dem die Hälfte der Gruppen ionisiert vorliegt). Möglicherweise hängt der Ionisierungszustand von Histidin mit den Konformationsänderungen zusammen. Die letzte Isolierungsstufe mußte also wiederholt werden, wobei streng darauf geachtet wurde, den pH-Wert niemals unter 6,5 absinken zu lassen. Derartige Probleme sind bei Isolierungen neuer Enzyme nicht selten und erklären den Zeitaufwand.

Homogenitätsnachweis: Elektrophorese.   Den höchsten Homogenitätsgrad des gesamten Verfahrens erfordert die Sequenzierung. Die spezifische Aktivität des Enzyms erreicht im Laufe der Isolierung ein Maximum und bleibt dann konstant, verhält sich also wie man erwarten würde, wenn das Enzym rein (homogen) vorliegt. Das Verhalten der spezifischen Aktivität allein ist jedoch kein ausreichender Nachweis für die Reinheit. Heute wird die Homogenität nahezu ausschließlich elektrophoretisch nachgewiesen.

Die Elektrophorese ist die in der Biochemie am weitesten verbreitete Methodik – drei Viertel aller Veröffentlichungen enthalten Ergebnisse aus elektrophoretischen Messungen. Die Elektrophorese existiert mittlerweile in vielen Varianten. Die experimentellen Details sind zwar nicht Gegenstand dieses Buches, jedoch soll eine Vorstellung vermittelt werden, welche Variante zu welchen Informationen verhilft, und zwar sowohl über Proteine als auch über Nucleinsäuren.

Man stelle sich ein geladenes Molekül in einer Lösung vor, in die zwei Elektroden getaucht sind. Wird Gleichstrom angeschaltet, so wird das Molekül entsprechend seiner Ladung zu einer Elektrode hin beschleunigt. Der Beschleunigung wirkt allerdings wegen der Viskosität der Lösung eine Reibungskraft entgegen (Stokesche Reibungskraft). Wenn die Reibungskraft so groß wie die Beschleunigung wird, bewegt sich das Molekül mit gleichbleibender Geschwindigkeit auf die Elektrode zu.

Mit Erreichen dieses Zustands gilt:

$$eV = fm \tag{1.1}$$

wobei gilt

e Nettoladung auf dem Molekül
V Potentialgradient
m Mobilität
f Reibungskoeffizient

Gleichung (1.1) stellt die fundamentale elektrophoretische Beziehung dar. Die einzelnen Moleküle unterscheiden sich hinsichtlich e und f. Der Reibungskoeffizient ist abhängig von der Molekülgröße und -form, wobei sich die Größe leicht aus der Ladungsdichte berechnen läßt, denn die Ladungsdichte ist definiert zu

$$\text{Ladungsdichte} = \frac{\text{Nettoladung}}{\text{Masse des Partikels}}$$

Die Auflösung der Elektrophorese ist also von der Ladungsdichte und der Molekülform abhängig. Unter günstigen Bedingungen, kann die Auflösungsleistung äußerst gut sein. Ein sehr gutes Beispiel sind Gele zur Sequenzierung von Nucleinsäuren. In der Praxis besitzt die Stabilisierung der Lösungen gegen gravitationsbedingte Instabilitäten, die während der langdauernden Elektrophoresedurchläufe auftreten können, Bedeutung. Abhilfe brachte die Einführung von Gelen mit den entsprechenden Lösungsmitteln innerhalb ihrer Struktur. Die zwei verschiedenen Arten der Gel-Elektrophorese sind unbedingt zu unterscheiden. Bei der einen (beispielsweise der Sequenzierung von Nucleinsäuren in verdünnter Agarose) unterscheidet sich die Beweglichkeit der Moleküle im Gel nicht von der Beweglichkeit in freier Lösung. Außerdem sind die Poren des Gels so groß, daß sich kein Filtrationseffekt einstellt. Die andere Art der Elektrophorese arbeitet mit konzentrierten Gelen. Die Porendurchmesser dieser Gele, heute meist aus Polyacrylamid, liegen in der Größenordnung der Ausmaße von Proteinmolekülen. Als Folge davon ist die Beweglichkeit der Moleküle kleiner als in freier Lösung. Bei gleicher Ladungsdichte und gleicher Molekülform wandern dann große Moleküle langsamer als kleine (Beispiel: globuläre Proteine).

Die Struktur von Proteinen ist von der Art des Lösungsmittels abhängig. Lange Zeit wurde die Struktur von Enzymuntereinheiten anhand von elektrophoretischen Messungen in dissoziierend wirkenden Lösungsmitteln untersucht. Als Lösungsmittel dienten konzentrierter Harnstoff oder Formamid, jedoch entdeckte man, daß sich gewisse Detergentien, wie z. B. Natriumdodecylsulfat (NDS; engl.: sodium dodecylsulphate, SDS) als nahezu universelle Solubilisierungsmittel für Proteine eignen. Viele Proteine, die zuvor kaum zu Hand haben waren, wie z. B. Actomyosin, wurden mit diesem Lösungsmittel zugänglich. SDS zerlegt das Protein leider in die einzelnen Untereinheiten, es kann also nicht mit dem intakten Molekül gearbeitet werden. Ein weiteres Problem, daß sich bei der Einführung von SDS als Lösungsmittel unerwartet einstellte, war der schnelle Abbau der Substanzen in kleine Peptide, manchmal schon innerhalb von 24 Stunden. Dieses Problem läßt sich umgehen, wenn die Lösung während der Präparierung gekocht wird. Vermutlich sind Proteasen aus Bakterien von den Glasoberflächen für den Proteinabbau verantwortlich. Die Proteasen werden vermutlich durch das Detergens aktiviert. Die Bedeutung von SDS liegt heute nicht nur in seiner Eigenschaft als universelles Lösungsmittel begründet, sondern auch in seiner Verwendung zur elektrophoretischen Bestimmung der relativen Molmasse von Peptidketten. In SDS-Lösungen bilden die Proteine Komplexe mit etwa 40 % Massenanteil SDS. Die Ladungsdichte solcher Komplexe ist sehr hoch und in erster Näherung für alle Proteine die gleiche, denn jeder Unterschied in den Ladungsdichten der einzelnen Proteine wird durch SDS kompensiert. Hochgeladene, bewegliche Moleküle nehmen in Lösung stäbchenförmige Gestalt an, wobei die Stäbchenlänge von der Anzahl der Aminosäurereste abhängt. Die durchschnittliche, relative Masse der Aminosäuren eines Proteins (relative Molmasse / Anzahl der Aminosäuregruppen) liegt für globuläre Proteine bemerkenswert konstant bei etwa 110. Daher korreliert die Moleküllänge systematisch mit der relativen Molmasse. Die elektrophoretische Beweglichkeit hängt mit der Länge des Moleküls wie folgt zusammen:

$$\log\,(\text{relative Molmasse}) = k\,m \tag{1.2}$$

Für diesen Zusammenhang gibt es einige Theorien, die alle auf der Gelfiltration basieren, und die Ähnlichkeit zu Säulen für die Gelfiltration ist wohl auch für diese empirische Beobachtung verantwortlich. Keine der Theorien ist ganz befriedigend, vor allem, weil man über die Struktur der Gele noch nicht genügend weiß.

Bei entsprechender Eichung lassen sich die relativen Molmassen berechnen. In einigen Fällen konnten die relativen Molmassen auf diese Weise auf 1 % genau bestimmt werden. Allerdings sind viele Anomalien bekannt und Abweichungen der so bestimmten relativen Molmassen von 10 % vom Sollwert sind nicht ungewöhnlich. Die Gele zur DNA-Sequenzierung (s. u.) arbeiten genau nach der gleichen Wirkungsweise wie die SDS-Gele zur Bestimmung der relativen Molmassen.

In sog. ‚nicht-denaturierenden‘ Gelen läßt sich die relative Molmasse von Proteinen mit mehreren Untereinheiten bestimmen. Hierfür wird die Beweglichkeit als Funktion der Gelkonzentration erfaßt. Bei einer Elektrophorese im pH-Gradient wandert jedes Protein dorthin, wo sein isoelektrischer pH herrscht. Voraussetzung ist allerdings die richtige Richtung des Stromflusses. Diese Methode ist bereits lange als ‚isoelektrische Fokussierung' (IEF) bekannt, wird allerdings erst seit kurzem eingesetzt, da die pH-Gradienten noch nicht stabil genug waren. Mittlerweile ist dieses Problem gelöst und die sogenannte ‚zweidimensionale Elektrophorese' entwickelt worden. Diese Methode arbeitet so, daß die Proteinmischung zunächst mit Hilfe der isoelektrischen Fokussierung aufgetrennt und anschließend nochmals einer SDS-Elektrophorese unterworfen wird und zwar so, daß die Proteine zum Schluß über die gesamte Oberfläche eines rechteckig ausgelegten Gels verteilen. Ursprünglich wurden die einzelnen Proteine nach dem Auftrennungsschritt mit Hilfe histologischer Färbungsreaktionen nachgewiesen. Diese Methoden sind für zweidimensionale Gele jedoch zu unempfindlich, hier werden die einzelnen Proteine vielmehr mit Radioautographen detektiert. Kürzlich wurde eine sehr empfindliche Färbemethode entwickelt, die auf dem Anlaufen von Silber beruht. Dadurch hat sich die Verwendungsmöglichkeit für zweidimensionale Gele wesentlich erweitert.

Zum Nachweis der Homogenität von Proben zur Sequenzierung sollte möglichst die hohe Auflösungskraft der zweidimensionalen Gel-Elektrophorese genutzt werden. Die Nachweiskraft nur eines einzigen SDS-Laufs ist nicht ausreichend. Polymorphismen, die sich z. B. in unterschiedlichen Molekülladungen äußern (z. B. Hämoglobin-Varianten) würden mit einem SDS-Lauf nicht erfaßt werden. Wird der Homogenitätsnachweis dennoch mit der SDS-Methode erbracht, sollte wenigstens zusätzlich auch eine Elektrophorese unter nicht-dissoziierenden Bedingungen durchgeführt werden.

Lagerung.   Ein einmal isoliertes Protein sollte auch lagerfähig sein, wozu es sich am besten als entsalztes, gefriergetrocknetes Pulver eignet. Der letzte Schritt der Isolierung besteht also in einer Gelfiltration oder Dialyse. Viele Proteine sind in Wasser unlöslich und unser Beispielprotein, die MCH, ist in Wasser zudem instabil. Zwar läßt sich auch die Salzlösung gefriertrocknen, doch dann ist der Salzgehalt des Proteinpulvers sehr hoch und kann leicht zur Destabilisierung führen. Wegen dieser Unzulänglichkeiten werden die Salzlösungen mit den Proteinen häufig eingefroren und in dieser Form gelagert. Kürzlich wurde eine sehr sinnreiche Entwicklung vorgestellt, die es ermöglicht, flüssige Proteinlösungen bei tiefen Temperaturen zu lagern. Der Gefriervorgang findet in einer flüssigen, wäßrigen Phase nur statt, wenn Kristallisationskeime vorhanden sind. Ohne Kristallisationskeime unterkühlt sich die Lösung. Fertigt man eine Emulsion an, so gefrieren lediglich die Wassertröpfchen mit Kristallisationskeimen, während die große Mehrheit der Tropfen ohne Kristallisationskeime flüssig bleibt. Auf diese Weise umgeht man die Schäden beim Gefrieren und Auftauen.

Wechselwirkungen zwischen Hefe-FSS und MCH.   Während der Untersuchungen, ob sich Hefe-FSS als Wirt für das MCH-Gen eignen könnte, stellte

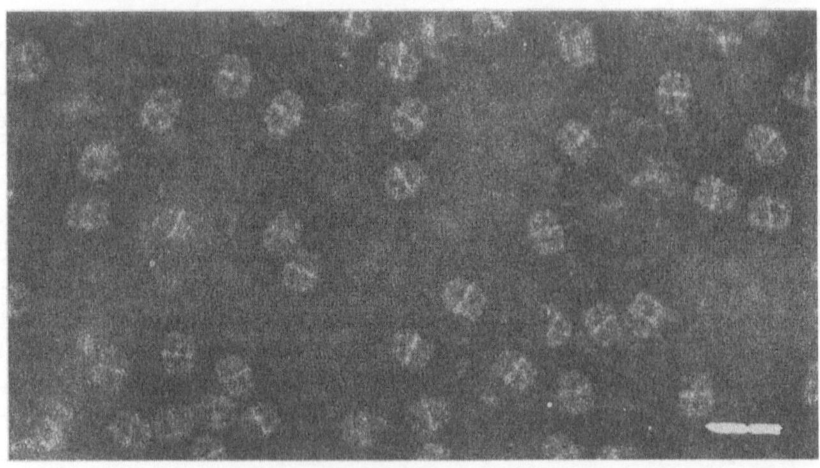

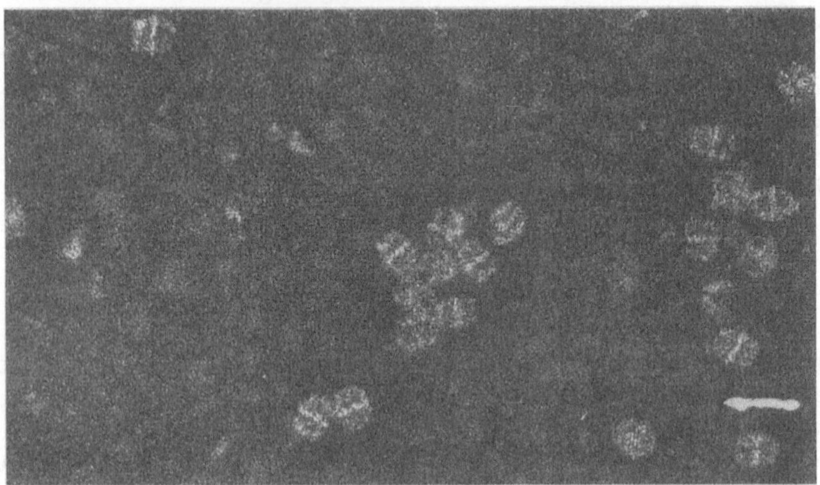

Abb. 1.11. (a) Elektronenmikroskopische Aufnahmen der Hefe-Fettsäurersynthetase (FSS) ohne MCH und (b) der mit MCH versetzten Hefe-FSS. Die Balkenlänge entspricht 50 nm. Wolfram-negativ Färbung auf einem Kohlenstoffnetz. Die einzelnen Moleküle besitzen um ihre Mitte ein helles Band. Bei Zusatz von MCH ist die Elektronendichte dieses Bandes etwas höher als ohne MCH.

sich heraus, daß die Kettenlängen der Fettsäuren aus Hefehomogenisaten, die mit MCH versetzt waren, kürzer sind, als diejenigen aus Hefehomogenisaten ohne MCH. Zwischen der Hefe-FSS und der MCH muß also irgendeine Wechselwirkung vorhanden sein. Weiterhin fand man, daß gereinigte Hefe-FSS, die immobilisiert auf einer Matrix vorlag, die MCH aus dem Cytosol von Ratten-Milchdrüsen selektiv binden konnte, und zwar 6 Mol

MCH pro Mol FSS. Dieses Verhalten paßt gut damit zusammen, daß pro
Molekül sechs komplette FSS-Sätze vorliegen. Die Bindungsstärke ist be-
achtenswert und bewegt sich in der Größenordnung der Bindungsstärken,
wie sie von Antigen–Antikörper-Reaktionen bekannt sind. Auch die Selek-
tivität ist vergleichbar. Dieses Verhalten ist bemerkenswert, darf aber nicht
verallgemeinert werden. Die MCH läßt sich also deshalb so leicht aus Ratten-
Milchdrüsen isolieren, weil die Bindung an Hefe-FSS stärker ist als an den
natürlichen Reaktionspartner. Abbildung 1.11 zeigt zwei elektronenmikroskopische Aufnahmen von FSS, einmal ohne MCH (Abb. 1.11a) und einmal
mit MCH (Abb. 1.11b). Die Hefe-FSS ist im Gegensatz zur MCH so groß,
daß sie im Elektronenmikroskop leicht zu sehen ist. Bei genauem Vergleich
ist festzustellen, daß die Elektronendichte am hellen Band um die Mitte
des Moleküls in Abb. 1.11b höher ist als in Abb. 1.11a und sich dadurch
unter Umständen die Lokalisierung der MCH andeutet. Bei Zusatz eines
Anti-MCH-Antikörpers war Verklumpung zu beobachten. Dieses Verhalten
könnte bedeuten, daß die MCH auch in einer ungewohnten Umgebung arbeiten kann, auch wenn die Wechselwirkung mit der FSS wahrscheinlich
außergewöhnlich ist.

1.4.3 DNA-Sequenzierung und Sonden

Partielle Sequenzierung und Synthese von Sonden. Die Abfolge der Aminosäuren in einem Peptid läßt sich mit Hilfe der Edman-Methode bestimmen.
Die endständige Aminogruppe des Peptids reagiert mit Phenylisothiocya-
nat, wodurch die Peptidbindung geschwächt wird. Nach weiteren Reaktionsschritten wird die N-terminale Aminosäure als Phenylthiohydantoin abge-
spalten und die Reaktionsfolge kann mit dem restlichen Peptid erneut erfolgen. Die Reaktionssequenz ist in Abb. 1.12 zu sehen. Jede Aminosäure bildet
ein charakteristisches Derivat, das chromatographisch identifiziert werden
kann. In neuerer Zeit werden fluoreszierende Derivate verwendet, die mit
höherer Empfindlichkeit nachweisbar sind. Die zugrunde liegende Reaktion
ist aber seit etwa 30 Jahren unverändert.

Unter günstigen Bedingungen sind etwa 20 solcher Reaktionscyclen
möglich (d. h. Bestimmung der Abfolge von 20 Aminosäuren), bevor die
Ergebnisse aufgrund von Substanzverlusten und Zweideutigkeiten zu unsi-
cher werden. Üblicherweise sind etwa 10 Cyclen bzw. Reste möglich. Die
Proteine sollten also zunächst in kürzere Peptide zerlegt werden, die dann
nach Fraktionierung jedes einzeln einem Edman-Abbau unterworfen werden.

Ein Protein muß mit Hilfe von Proteasen unterschiedlicher Spezifität
wenigstens zweimal zerlegt werden. So lassen sich zur Bestimmung der
vollständigen Sequenz im Protein die Peptidbruchstücke eindeutig zusam-
mensetzen. Für unsere Zwecke ist diese Vorgehensweise jedoch nicht notwendig. Mit etwas Glück ist die interessierende Aminosäuresequenz aus der Sequenzierung des intakten Proteins, beginnend vom N-terminalen Ende aus,

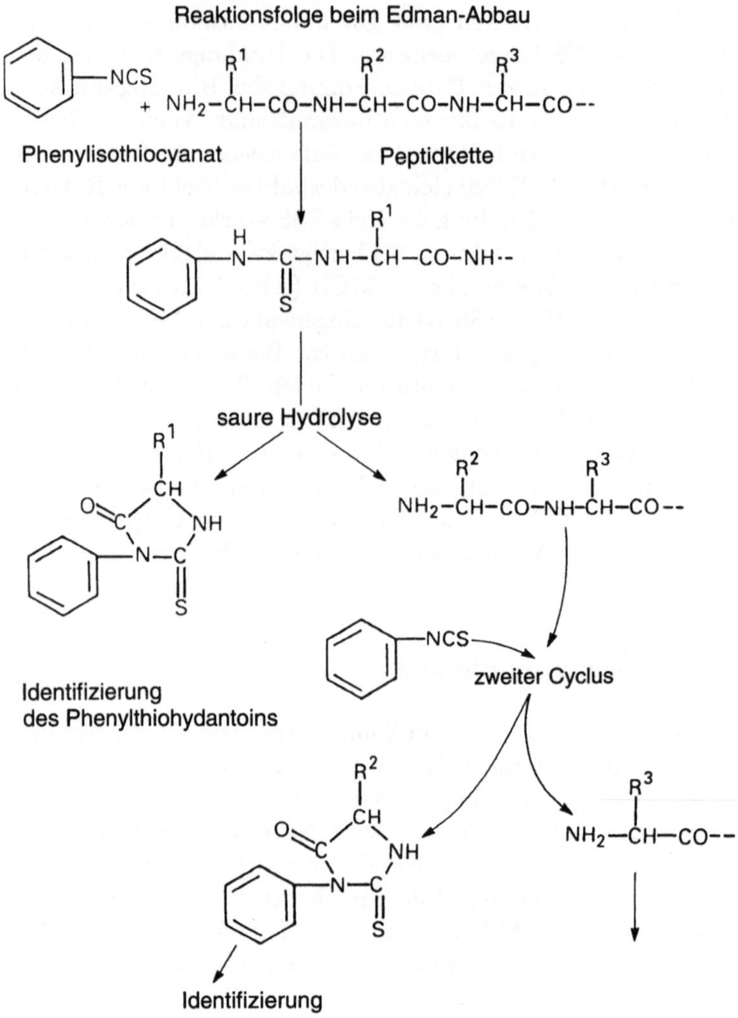

Abb. 1.12. Edman-Abbau zur Bestimmung der Aminosäuresequenz.

zugänglich. Die MCH wurde dieser Prozedur unterworfen, jedoch stellte sich heraus, daß nur etwa 0,05 Mol N-terminale Aminosäuren pro Mol MCH zugänglich sind. Deshalb wurde das Molekül mit Hilfe von Trypsin aufgespalten und die gebildeten Peptide mit ähnlichen Methoden wie zur Fraktionierung von Proteinen fraktioniert. Eines der Peptide besaß keine N-terminale Aminogruppe und massenspektroskopisch konnte nachgewiesen werden, daß es am N-terminalen Glutamat acetyliert war. Dieses Verhalten ist zwar nicht ungewöhnlich, erschwert aber die Aufgabe.

Für nur begrenzte Sequenzierungen, wie in unserem Beispiel, ist es üblich, diejenigen Peptid-Peaks auszuwählen, die häufig genug erscheinen und offensichtlich homogen (also nur von einem Peptid verursacht) sind. Sofern man nicht große Mühe auf die Reinigung des Proteins verwendet hat, kann auf dieser Stufe leicht ein Peptidpeak aus einer Verunreinigung ausgewählt und zum Nachweis benutzt werden. So wird unter Umständen viel Zeit versäumt, denn mit dem falschen Sensor wählt man auch die falsche mRNA aus, was aber erst nach der vollständigen DNA-Sequenzierung auffällt. Wenn zu wenige Peptide sequenziert wurden, kann es sogar sein, daß das falsche Resultat gar nicht auffällt. Letztlich müssen alle sequenzierten Peptide in der aus der DNA entwickelten Sequenz auftauchen. Allein aus diesem Grund sollten durch die Analyse der Peptide etwa 15–20 % der Proteinsequenz bestimmt werden, obwohl prinzipiell die Abfolge von sechs Aminosäuren ausreichen müßte.

Tabelle 1.7 zeigt die Aminosäurezusammensetzung der MCH sowie die entsprechenden Einbuchstaben- und Dreibuchstabencodes für die einzelnen Aminosäuren. Die Einbuchstabencodes finden immer weitere Verbreitung, da sie sich besser zur rechnergestützten Datenverarbeitung eignen.

Tabelle 1.8 zeigt einige Peptidsequenzen aus der MCH sowie die entsprechenden Nucleotidsensoren, die sich auf diese Sequenzen stützen. Zum Nachweis der Nucleotidsensoren mußte auf den genetischen Code zurückgegriffen werden (Tabelle 1.9), wobei man weiß, daß der genetische Code re-

Tabelle 1.8. Einige Peptide der MCH und die korrespondierenden DNA-Abschnitte. Von Aminosäuren, deren Codierung nicht eindeutig ist, sind alle Möglichkeiten zusammengestellt

Peptid	Met-	Gln	Pro-	Asp-	Arg-
	M	Q	P	D	R
Code (RNA)	AUG	CAA	CCU	GAU	GCU
		G	C	C	C
			A		A
			G		G
Komplementäre Sonde (DNA)	TAC	GTT	GGA	CTA	CGA
		C	T	G	G
			C		T
			G		C
Peptid	M	E	P	L	H
	AUG	GAA	GCA	UUA	CAU
		G	C	CUU	C
			U		
			G		
DNA-Sonde	TAC	CTC	CCT	AAT	GT
		T	G	G	C
			A	A	
			C	G	
Peptid	F	I	F	D	K
DNA-Sonde	AAA	TAG	AAG	CTG	TTT
	G	A	A	A	C

Tabelle 1.9. Der genetischer Code*

Aminosäure	Codon	Aminosäure	Codon	Aminosäure	Codon
F	UUU	D	GAU	Y	UAU
	UUC		GAC		UAC
L	UUA	C	UGU	H	CAU
	UUG		UGC		CAC
	CUU	R	CGU	Q	CAA
	CUC		CGC		CAG
	CUA		CGA	N	AAU
	CUG		CGG		AAC
I	AUU		AGA	K	AAA
	AUC		AGG		AAG
	AUA	P	CCU	E	GAA
M	AUG		CCC		GAG
V	GUU		CCA	W	UGG
	GUC		CCG		
	GUA	T	ACU	G	GGU
	GUG		ACC		GGC
G	UCU		ACA		GGA
	UCC		ACG		GGG
	UCA	A	GCU		
	UCG		GCC	Stop	UGA**
	AGU		GCA		UAA
	AGC		GCG		UAG

* Anmerkung: Die Tabelle beschreibt die Codierung von RNA; für DNA muß U durch T ersetzt werden

** UGA codiert die sehr selten benutzte 21. Aminosäure, das Selenocystein; das Codon wird allerdings nur in Verbindung mit einer benachbarten Haarnadelstruktur der mRNA als Selenocystein gelesen, ansonsten fungiert es als drittes Stop-Codon

dundant ist, d. h. ein und dieselbe Aminosäure kann durch mehrere Triplets codiert sein. Um nicht zu viele der denkbaren Sensoren synthetisieren zu müssen, sucht man Peptide mit Aminosäuren heraus, für die es nur einen einzigen Code gibt. Solche Aminosäuren, wie z. B. Tryptophan oder Methionin, sind relativ selten. Man sollte sich sinnvollerweise nicht auf einen Sensor verlassen und idealerweise nach Sensoren forschen, die vom entgegengesetzten Ende des Moleküls stammen. Mit einer isolierten mRNA, die mit beiden Sensoren reagieren kann, ist die Chance, daß man die gesamte Sequenz erhält, besser.

Synthese von Sensoren. Die Idee zur Konstruktion von Sensoren wurde der doppelsträngigen Struktur der DNA abgeschaut. Beispielsweise wird die Nucleotidkette ATTGCGT mit der Nucleotidkette TAACGCA (T und A, sowie C und G sind komplementär) über Wasserstoffbrückenbindungen und wegen der guten Paßform eine starke Wechselwirkung eingehen. Es ist vollkommen ausreichend, nur diese Aminosäureabfolge herauszufinden, denn die Stärke der Wechselwirkung wäre wesentlich geringer, wenn auch nur ein Aminosäurerest ‚falsch' wäre. (A steht für Adenosin, T für Thymidin, C für Cytosin und G für Guanidin. RNA enthält neben der anderen Pentose Thymidin anstatt Uracil U). Wird also dieser Sensor einer einsträngigen DNA zugesetzt, so ist mit einer Reihe unspezifischer Wechselwirkungen zu rechnen, die sich jedoch z. B. durch Temperaturerhöhung wieder rückgängig machen lassen. Nur die Wechselwirkung zwischen den genau passenden komplementären Stücken bleibt nach einer solchen Behandlung bestehen. Die Temperatur, bei der der Sensor sich wieder ablöst, ist abhängig von dessen Länge und wie gut er auf das DNA-Stück paßt. In der Praxis liefert erst die Übereinstimmung von etwa 18 Nucleotiden eine verwertbare Stabilitätserhöhung und eine genügend hohe Entscheidungssicherheit, kein falsches positives Resultat vorliegen zu haben. Es sollte also die Sequenz von mindestens sechs Aminosäuren bekannt sein. Einige Codierungen sind jedoch redundant (s. Tabelle 1.9), und damit ein Sensor sinnvoll eingesetzt werden kann, muß immer eine Nucleotidmischung synthetisiert werden. Wählt man sich geeignete Aminosäuren, wie z. B. Methionin oder Tryptophan (wenn überhaupt in der Peptidsequenz vorhanden), kann die erforderliche Anzahl der Nucleotidsequenzen minimiert werden. Auch die Häufigkeit der Codone ist sehr unterschiedlich: manche treten so selten auf, daß sie ohne großes Risiko weggelassen werden können. Heute können Nucleotide allerdings relativ einfach synthetisiert werden, so daß hier kein Risiko mehr eingegangen wird. Sensoren mit radioaktiv markierten Nucleotiden sind kommerziell erhältlich.

Tabelle 1.8 zeigt einige Peptide, die als Sensoren für die MCH verwendet wurden sowie einige weitere, die später diskutiert werden (s. Abb. 1.14).

Isolierung der mRNA und Synthese der cDNA. Unser Ziel ist es, jenes DNA-Bruchstück zu erhalten, das die MCH codiert, sowie dessen Insertion in einen Wirtsorganismus. Ist erst einmal eine Sonde verfügbar, könnte man sofort nach dem entsprechenden Gen in der Kern-DNA suchen. Für einfache Organismen, wie z. B. *E. coli* ist dies auch eine gängige Methode, angesichts der umfangreichen DNA in Säugerzellen ist dieses Unterfangen jedoch äußerst schwierig. Einfacher wird es, wenn man zunächst die mRNA isoliert und anschließend mit Hilfe der RNA-ausgerichteten DNA-Reverstranskriptase die zur DNA komplementäre DNA (cDNA, complementary DNA) synthetisiert.

mRNA wird aus Geweben durch Zentrifugieren in einem Dichtegradienten isoliert. Mit dieser Methode läßt sich überschlagsmäßig auch eine Klassifizierung durchführen. Aus der relativen Molmasse des Proteins kann die Größe der mRNA ungefähr abgeschätzt werden. Die MCH brachte in dieser Hinsicht Probleme mit sich, denn das Gewebe, aus dem die MCH extrahiert werden sollte, produziert große Mengen an Casein und die mRNA für dieses Protein ist ähnlich groß wie die für MCH. Die Isolierung von mRNA kann auch so erfolgen, daß durch Zusetzen von entsprechenden Antikörpern das

Protein ausgefällt wird, noch während es am Ribosom, an dem es synthetisiert wird, haftet; dabei wird die mRNA mitausgefällt.

Nach der erfolgreichen Isolierung der mRNA muß getestet werden, ob sie in einem zellfreien, proteinsynthetisierenden System (üblicherweise Retikulocyten aus Kaninchen) die Synthese des richtigen Proteins veranlaßt. Das synthetisierte Protein wird durch Elektrophorese und Antikörperreaktionen nachgewiesen. Ist man sich sicher, die richtige mRNA in der Lösung vorliegen zu haben, so dient die mRNA als Matrix zur Synthese der cDNA. Wenn auch dieser Schritt erfolgreich verläuft, verfügt man über eine einsträngige DNA, die dann durch eines der wichtigsten Enzyme zur genetischen Manipulation, nämlich der DNA-Polymerase, in die doppelsträngige DNA überführt wird.

Der größte Teil der DNA ist für uns uninteressant. Damit die Suche einfacher wird, wird die DNA heute geklont. Dadurch wird zwar die Ge-

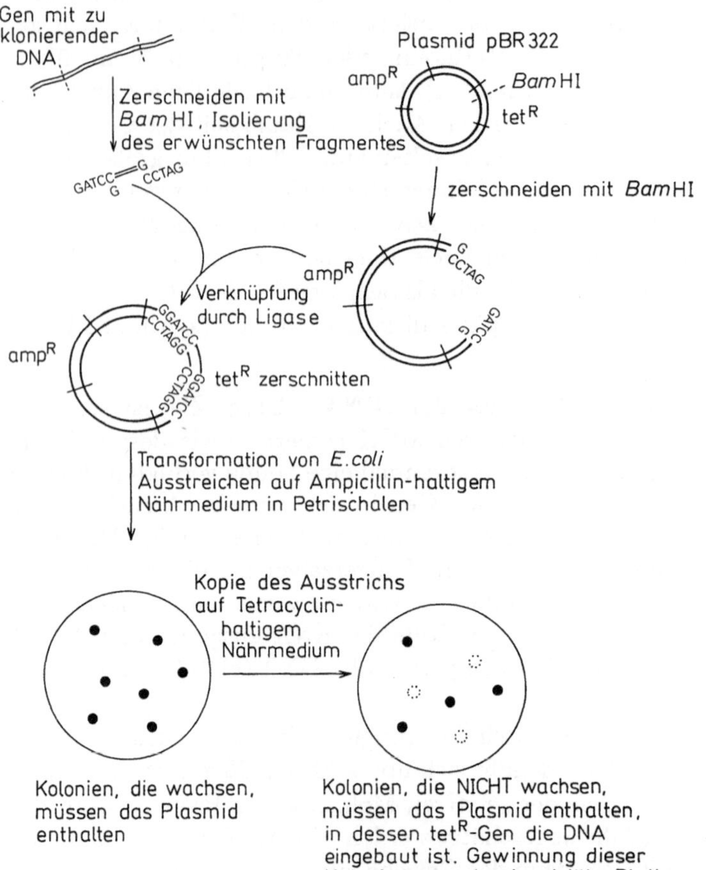

Abb. 1.13. Überblick über die Genklonierung (entnommen aus Trevan M.D., Boffey S., Goulding K.H., Stanbury P. (1993) Biotechnologie: Die Biologischen Grundlagen (Übers. aus dem Englischen). Springer, Berlin Heidelberg New York).

samtmenge an DNA, mit der wir zu tun haben, größer, dafür können wir aber unseren Sensor zur Suche nach dem Gen für die MCH einsetzen.

Die cDNA wurde in ein weitverbreitetes Plasmid (*pBR322*) eingeschleust, das gegenüber Tetracyclin genetisch bedingt resistent ist (Abb. 1.13). Anschließend wurde *E. coli* mit dem Plasmid infiziert und 6000 tetracyclinresistente Kolonien erstellt. Diese Anzahl ergab sich aus der Wahrscheinlichkeit, wie häufig eine MCH-cDNA in der Mischung vorkommen sollte, denn der Großteil der cDNA wird für das Casein bestimmt sein. In einem letzten Schritt wurden mit Hilfe des Nucleotidsensors die Kolonien mit der MCH-cDNA herausgepickt. In Wirklichkeit wurden zwei Sensoren verwendet. Mit dem einen wurden 18 Klone herausgefunden, mit dem zweiten 16, und 6 davon stimmten bei beiden Sensoren überein. Anschließend wurde der Klon mit dem längsten cDNA-Bruchstück vermehrt, so daß man einen gewissen Vorrat an einsträngiger DNA hatte. Dieses DNA-Bruchstück kann natürlich selbst als Sensor für die mRNA wirken. In einem entsprechenden Nachweis konnte das DNA-Stück die MCH-mRNA auch korrekt isolieren. Die Länge des so erhaltenen DNA-Bruchstückes ließ hoffen, daß es den größten Teil der Codierung, vielleicht auch die gesamte Codierung, für die MCH enthalten könnte.

DNA-Sequenzierung. Im nächsten Schritt muß die DNA sequenziert und daraus auf die vollständige Aminosäuresequenz des Proteins zurückgeschlossen werden. Am häufigsten geschieht dies nach der Dideoxymethode von Sanger. Zunächst erfolgt aber eine weitere Klonierung.

Der M13-Phage besteht aus einem einzigen, kreisförmigen Strang. Bei der Infektion von *E. coli* bildet er jedoch seine Replikationsform, d.h. er produziert einen zweiten Strang, der zum ersten komplementär ist. Dieser zweite Strang bildet dann eine große Anzahl der einsträngigen Form, die wiederum ins Medium sekretiert und isoliert werden kann. In die Phagen läßt sich cDNA inkorporieren, die dann zusammen mit dem Phagen vermehrt wird. Phagen gibt es in mehreren ‚Ausführungen‘, die zum einen über Restriktions-Stellen verfügen, so daß die Einschleusung erleichtert ist, und andererseits über ein Galactosidasegen, das die Selektion erleichtert. Bei der Replikation wird die eingeschleuste DNA in beide denkbare Leserichtungen transscribiert.

Die Sequenzierung arbeitet mit einer modifizierten DNA-Polymerase, die aus den zugesetzten Nucleotiden den komplementären Strang synthetisieren kann und zwar durch die Verlängerung eines Primerstranges. Der Primerstrang ist so ausgewählt, daß er zu einer geeigneten Stelle auf dem M13-Phagen komplementär ist. So ist sichergestellt, daß bei der Verlängerung auch die Region mit der Zielsequenz durchlaufen wird. Informationen über die Sequenz erhält man, indem man einen Teil der zugesetzten Nucleotide durch ihre Didesoxyanaloga ersetzt. Wird ein solches Didesoxyanalogon bei der Extension in den Strang eingebaut, so wird die weitere Extension unterbunden. Man erhält also eine Mischung aus unterschiedlich langen

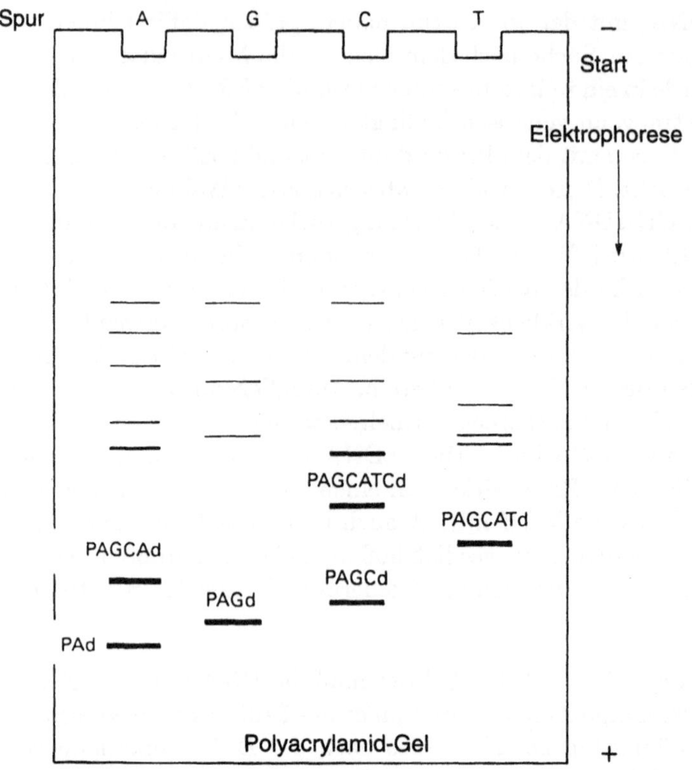

Abb. 1.14. Ausschnitt aus einem DNA-Sequenzierungsgel. Die Laufgeschwindigkeit hängt eng mit der Kettenlänge zusammen. P steht für die Primersequenz. Jede der vier Spuren enthält eines der vier möglichen Didesoxynucleotide, wodurch sich die relativen Positionen in der Kette ergeben. Die Sequenz für das obige Beispiel wäre also AGCATC.

Nucleotiden. Die Extensionsreaktion wird insgesamt viermal durchgeführt, wobei jedesmal ein anderes Nucleotid durch sein Didesoxyanalogon ersetzt wird. Die entstandenen Produkte lassen sich mit Hilfe der Gelelektrophorese trennen. Bei den SDS-Gelen wurde bereits diskutiert, daß die Wanderungsgeschwindigkeit der einzelnen Moleküle streng von ihrer Länge abhängt. Daher läßt sich die Sequenz aus den relativen Positionen der einzelnen Zonen auf dem Gel ablesen. Abbildung 1.14 zeigt schematisch das Ergebnis einer solchen elektrophoretischen Trennung. Wegen der kleinen Substanzmengen wird zur Nachweiserleichterung mit radioaktiv markierten Substanzen gearbeitet. Mittlerweile sind immer häufiger fluoreszierende Marker im Gebrauch und das Verfahren ist automatisiert. Mit jedem Gel-Elektrophorese-Lauf lassen sich ungefähr 300-400 Reste ermitteln. Zur Sequenzierung der MCH sind mehrere Bestimmungen erforderlich. Die vollständige Sequenz kann aus überlappenden Fragmenten bestimmt werden.

Die DNA-Sequenzierung muß trotzdem kritisch beurteilt werden und ist auch nicht frei von Irrtümern. Schreibfehler beim Auswerten der Gele und

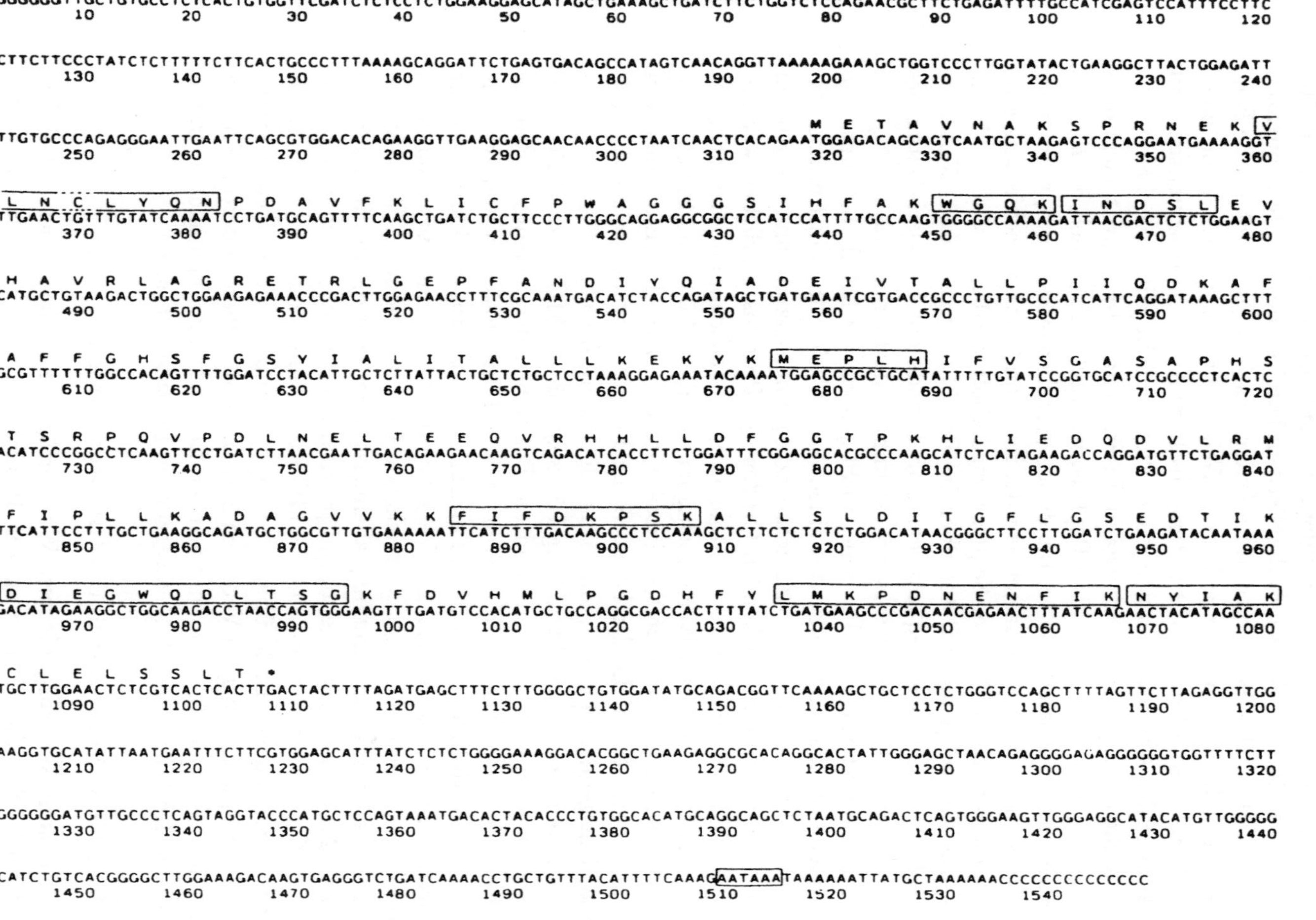

Abb. 1.15. Nucleotidsequenz und daraus entwickelte Aminosäuresequenz der MCH. Die eingerahmten Peptide wurden aus direkten Aminosäuresequenzierungen ermittelt (aus Safford R., de Silva J., Lucas C., Windust J.H., Shedden J., James C.M., Sidebottom C.M., Slabas A.R., Tombs M.P., Hughes S.G. (1987) Biochem. **26**, 1358–1364).

bei der Aufzeichnung von Daten führen bei durchschnittlich einem von 500 Aminosäureresten zu Fehlern und außerdem bereiten bestimmte Sequenzen Schwierigkeiten. Die rechnergestützte Datenverarbeitung kennt solche Fehlerquellen nicht und mit der auf diese Weise erhaltenen Translation einer DNA-Sequenz erhält man sechs unterschiedliche Aminosäuresequenzen, weil die Abfolge der Aminosäuren von jedem Punkt aus in jede der beiden denkbaren Richtungen gelesen werden kann. In einem nächsten Schritt sucht man sich die Sequenz eines bekannten Peptids, wodurch sich schnell die richtige Leserichtung herausstellt. Selbst bei dieser Vorgehensweise kann, wenn auch nur ein einziger Rest ausgelassen wurde, insgesamt eine Verschiebung entstehen, dann muß ein Teil der Sequenz wiederholt werden. Auf dieser Stufe ist es umso besser, je mehr Daten über das Peptid verfügbar sind. Weiterhin ist die Bestimmung von Sequenzbeginn und -ende mit Schwierigkeiten behaftet. Die N-terminale Aminosäure ist immer Methionin und die Sequenz dieser Region ist für viele Proteine, nicht jedoch für MCH, bekannt. Die C-terminale Aminosäure sollte mit einem Stop-Codon übereinstimmen. Allerdings muß die abgeleitete Aminosäurezusammensetzung und die Anzahl der Reste mit den entsprechenden Größen des Proteins verglichen werden. Für die MCH waren als relative Molmassen aus elektrophoretischen Messungen in SDS-Gelen zwei Werte verfügbar, nämlich 32 000 und 29 000 (d. h. 290 Aminosäurereste bzw. 260 Aminosäurereste) – also ein Unterschied von 30 Aminosäureresten! Leider ist auch die Bestimmung der relativen Molmasse nicht genügend genau, um daraus die exakte Anzahl der Aminosäurereste ableiten zu können. Abbildung 1.15 zeigt für die MCH die mittlerweile bestimmte Aminosäuresequenz und die Positionen der bekannten Peptide (sind eingerahmt). Die MCH besteht aus 263 Aminosäureresten, was einer relativen Molmasse von 29 300 entspricht. Das Stop-Codon ist an der erwarteten Stelle positioniert. Ein Vergleich mit der Aminosäurezusammensetzung aus Tabelle 1.7 zeigt hinreichende Übereinstimmung. Die Analyse der Aminosäurezusammensetzung alleine ist ebenso wie die Bestimmung der relativen Molmassen nicht genügend präzise, um eindeutige Schlüsse ziehen zu können. So kommt es vor, daß die MCH nur dann verarbeitet wird, wenn sie am N-terminalen Ende über eine Acetylgruppe verfügt. Häufig ergibt die DNA-Sequenzierung im Vergleich zum ursprünglichen isolierten Protein zusätzliche Peptide. In unserem nächsten Beispiel, dem Thaumatin, traten an beiden Kettenenden solche zusätzlichen Peptide auf (s. u.).

1.4.4 Stufe 4: Vektoren und Wirtsorganismen

Transfer zum Wirtsorganismus. Wir verfügen also nun über ein DNA-Bruchstück, das die Codierung zur Produktion unseres Zielenzyms, der MCH, besitzt. Die Struktur des Gens ist aber aller Wahrscheinlichkeit nach nicht identisch mit der Struktur des Gens im ursprünglichen Organismus. Mit Ausnahme der Bakterien besteht die DNA der meisten Organismen (Eukaryonten) aus Segmenten, die exprimiert werden (Introns) sowie aus

Segmenten, die nicht exprimiert werden (Exons) und die irgendwo zwischen
den Codierungen liegen können. Ein Gen kann wie folgt strukturiert sein:

	Intron	Exon	Intron	Exon
DNA	– – – – –	– – – – –	– – – – – –	– – – – –	– – – –

Kern			Transcription		
RNA	– – – – –	– – – – –	– – – – – –	– – – – –	– – – –

Processing und Herausschneiden der Exone im Kern

mRNA	Intron		Intron		Intron
	– – – – – – – –	– – – – – –	– – – – – –

Beginnt man also mit der mRNA, um durch deren Kopie zur DNA zu
gelangen, so umgeht man alle Probleme mit den Exon-Regionen, mit deren
korrekter Verarbeitung der Wirtsorganismus vielleicht Schwierigkeiten haben könnte. Bakterien können Exone nicht verarbeiten.

Bei der Diskussion der DNA-Sequenzierungstechniken wurde bereits hervorgehoben, daß man mit Hilfe der Enzyme aus dem DNA-Metabolismus
– hier sollen besonders die Restriktionsnucleasen hervorgehoben sein – ein
DNA-Bruchstück kontrolliert in einen bereits vorhandenen DNA-Strang insertieren kann. Die Restriktionsnucleasen kommen in Mikroorganismen vor
und spielen offensichtlich beim Abwehrmechanismus gegen Virusattacken
eine Rolle. Die Bezeichnung der Enzyme leitet sich von ihrer Wirkung ab,
sie wirken nämlich auf die Länge der DNA ein. Sie sind in ihrer Wirkung
für uns deshalb so wertvoll, weil sie auf bestimmte Nucleotidfolgen hochspezifisch reagieren und die DNA-Ketten dort spalten. Mittlerweile sind zur
DNA-Manipulation etwa 40 unterschiedliche Enzyme verfügbar.

Bakterien enthalten neben dem DNA-Genom noch kleine circuläre DNA,
die Plasmide. Die Plasmide sind für einen Bakterienstamm spezifisch und
bleiben beim normalen Vermehrungsprozeß – dem Klonen – in der Popula-
tion enthalten. Die Plasmid-DNA kann den üblichen Protein-Syntheseme-
chanismus der Zelle verwenden. Die Zellen von *E. coli* können durch eine
Behandlung mit kaltem Calciumchlorid veranlaßt werden, Plasmide aufzunehmen, und es ist eine große Zahl gut charakterisierter Plasmide verfügbar.
Plasmide eignen sich also sehr gut als Vektoren, denn eine eingeschleuste
DNA läßt sich insertieren, propagieren und exprimieren. Daher wurden die
ersten Arbeiten zur DNA-Sequenzierung und viele weitere Laborverfahren,
wie z. B. das oben beschriebene Klonen des M13-Phagen, in *E. coli* ausgeführt. Da es sich bei *E. coli* um einen Organismus handelt, der Menschen
pathogen sein kann, wird wohl keines der von *E. coli* produzierten Produkte
in Lebensmitteln eingesetzt werden. Mit Ausnahme der Produkte aus Lacto-
bacillen und aus *Bacillus subtilis* werden wohl kaum Produkte aus genetisch
manipulierten Bakterien von den Behörden zugelassen werden.

Tabelle 1.10. Einfluß der Transformation mit MCH(medium-chain-hydrolase)-Gen auf die Kettenlänge der Fettsäuren in Mäuse- Fibroblastenzellen in Gewebekultur (verändert entnommen aus Bayley S. A., Moran M. T., Hammond E. W., James C. M., Safford R., Hughes S. G. (1988) Bio-Technol. **6**, 1219–1221)

Zellen	Gesamtlipid-gehalt (%)	Kettenlänge der Fettsäure (%)						
		6	8	10	12	14	16	18
Transformierte Zellen								
Freie Fettsäure	1	–	–	3,0	5,0	17,5	25,7	48,8
Triacylglycerid	57	–	1,4	1,7	12,5	30,9	25,1	28,4
Polare Lipide	42	–	–	–	1,3	14,5	32,3	51,9
Wachstumsmedium:								
freie Fettsäure	–	1,4	13,1	40,1	31,5	10,5	2,2	1,2
Kontrollzellen								
Freie Fettsäure	1	–	–	–	–	5,7	49,5	44,8
Triacylglycerid	31	–	–	–	2,6	11,8	57,9	27,7
Polare Lipide	68	–	–	–	–	4,0	69,0	27,0
Wachstumsmedium:								
freie Fettsäure	–	–	1,4	5,6	11,9	14,2	62,6	4,3

Ein Zielorganismus für die MCH ist u.a. eine blühende Pflanze, wie z. B. Rapssamen, sie wurde allerdings auch in Hefe eingeschleust und zwar als Teil eines Plasmids aus dieser Hefe. Die MCH wird zwar von der Hefe exprimiert, scheint aber nicht zu arbeiten. Weiterhin wurde die MCH erfolgreich in Tierzellen (Maus-Fibroblasten) in Gewebekulturen eingeschleust. Hier übt sie auf das Fettsäurespektrum den erwarteten Einfluß aus (Tabelle 1.10), und zwar wird die durchschnittliche Kettenlänge der Fettsäuren kürzer. Diese Versuche sind das erste Beispiel für die Veränderung des Fettsäurespektrums durch einen Gentransfer. Die Umsatzgeschwindigkeit der Triglyceride war in den transformierten Zellen erheblich höher, was darauf schließen läßt, daß ein ganzer Stoffwechselbereich gestört ist. An diesem Punkt können wir leider die weiteren Entwicklungen zur MCH nicht mehr am Beispiel von Pflanzen verfolgen. Als Beispiel für blühende Pflanzen als Wirtsorganismus sei auf die Insertion des Legumin-Gens aus Erbsen in die Tabakpflanze verwiesen.

Transformationen werden allgemein aus zwei Gründen durchgeführt: zum einen, weil man damit den Metabolismus eines Organismus gezielt verändern möchte (z. B. Beeinflussung des Lipidgehaltes) und zum anderen, weil der transformierte Organismus als Quelle für das entsprechende exprimierte Protein dienen soll. Durch die Insertion des MCH-Gens soll eindeutig die erstgenannte Zielsetzung verfolgt werden, und zwar die Veränderung des Metabolismus des Wirtsorganismus. Bislang gibt es jedoch noch kein erfolgreiches Beispiel zur Beeinflussung des Metabolismus, allerdings dürfte dies nur eine Frage der Zeit sein. Die Arbeiten zu einer Herbizidresistenz in Feldfrüchten machen beispielsweise deutliche Fortschritte. Nahezu alle Forschungsarbeiten zu Stoffwechselbeeinflussungen zielen auf Anwendungen im Agrarbereich ab. Ein *Bacillus thuringiensis*-eigenes Protein konnte bereits exprimiert werden. *Bacillus thuringiensis* bildet ein Protein, das äußerst stark insektizid wirkt. Ein Trypsin-Inhibitor Gen aus der Erbse wurde auf ähnliche Weise in Mais übertragen, um den Mais gegen einen Wurm, der die Wurzeln angreift, zu schützen.

Andererseits handelt es sich bei Pflanzen um hervorragende Produktionssysteme. Wenn z. B. die Expression eines Gens (z. B. Insulin, als naheliegendes Beispiel) in Erbsen erreicht werden könnte, und man sich den Produktionsmechanismus für das Speicherprotein im Samen nutzbar machen könnte, wäre es vermutlich ein Leichtes, pro Hektar mehrere Tonnen der Zielsubstanz zu produzieren. Die gleichen Überlegungen treffen auch auf die Enzyme zu, die jetzt im großen Maßstab mit Hilfe von Pilzen in Bioprozessen sehr teuer hergestellt werden. Möglicherweise wird die großtechnische, fermentative Proteinproduktion bald der Vergangenheit angehören. Gegenwärtig sind jedoch Transformation und Propagation von transformierten Pflanzen nur begrenzt machbar. Auf die Tabakpflanze (*Nicotiana plumbagifolia*) fiel die Wahl zur Verwendung als Wirtsorganismus durch das Zusammenwirken von Zufall und experimenteller Zweckmäßigkeit und hat keinerlei wirtschaftlichen Hintergrund. Ein weiteres Beispiel zur Produktion eines Proteins ohne die Mitwirkung von Mikroorganismen ist die erfolgreiche Insertierung von Genen in Schafe, wobei das exprimierte Protein in die Milch sekretiert wird. Momentan läßt sich damit die Milchindustrie aber nicht beeinflussen, und so werden auf diese Art nur pharmazeutisch interessante Proteine hergestellt.

Nutzung von Hefe: Thaumatin.   Man kann davon ausgehen, daß Proteine für den menschlichen Genuß wohl zukünftig nur durch ungefährliche Pilze, vor allem Hefen, hergestellt werden dürfen, zumal man auf einige gut geeignete Vektoren zurückgreifen kann. Ein Beispiel ist Thaumatin, ein Protein, das im folgenden eingehender diskutiert werden soll. Thaumatin ist ein süß schmeckendes Protein (s. Kap. 2), das als Zusatzstoff in Lebensmitteln in größeren Mengen gebraucht wird, als es wahrscheinlich aus seiner natürlichen Quelle, einem westafrikanischen Strauch (*Thaumatococcus daniellii*) nachgeliefert werden kann. Thaumatin läßt sich leicht isolieren und weil es kein Enzym ist, muß es durch eine Kombination von Elektrophorese und spezifischen Antikörpern nachgewiesen werden. Es gibt fünf verschiedene, jedoch untereinander sehr ähnliche Thaumatine. Populationspolymorphismus ist ein weitverbreitetes Phänomen, wäre also nichts ungewöhnliches. Jedoch liegen in einer einzigen Pflanze jeweils alle fünf Formen des Thaumatins vor. Proben aus vielen Individuen einer Pflanzensorte enthalten nahezu sicher polymorphe Verbindungen, die sich i.a. nur durch einen einzigen Aminosäurerest unterscheiden.

Die mRNA einer dieser Thaumatin-Formen konnte elektrophoretisch isoliert werden. Nach Selektion anhand der erwarteten Molekülgröße wurde in einem zellfreien System (Reticulocyten aus Kaninchen) nachgewiesen, daß die mRNA das Thaumatin korrekt exprimiert. Mindestens die Hälfte des ausgewählten Gewebes bestand aus Thaumatin, d. h. also, daß die mRNA überall vorkommt (nicht so die MCH, s. o.).

Anschließend wurde die korrespondierende cDNA hergestellt und sequenziert. Dabei stellte sich heraus, daß das synthetisierte Thaumatin vor und nach der eigentlichen Thaumatinsequenz noch zusätzliche Aminosäureketten besitzt (pre-pro-Form). Das isolierte Thaumatin besteht aus 203 Aminosäureresten, die mRNA codiert aber 231 Aminosäurereste, davon 22 N-terminal als pre- und 6 C-terminal als pro-Sequenz.

Eine hydrophobe, vorgeschaltete Kette ist häufig. Sie wird in den meisten Fällen nach der eigentlichen Synthese beim Durchtreten durch die Membran entfernt. Dagegen ist eine C-terminale, hydrophile Sequenz sehr ungewöhnlich und war zuvor z.B. von Interferonen bekannt. In einem nächsten Schritt wurden cDNAs hergestellt, die das Pre-Prothaumatin, das Prothaumatin, das Thaumatin und das Prethaumatin codieren, und mit Hilfe eines *pBR322*-Plasmids einzeln in *E. coli* eingeschleust. Die Zellen produzierten zwar jede der Thaumatin-Formen, jedoch nur in geringer Ausbeute. Außerdem führte *E. coli* wie erwartet keine einzige post-synthetische Reaktion aus. Trotz der Verwendung von Promotoren war die Ausbeute gering. Die Transskriptionsfrequenz zur Herstellung der RNA über die Kopie der DNA wird durch Promotorregionen auf der DNA reguliert. Diese Promotorregionen befinden sich in Leserichtung ‚vor‘ den Code-Regionen. DNA-Bruchstücke mit Promotorregionen konnten isoliert und in Plasmidvektoren eingeschleust werden. Dadurch ließ sich die Synthese des entsprechenden Proteins wesentlich beschleunigen. Ein häufig verwendeter Promotor ist der für β-Galactoside abbauende Enzyme. Solche und ähnliche Promotoren sind vorteilhaft, denn sie lassen sich durch Zugabe von Induktoren ins Kulturmedium an- bzw. abschalten. So kann z. B. die Produktion eines letalen Genproduktes so lange unterdrückt werden, bis die Populationsdichte ein Maximum erreicht hat, und die Synthese dieses Produktes erst dann wieder freigegeben werden. Für derartige Regulierungen kennt man auch andere Schaltmechanismen, die z. B. auf Temperaturveränderungen oder auch auf die NaCl-Konzentration ansprechen.

Im nächsten Schritt wurde mit *Saccharomyces cerevisiae* und *Kluyveromyces lactis* gearbeitet. Beide Organismen gelten in Nahrungsmitteln als ungefährlich. Ein Promotor zur Regulierung der Synthese der Glycerinaldehyd-3-phosphat-Dehydrogenase konnte ermittelt und in einen Shuttle-Vektor eingeschleust werden, der sowohl in *E. coli* als auch in Hefen arbeiten kann. Abbildung 1.16 zeigt den prinzipiellen Aufbau eines solchen Shuttle-

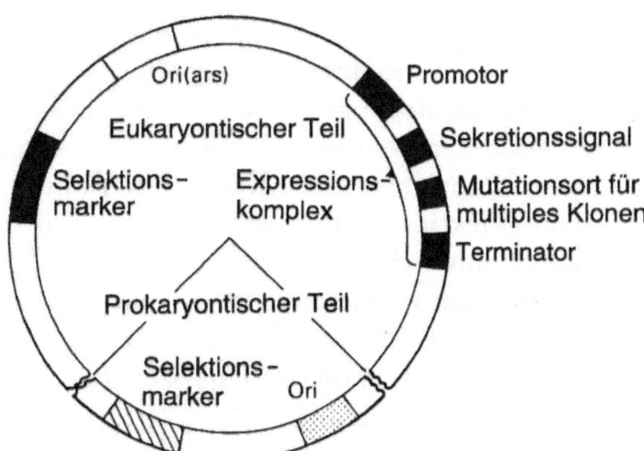

Abb. 1.16. Shuttle-Vektor zum Klonen in Eukaryonten. Er besteht aus einem prokaryontischen und einem eukaryontischen Teil. Deshalb kann er sowohl in *E. coli* als auch in Hefe geklont werden. Beide Teile verfügen über einen Selektionsmarker, wie z. B. die Resistenz gegenüber Chloramphenicol, sowie über ein unabhängiges Replikationssignal für die DNA-Polymerase des Wirtsorganismus. Im eukaryontischen Teil befindet sich noch eine aktive Stelle zum multiplen Klonen und ein Promotor. „Ori"steht für „Origin of replication"(verändert übernommen aus Esser K., Kamper J. (1988) Process Biochem. **23**, 36–41).

Vektors. Shuttle-Vektoren sind im Labor zur Transformation von Hefen weit verbreitet. Nach Versorgung mit cDNA, die Pre-Prothaumatin codiert, produzierten beide Hefeorganismen in vernünftigen Ausbeuten Thaumatin. Mit der cDNA für Prothaumatin waren die Ausbeuten jedoch nur gering. Offensichtlich ist Hefe also auf die Pre-Signalsequenz angewiesen und kann sie auch sinnvoll verarbeiten – ein überraschendes Ergebnis, denn beim Rinder-Chymosin-Gen war die Ausbeute ohne das Pre-Signal besser.

In Abb. 1.16 ist zu sehen, daß Vektoren auch Sekretionssignale besitzen. Hefe sekretiert nur wenige Proteine, und zwar nach dem gleichen Mechanismus wie Tierzellen. Versuche mit den entsprechenden Signalen aus Tier-DNA führten allerdings nur zu schlechten Ergebnissen. Die Schwierigkeiten ließen sich durch Signale aus der Hefe selbst beheben. Hefe kann nach der Synthese glykosilieren. Produkte aus insertierter cDNA werden im allgemeinen jedoch nicht glykosiliert und außerdem wird das Processing nicht immer korrekt ausgeführt. Hefe kann die Zellkern-RNA für gewöhnlich nicht verarbeiten, so daß auf Intron-freie DNA zurückgegriffen werden muß.

Über Hefe als Produktionssystem bleibt zweifellos noch viel zu lernen. Immerhin ist bereits die industrielle Produktion von Chymosin in Hefe Wirklichkeit.

Pflanzen als Wirtsorganismen. Pflanzen können geklont werden. Manche Pflanzen lassen sich einfach durch Stecklinge vermehren, jedoch ist Klonen auch mit einzelnen Zellen oder kleinen Zellklumpen möglich. Diese

Methode erlaubt eine bessere Selektion und Vermehrung, ähnlich wie bei Mikroorganismen, obwohl die Zahl derart vermehrter Pflanzen nur selten – wie Bakterien- oder Hefekulturen – die Millionengrenze übersteigt. Bei den klonalen Ölpalmen, einem der am weitesten bearbeiteten Beispiele, können aus der Gewebekultur einer einzigen Pflanze bis zu 100 000 weitere Pflanzen entstehen. Für die Anwendung von Selektionsmethoden wie bei *E. coli* ist diese Zahl jedoch noch viel zu klein, um Erfolge erzielen zu können. Die Fortpflanzung selbst ist bei den Pflanzen wesentlich schwerer zu beherrschen. Bei den ersten Versuchen, transgene Pflanzen herzustellen, wurden weniger als zehn einzelne Pflanzen mit der fremden DNA gezüchtet. Hier ist der Kontrast zu den Mikroorganismen augenfällig.

Die angesprochenen Schwierigkeiten zeigen, daß die DNA-Insertion relativ effizient sein muß. Andererseits sind die Aussichten auf Methoden zur gleichzeitigen Insertion einer großen Fragmentzahl mit der Hoffnung, daß ein vollständiges und korrektes Fragment dabei ist, gering. Zwei Versuche wurden in diese Richtung unternommen. Beim ersten übertrug man Methoden, wie sie bei Mikroorganismen angewandt werden, und verwendete Plasmide aus *Agrobacterium tumefaciens*. Dieser Organismus infiziert Dikotylen (zweikeimblättrige Pflanzen) und verursacht durch seine tumorinduzierenden Plasmide (*Ti*) sichtbare Tumore. Das tumorinduzierende Plasmid läßt sich einfach in die Pflanze insertieren, indem entweder Schößlinge oder Wurzeln direkt mit dem Bakterium in Kontakt gebracht werden. Auch mit Hilfe von Protoplasten kann die Insertion erfolgen. Protoplasten sind Zellen, deren Zellwand durch die Behandlung mit Cellulasen entfernt wurde. Einigen Hefemutanten, denen die Zellwände fehlen, werden ebenfalls als Protoplasten eingesetzt. Wegen der fehlenden Zellwände ist der Infektionsgrad höher.

Beim zweiten Versuch wurde die DNA direkt in die einzelnen Zellen insertiert. Überraschenderweise wird DNA, die auf diese Weise insertiert wurde, tatsächlich in das Genom übernommen und auf die Nachkommen übertragen. Die Insertion erfolgte mittels ‚Mikro-Injektion‘. Auch die sogenannte ‚Elektroporation‘ ist in manchen Fällen erfolgreich. Bei dieser Methode wird an die Zellen ein Wechselstrom mit hoher Spannung angelegt. Dadurch entstehen in den Membranen offensichtlich Löcher, durch die die DNA ins Zellinnere eindringen kann. Eine weitere Technik verwendet kleine Wolframpartikel, die mit DNA überzogen sind. Die so präparierten Partikel werden in Zwiebel-Zellen im wahrsten Sinne des Wortes hineingeschossen. Jede dieser Techniken, die üblicherweise auf Zufallstreffer abzielen, scheint erfolgreich zu sein, obwohl ihnen die Eleganz fehlt, die den Transformationstechniken mit der Konstruktion von Vektoren eigen ist.

Leider sind bei Getreide die Methoden mit dem *Ti* Plasmid unwirksam. Die Züchtung von Pflanzen aus transformierten Zellen ist zwar immer schwierig, jedoch bereiten gerade die Zellen von Getreidepflanzen besondere Schwierigkeiten, d. h. also gerade die für die Ernährung besonders wichtigen Feldfrüchte sind am kompliziertesten zu bearbeiten. Ein anderer Gesichtspunkt von Transformationen ist sicherzustellen, daß das insertierte Gen nur im gewünschten Gewebe exprimiert wird. Aus diesem Grund ist das folgende Beispiel interessant: man konnte beweisen, daß die Expression einer Genom-DNA für Legumin, einem Lagerprotein der Erbse, in der Tabakpflanze nicht nur prinzipiell machbar ist, sondern ganz spezifisch im Samen der Tabakpflanze möglich ist.

Bei Forschungsarbeiten über Gene für die wichtigsten Speicherproteine von Gemüsepflanzen stellte sich heraus, daß in Leserichtung vor der Code-Region jeweils eine sehr ähnliche Sequenz zu finden ist. Man vermutete hier die Regelung zur Spezifizierung für die einzelnen Gewebearten. (Für derartige Untersuchungen eignet sich im übrigen nur die Genom-DNA, die Verwendung von cDNA wäre sinnlos.) Die DNA wurde in ein *Agrobacterium*-Plasmid eingeschleust. Dieses Plasmid ist ein hochentwickelter Vektor und besitzt Markergene zur Nopalin-Synthese sowie Selektionsgene zur Kanamycinresistenz. Außerdem kann er sich sowohl in *E. coli* als auch in *Agrobacterium* vermehren. Da es weiterhin wenig sinnvoll ist, eine Pflanze zu transformieren, um dann nur zu sehen, wie sie Tumore ausbildet, wird der onkogene Teil des Plasmids zerstört.

Mit diesem Vektor wurde Blattgewebe infiziert und aus Schößlingen, die an den Rändern der abgeschnittenen Blätter entstanden, wurden neue Pflanzen gezüchtet. Nach der Blüte der neuen Pflanzen konnten die gebildeten Samenkörner untersucht werden. Manche, jedoch nicht alle, der transformierten Pflanzen hatten das Erbsenlegumin ausschließlich in ihren Samen gebildet.

Das reife Protein wurde produziert und bei den Untersuchungen stellte man fest, daß die Tabakpflanze drei im Gen vorhandene Introne herausschneiden und auch die post-translationale proteolytische Abspaltung der Leguminkette ausführen konnte. Ähnliche Beobachtungen machte man im Falle von Soja-Glycinin in Petunien und Phaseolin in Tabakpflanzen. Erst vor kurzem konnte ACP aus Spinat mit Hilfe des Regulatorsegments für Napin, seinem Speicherprotein, in Rapssamen (*Brassica napus*) insertiert werden und auch im Samen exprimiert werden. Auswirkungen solcher Transformationen auf die Triglyceride konnten noch nicht herausgefunden werden. Raps läßt sich relativ einfach transformieren und züchten, wodurch er gegenüber Sojabohnen Vorteile hat. Mittlerweile wird an der Züchtung neuer Rapssamen-Sorten gearbeitet und zwar mit dem Ziel, noch unterschiedlichere Fettsäureprofile zu erhalten. Aber auch die klassischen Züchtungsmethoden sind noch keineswegs überholt. Sie führen sehr wahrscheinlich noch zu neuen Ergebnissen, bevor mit dem großtechnischen Anbau von transformierten Pflanzen begonnen werden kann.

Patente.   Ein Überblick über die industrielle Biochemie wäre unvollständig, wenn das Gebiet der Patente nicht wenigstens gestreift würde. Über die grundlegenden biotechnischen Arbeitsmethoden existieren viele Patente und ihr genauer Geltungsbereich sowie ihre Durchsetzung sind Gegenstand von Prozeßstreitigkeiten. Patente verleihen dem Patenthalter zwar das Recht, anderen zu verbieten, das geschützte Verfahren durchzuführen, garantieren ihm jedoch keineswegs, daß er selbst das patentierte Verfahren anwenden kann. Bei der Verfahrensdurchführung könnten nämlich die Patente anderer verletzt werden. In dieser unguten Situation gehen die Firmen dazu über, ein ganzes Portefeuille von Patenten aufzubauen und damit zu handeln und zwar mit der Absicht, im Gegenzug die Nutzungserlaubnis für entsprechende andere Patente zu erhalten. Ob auf einem Arbeitsgebiet Patente existieren, kann entscheidenden Einfluß darauf ausüben, ob eine Firma ein Verfahren entwickelt oder nicht. Jedenfalls verzögern Patente die Arbeiten, denn die entstehende unsichere Situation liefert einen weiteren Grund, nichts zu tun.

1.5 Schlußbemerkungen

Im Bereich der Nahrungsmittelindustrie ist die Biotechnologie heute immer noch auf der Stufe, auf der die Machbarkeit von Projekten getestet wird, die, falls sie erfolgreich verlaufen, jedoch zu weitreichenden Konsequenzen führen werden. Das gilt bereits für die Verwendung von Pflanzen als Wirtsorganismen, ein Großteil der Ergebnisse fällt aber unter das Firmengeheimnis. So bleibt eigentlich nur, die allgemeinen Tendenzen der Entwicklungstätigkeiten zu verfolgen. Sind die entsprechenden Arbeiten erfolgreich, werden sich nicht nur Ursprung und Art der Nahrungsmittel-Inhaltsstoffe verändern, sondern es wird auch mit Auswirkungen auf die anderen Bereiche der Biotechnologie zu rechnen sein. Derartige Neuerungen werden wohl nicht mehr lange auf sich warten lassen. Die Forschungen zur Verwendungsmöglichkeit von Hefen als Quellen für Enzyme für den menschlichen Bedarf gehen schnell voran und die Idee wird wohl bald Wirklichkeit werden. Enzymanwendungen bei der Verarbeitung von Lebensmitteln sind in großer Anzahl denkbar und die nachfolgenden Abschnitte beschäftigen sich damit. Noch ist die Verwendung von Enzymen aus genetisch manipulierten Organismen selten. Die Leistung vieler Verfahren ließe sich damit jedoch sehr wahrscheinlich verbessern. Die einzelnen Vorhaben sind jedoch keineswegs einfach, preiswert oder mit einer Erfolgsgarantie ausgestattet. Eine abschließende Feststellung mag zwar überraschen, aber: Eines der größten Hemmnisse sind fehlende Kenntnisse über die grundlegenden biochemischen Vorgänge in Pflanzen! Oft sind die fraglichen Reaktionswege zwar bekannt, über die beteiligten Enzyme liegen dagegen nur sehr wenige Erkenntnisse vor.

2 Süßungsmittel

2.1 Einleitung

Im 14. Jahrhundert kostete in England ein Pfund Zucker soviel wie 29 Pfund Butter oder 400 Eier. Zucker konnten sich nur die Wohlhabenden leisten. Erst gegen Ende des 17. Jahrhunderts, als sich die Schiffahrtswege in Richtung Osten öffneten, wurde Zucker erschwinglicher. Zuckerrohr ist in Indien zwar seit mehr als 2000 Jahren bekannt, aber es war niemals preiswert. Der Preis für ein Pfund Zuckerrohr entsprach dem Preis für einen guten Liter Rotwein! Mittlerweile ist der Zuckerverbrauch stark angestiegen und der jährliche Zuckerverbrauch in Großbritannien mit etwa 40 kg pro Kopf nimmt im weltweiten Vergleich einen Spitzenplatz ein. Der jährliche weltweite Durchschnittsverbrauch pro Kopf liegt bei etwa 20 kg, in China sogar nur bei etwa 7 kg pro Person (was allerdings nicht mit der geringen Nachfrage zusammenhängt). Den Eskimos fehlt das Enzym Sucrase, das den Rohrzucker während der Verdauung abbaut. Sie kamen erst vor kurzem mit Zucker in Berührung. Mehr als 90 % der Weltproduktion wird bezüglich Produktionsmenge und Preis aus politischen Gründen kontrolliert. Und dennoch ist Rohrzucker im internationalen Handel ein sehr bedeutender Rohstoff. Der Geschmack von Rohrzucker ist beim Verbraucher offensichtlich sehr beliebt und er ist einer der wenigen chemischen Stoffe, die in großen Mengen direkt an den Käufer abgegeben werden. In den letzten Jahren ging der Trend bei den privaten Käufen dahin, daß in immer geringerem Umfang unverarbeitete Nahrungsrohstoffe (z. B. Mehl) gekauft wurden und dafür in immer größerem Ausmaß Fertigprodukte. Dabei spiegelt sich nur der allgemeine Trend wieder, den Arbeitsaufwand für den privaten Haushalt und die Versorgung der Familie möglichst gering zu halten. Das Produkt Rohrzucker scheint jedoch nicht in diesen Trend zu passen, denn sein häufigster Verwendungszweck ist die Süßung von Getränken, wie z. B. Tee oder Kaffee. Vorgesüßter Tee oder Kaffee wurden vom Verbraucher nicht angenommen. Von Nahrungsmittelherstellern wird Rohrzucker in nichtalkoholischen Getränken und in Süß- und Backwaren im großem Maßstab verbraucht, aber auch für Produkte, die auf den ersten Blick keinen Zucker enthalten, wie z. B. Baked Beans, Tomatensaucen und, nicht zu vergessen, Dosenfrüchte.

Rohrzucker ist unter den Süßungssmitteln immer noch unangefochten Spitzenreiter, wird allerdings von einer Reihe anderer, süß schmeckender Stoffe bedrängt, und zwar aus vier Gründen. Erstens kennt man aus

kriegsbedingten Mangelzeiten einen Zusammenhang zwischen dem Zuckergehalt der Nahrung und der Häufigkeit von Karies. Zweitens meinen viele
Ernährungswissenschaftler, daß die Zuckeraufnahme in den hochentwickelten Ländern zu hoch sei, und daß es wünschenswert wäre, den Verbrauch
von Rohrzucker zu senken. Drittens leidet einer von 50 Europäern an
Diabetes, einer Krankheit, bei der die Aufnahme von Kohlenhydraten
und Fetten kontrolliert werden muß, was üblicherweise dadurch geschieht,
daß u.a. Rohrzucker zu meiden ist. Der vierte Grund sind die Kosten.
Trotz der dominierenden Position konnten neuentwickelte Süßungsstoffe,
wie z. B. Glucose-Sirups mit hohem Fructosegehalt (high-fructose-cornsyrup, HFCS), dem Rohrzucker auf wichtigen Anwendungsgebieten aus
wirtschaftlichen Gründen den Rang ablaufen.

Rohrzucker ist zwar das am häufigsten verwendete Süßungsmittel, besitzt aber bei weitem nicht die höchste Süßkraft. In Tabelle 2.1 sind einige
Süßungsmittel und ihre relative Süßkraft im Vergleich zu Rohrzucker aufgeführt. Sie sollen anschließend eingehender vorgestellt werden.

Tabelle 2.1. Relative Süßkraft gleicher Molmengen Süßungsstoffe im
Vergleich zu Rohrzucker (Saccharose)

Saccharose	1	Steviolbiosid	100
Fructose	1,3	Rebaudiosid A, B	300
Glucose	0,7	Saccharin	300
Galactose	0,3	Aspartam	180
Maltose	0,3	Acesulfam K	150
Lactose	0,5	Thaumatin	2 000
Lactulose	0,5	Morellin	3 000
Glycyrrhizin	30	Cyclamat	30

* Die Angaben dienen zur Orientierung: Die wahrnehmbare Süßstärke
  ist abhängig von der Konzentration und von äußeren Umständen

2.2 Rohrzucker

Da die Süßkraft von Rohrzucker nur gering ist, kann er einigen Produkten
auch in großen Mengen zugesetzt werden, z. B. dann, wenn eine bestimmte
Viskosität eingestellt werden soll. Rohrzucker wird häufig auch als bakteriostatische Substanz eingesetzt, denn bei zu hohen Zuckerkonzentrationen
können sich Bakterien nicht mehr vermehren. Worauf die bakteriostatische
Wirkung genau beruht, ist noch nicht geklärt. Für die Qualitätskontrolle
wird die bakteriostatische Wirkung als Kombination vom Dampfdruck der
Lösung ('Wasseraktivität'), und pH-Wert (wovon die Haltbarkeit ebenfalls

abhängt) quantifiziert. Die Lagerfähigkeit von Konfitren, vielen Konditor-
eiwaren, einer Reihe von getrockneten Früchten und sogar von manchen
Fleischprodukten (nur Minzmeat (eine Pastetenfüllung) ist in Europa bekannt, die meisten Beispiele stammen aus den arabischen Staaten) setzt
einen hohen Zuckergehalt voraus.

Tabelle 2.2. Mono- und Disaccharide in Früchten und Gemüsearten (verändert entnommen
aus Bucke C. (1979), Developments in Sweeteners 1, 43)

Frucht bzw. Gemüsesorte	Glucose %	Fructose %	Saccharose %	Maltose %
Apfel (Frucht)	1,17	6,04	3,78	Spuren
Apfel (Saft)	3,1	6,4	1,1	
Aprikose	1,73	1,28	5,84	
Birne	0,95	6,77	1,61	0,31
Brombeere	2,48	2,15	0,59	0,66
Erdbeere	2,09	2,40	1,03	0,07
Gurke	0,86	0,86	0,06	
Heidelbeere	3,76	3,82	0,19	0,08
Himbeere (rot)	2,40	1,58	3,68	
Himbeere (schwarz)	4,56	4,84	1,90	
Honigmelone	2,56	2,62	5,86	
Johannisbeere	3,33	3,68	0,95	0,64
Karotte	0,85	0,85	4,24	
Orangensaft	2,2	3,0	5,2	
Pfirsich	0,91	1,18	6,92	0,12
Pflaume	3,49	1,53	4,94	0,15
Rhabarber	0,42	0,39	0,09	
Rote Beete	0,18	0,16	6,11	
Salat	0,25	0,46	0,10	
Sauerkirsch	4,30	3,28	0,40	
Stachelbeere	3,29	3,90	1,21	
Süßkirsche	6,49	7,38	0,22	
Tomate	1,12	1,34	0,01	
Tomatensaft	1,2	1,7	0	
Trauben (Vitis labruscana)	6,86	7,84	2,25	1,58
Trauben (Vitis vinifera)	5,35	5,33	1,32	2,19

Pflanzen speichern Kohlenhydrate hauptsächlich in Form von Rohrzucker und Rohrzucker ist auch dementsprechend weit verbreitet. In Tabelle 2.2 sind von gängigen Fruchtarten und Gemüsesorten die Gehalte an
Mono- und Disacchariden zusammengestellt und in Tabelle 2.3 der Zuckergehalt von Bohnensorten und anderen Samen, die zum Verzehr kommen.
Auch diese Pflanzen enthalten Rohrzucker sowie einige Trisaccharide. Die
Zusammenstellungen zeigen einerseits die weite Verbreitung von einfachen

Tabelle 2.3. Zuckergehalt* von Bohnenarten, die direkt zum Verzehr kommen, sowie anderen Saaten (verändert entnommen aus Kuo T. M., Van Middlesworth J. F., Wolf W. J. (1988) J. Agric. Food Chem. 36, 34)

Samen	Raffinosen					
	Verbascose	Stachyose	Raffinose	Summe	Saccharose	Gesamtzucker
Malvengewächse						
Baumwolle (*Gossypium herbaceum*)						
cv. ‚Deltapine 61‘	Spuren	23,6	69,1	92,7	16,4	109,1
Leguminosen						
Gartenerbse (*Pisum sativum*)						
cv. ‚Little Marvel‘	19,1	32,3	11,6	63,0	62,3	125,3
Sojabohne (*Glycine max*)						
cv. ‚Williams 82‘	Spuren	43,4	12,6	56,0	64,2	120,2
cv. ‚Amsoy 71‘	Spuren	41,0	11,6	52,6	72,7	125,3
Langbohne (*Vigna sinensis*)	3,6	46,4	3,7	53,7	25,9	79,6
Alfalfa (*Medicago sativa*)	Spuren	39,5	13,5	53,0	22,7	75,7
Mungobohne (*Phaseolus aureus*)						
cv. ‚Berken‘	26,6	16,7	3,9	47,2	13,9	61,1
Limabohne (*Phaseolus limensis*)						
cv. ‚Fordhook‘	Spuren	30,3	6,9	37,2	36,0	73,2
Grüne Bohne (*Phaseolus vulgaris*)						
cv. ‚Top Crop‘	Spuren	34,3	2,5	36,8	19,4	56,2
cv. ‚Blue Lake‘	Spuren	28,1	2,2	30,3	29,0	59,3
Rote Bohne (*Paseolus vulgaris*)	Spuren	31,6	3,1	34,7	21,5	56,2
Stangenbohne (*Phaseolus vulgaris*						
cv. ‚Kentucky Wonder‘	Spuren	26,2	4,3	30,5	26,7	57,2
Saubohne (*Vicia faba*)	11,4	10,7	2,3	24,4	20,7	45,1
Erdnuß (*Arachis hypogaea*)						
cv. ‚Florunner‘	Spuren	9,9	3,3	13,2	81,0	94,2
Korbblütler						
Sonnenblume (*Helianthus annuus*)	–	1,4	30,9	32,3	65,0	97,3
Färberdistel (*Carthamus tinctorius*)	–	–	5,2	5,2	18,6	23,8
Kürbisgewächse						
Kürbis (*Cucurbita pepa*)						
cv. ‚Jack O'Lantern‘	–	16,3	6,5	22,8	28,8	51,6

Gurke (*Cucumis sativus*)						
cv. ‚Marketeer'	–	10,8	9,2	20,0	15,2	36,2
Kürbis (*Cucurbita maxima*)						
cv. ‚Table King'	–	11,8	7,8	19,6	34,4	54,0
Nachtschattengewächse						
Tabak (*Nicotiana tabacum*)						
cv. ‚Dpl'	–	Spuren	7,3	7,3	26,8	34,1
Gräser						
Gerste (*Hordeum vulgare*)						
cv. ‚Himalaya'	–	Spuren	7,9	7,9	14,2	22,1
cv. ‚Steptoe'	–	Spuren	6,3	6,3	11,8	18,1
Triticale (Weizen × Roggen)						
cv. ‚Fas Gro 204'	–	Spuren	7,2	7,2	8,4	15,6
Roggen (*Secale cereale*)						
cv. ‚Balbo'	–	Spuren	7,1	7,1	11,5	18,6
Weizen (*Triticum aestivum*)						
cv. ‚Chinese Spring'	–	Spuren	7,0	7,0	13,8	20,8
Mais (*Zea mays*)						
P-3737 Hybrid	–	–	3,1	3,1	14,2	17,3
OH 43 Inzucht	–	–	2,1	2,1	15,0	17,1
Hafer (*Avena sativa*)						
cv. ‚Dal'	–	Spuren	2,6	2,6	8,8	11,4
Sorghum (*Sorghum vulgare*)						
cv. ‚WAC 694'	–	Spuren	Spuren	Spuren	8,4	8,4
Reis (*Oryza sativa*)						
cv. ‚Blue Bell'	–	–	–	–	5,6	5,6
Chenopodiaceae						
Spinat (*Spinacia oleracea*)						
cv. ‚Giant Noble'	–	–	4,8	4,8	6,7	11,5
Rote Beete (*Beta vulgaris*)						
cv. ‚Early Egyptian'	–	–	3,7	3,7	3,4	7,1
Euphorbien						
Castorbohne (*Ricinus communis*)	Spuren	1,9	1,9	3,8	35,1	38,9

* Angaben in mg/g entfettetem Pflanzenmehl

Kohlenhydraten in Pflanzen und andererseits, wie sich die relativen Häufig-
keiten von Art zu Art unterscheiden können. Die angegebenen Zahlenwerte
sind keine festen Größen, sie variieren viel mehr von Sorte zu Sorte und von
Ernte zu Ernte.

Die relative Häufigkeit von Mono- und Disacchariden in den einzelnen
Pflanzengattungen wird in ähnlicher Weise von Enzymsystemen kontrolliert
wie die Häufigkeit der einzelnen Fettsäuren in den Beispielen aus Kap. 1. Genau wie in diesen Beispielen versteht man auch die Regulierung der Mono-
und Disaccharidgehalte noch nicht. Geht man davon aus, daß Zuckerrohr-
und Zuckerrübensorten mit hohem Zuckergehalt erhältlich sind, die zudem
noch überall auf der Welt angebaut werden können, ist wohl keine erhöhte
Nachfrage bezüglich einer Verschiebung der relativen Zuckergehalte in den
einzelnen Sorten zu erwarten.

Industrielle Zuckerquellen sind Zuckerrohr (*Saccharum officinarum*) und
Zuckerrüben (*Beta vulgaris* var. *rapa*). Auf diese Rohstoffe baut sich ein
hochorganisierter und effizienter Wirtschaftszweig auf. Bei der Zuckerproduktion wirken einige Enzyme mit. In Japan und in Teilen der USA besitzt
die Zuckerrübe einen hohen Raffinoseanteil (anhand der Raffinose lassen
sich Rohr- und Rübenzucker voneinander unterscheiden. Rohrzucker enthält
keine Raffinose). Die Raffinose aus den Zuckerrüben wird mit Hilfe von
Galactosidase aus Pilzen zu Saccharose und Galactose in einem Verfahren
hydrolysiert, das in Reaktoren ausgeführt werden kann.

Tabelle 2.4. Ausgewählte Polysaccharidasen: Quellen und Wirkungsweisen

Bezeichnung	EC-Nr.	Quelle	Wirkung
α-Amylase [(1 → 4)-α-D-Glucose- Glucanohydriolase]	3.2.1.1	Bakterien, z.B. *B. subtilis* oder *B. lichinformis*	Spalten (1 → 4)-Verknüp- fungen in den Ketten, außer in der Nähe von (1 → 6)- Verknüpfungen

α-Amylase
[(1 → 4)-α-D-Glucan-
  Maltohydrolase]
	3.2.1.2	Pilze, z.B.
		Aspergillus
		  oryzae
			Entfernt Maltose von nicht-
			reduzierend wirkenden End-
			positionen von (1 → 4)-Poly-
			glucose-Ketten

Amyloglucosidase (Glucoamylase)	3.2.1.3	*Aspergillus*-Arten	Entfernt Glucose durch Spal- tung von (1 → 4)-Verknüp-
Amylase		Gerste	fung; kann auch (1 → 6)-
Dextrinase [Glucan (1 → 4)- α-glucosidase]	3.2.1.3	*B. cereus*	Verknüpfungen spalten und Amylopectin abbauen
Isoamylase [(1 → 6)-α-D-Glucan- Maltohydrolase]	3.2.1.68	Bakterien, z.B. *Pseudomonas* spp.	Entfernt Maltose von nicht- reduzierend wirkenden End- positionen
Pullulanase [α-Dextrin-Endo- (1 → 6)-α-glucosidase]	3.2.1.41	Bakterien, Pilze	Spaltet (1 → 6)-Verknüp- fungen in Amylopectin

Bei der Produktion von Rohrzucker wirken Amylasen aus *Bacillus licheniformis* mit. Sie bauen die Stärkekörner ab, die beim Mahlen in den Saft gelangen. Während des Dämpfens (Lagerung bei hoher Temperatur) bilden sich durch die Wirkung von *Leuconostoc mesenteroides* möglicherweise Dextrane, die dann mit Dextranasen (s. Tabelle 2.4) abgebaut werden können. Dextranasen sind auch in der Lage, die Galactomannane, die in Rübenextrakten vorliegen können, abzubauen. Die Zuckerproduktion schließt mit einer Kristallisationsstufe ab. Die Kristallisation wird aber durch andere, in der Lösung vorliegende Zucker verhindert. Möglicherweise könnten Cellulasen die Extraktion von Zucker in ähnlicher Weise erleichtern, wie bei der Extraktion vieler anderer pflanzlicher Bestandteile beobachtet wurde.

Invertzucker. Saccharose wird häufig zu ‚Invert-Zucker' konvertiert, der so heißt, weil polarisiertes Licht im Vergleich zu ‚normalem Zucker' in die andere Richtung abgelenkt wird. Die Konvertierung kann enzymatisch erfolgen (und zwar mit Invertase (β-Fructofuranosidase, EC 3.2.1.26, meist aus Hefe) oder durch Ansäuern. Die Hydrolyse von Saccharose zu Glucose und Fructose (Invertzucker) erfolgt relativ bereitwillig, der Säuregehalt aus Zitrusfrüchten reicht dafür bereits aus. Enzyme werden hauptsächlich bei der Herstellung von feinen Schokoladen verwendet. Hierfür wird den Saccharosekristallen Invertase zugesetzt, wodurch man die charakteristischen Cremefüllungen erhält. Bonbonmasse kristallisiert beim Abkühlen deshalb nicht aus, weil beim Herstellungsverfahren partielle Hydrolyse eintritt.

Die Spezifikation der Enzyme bei der Saccharoseraffination ist sicher noch zu verbessern und zwar mit dem Ziel, daß sie noch gezielter auf unerwünschte Verunreinigungen einwirken. Selbst wenn die Produktionsvolumina nicht groß wären, wäre die Herstellung fermentierbarer Saccharose aus den zur Zeit nicht weiter verwendbaren Produktionsrückständen ein denkbares Anwendungsgebiet für Enzyme. Die Produktionsrückstände bei der Verarbeitung von Zuckerrohr sind bekanntlich Rohstoff für Rum. Sie werden einer alkoholischen Gärung unterworfen und destilliert. In manchen Ländern, wie z. B. Brasilien, wird Rohrzucker zu Ethanol fermentiert, der dann als Kraftstoff für Verbrennungsmotoren dient. Wollte man solch ein Unterfangen in Großbritannien durchführen, so wäre auch die gesamte Landfläche nicht ausreichend, um die notwendigen Ethanolmengen zu produzieren. Ethanol als Kraftstoff aus Zuckerrohr ist also nur für großflächige Staaten interessant, deren Kraftfahrzeugdichte gering ist.

2.3 Glucose- und Fructosesirups

Für Enzyme in der Nahrungsmittelindustrie ist die Produktion von Glucose eines der bedeutendsten und zugleich ältesten Beispiele. Für die Behauptung, daß die Biotechnologie zu einer neuen industriellen Revolution führe, liefern vor allem dieses Beispiel und darüber hinaus die noch jungen Verfahren zur Konvertierung von Glucose zu Fructose die Berechtigung. Innerhalb von 20 Jahren kam die als unangreifbar scheinende Vorherrschaft von Rohrzucker durch neuentwickelte Verfahren ins Wanken. Erst vor kurzem erwarb einer der größten Verarbeiter und Händler von Rohrzucker einen der größten Produzenten von Isosirup (HFCS). Ohne Zweifel erkannte er die wirtschaftlichen Realitäten auf dem Weltmarkt für Süßungsmittel.

Für industrielle Zwecke wird Glucose nach wie vor durch Säurehydrolyse bzw. durch enzymatische Hydrolyse aus Stärke gewonnen. Auch gemischte Hydrolyseverfahren sind verbreitet. Fructose wird aus Rohrzucker erhalten bzw. als Bestandteil von Invertzucker, weiterhin durch basenkatalysierte Isomerisierung aus Glucose und mittlerweile durch enzymkatalysierte Isomerisierung. Weiterhin wird Fructose auch aus Inulin, einer Polyfructose, die von einigen Pflanzen gespeichert wird, gewonnen. Auch Getreide enthält kleine Mengen an Fructose, ebenso wie Knollengewächse (z. B. *Helianthus*). Kommerzielles Inulin wird aus Getreide gewonnen, allerdings sind die Erdartischocke und in gemäßigteren Klimazonen der Chicorée die erfolgversprechendsten Inulinquellen. Die Hefe *Kluyveromyces marxianus* produziert eine spezifisch wirkende $(2{\rightarrow}1)$Inulase $((2{\rightarrow}1)$-β-D-Fructanfructohydrolase, EC 3.2.1.7). (Fructane enthalten entweder $(2{\rightarrow}1)$ oder $(2{\rightarrow}6)$ Verknüpfungen und treten, ebenso wie Stärke, in unterschiedlichen Zusammensetzungen auf). Nach Optimierung der beteiligten Enzyme könnte Inulin eine preiswerte Rohstoffquelle zur Fructosegewinnung sein. Inulin zersetzt sich nach der Ernte in den Pflanzen leicht und der Sirup enthält in der Praxis bis zu 20 % Glucose. Dieser Sirup wurde bereits in der Spezialdiät für Diabetiker verwendet. Da Stärke jedoch in großen Mengen zur Verfügung steht und bei manchen Verfahren zudem noch als Nebenprodukt anfällt, werden sich Prozesse, wie die Fructosegewinnung aus Inulin, in näherer Zukunft wohl kaum zu bedeutenden Verfahren weiterentwickeln.

2.4 Stärkeabbau

2.4.1 Zerstörung der Stärkekörner

Die Größe der Stärkekörner variiert je nach Pflanzenart, ebenso wie der Gehalt an Amylose und Amylopektin. Stärke wird hauptsächlich aus Weizen, Mais, Kartoffeln und Gerste gewonnen. Getreidestärke besteht zu etwa 20-30 % aus Amylose, Kartoffelstärke zu 26 % aus Amylose, der Rest ist Amylopektin (s. Abb. 2.1). Es gibt Maissorten, deren Stärke zu 99 % aus Amylopektin (waxy) bzw. zu 25 % aus Amylopektin (amylo) besteht.

In den USA wird *Zea mais* als ‚corn' bezeichnet. Die übrige englischsprachige Welt bezeichnet diese Pflanze als ‚maize', Süßmais oder manchmal auch als ‚Indian corn'. Um die Verwirrung noch zu erhöhen, wird Weizen mit

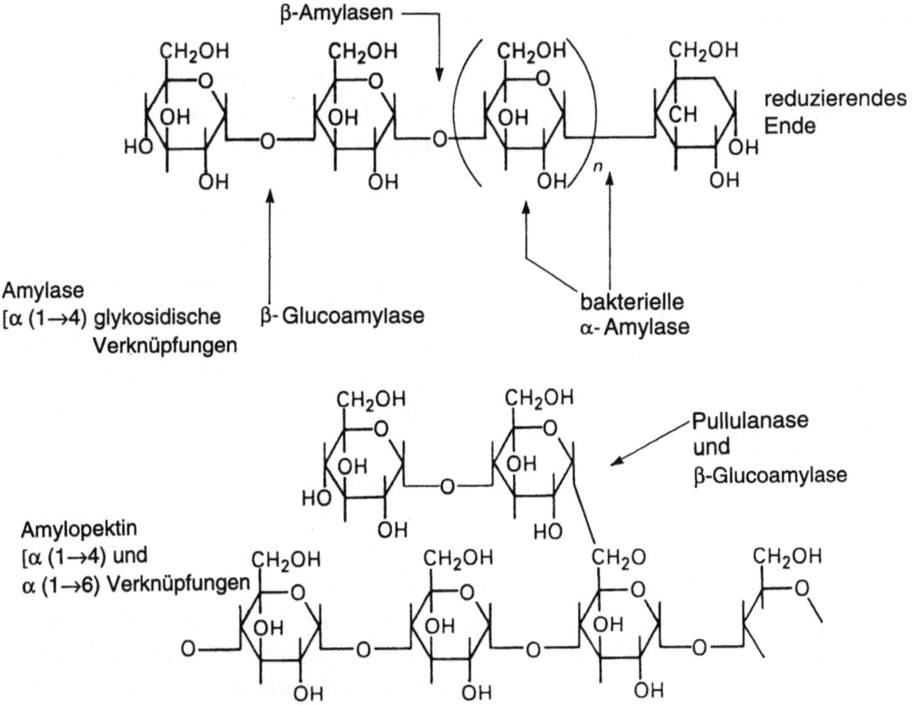

Abb. 2.1. Stärkebestandteile und Angriffspunkte der stärkeabbauenden Enzyme.

Ausnahme der USA überall in der Welt als ‚corn' bezeichnet. Glucosesirups aus Maisstärke tragen in den USA die Bezeichnung ‚corn syrups' (‚corn' darf in diesem Fall also nicht mit ‚Getreide' übersetzt werden).

Das Verfahren zur Stärkeproduktion ist vor allem auf der Stufe der Naßmahlung hochentwickelt. Bei der Naßmahlung fallen sehr reine Stärkekörner an, wodurch vor dem eigentlichen Abbau kaum weitere Behandlungsschritte notwendig sind.

Das Abbauverfahren beginnt mit der Verkleisterung der Stärke. Dieser Schritt ist erforderlich, weil die Enzyme für den Stärkeabbau die intakten Stärkekörner nicht angreifen können. Lediglich die Amylase aus *B. licheniformis* scheint hier eine Ausnahme zu sein. Manche Patente nehmen für sich in Anspruch, daß diese Amylase bei 60–75 °C verwendet werden könne, und zwar ohne daß die Stärke verkleistert sein müßte. Warum dieses Enzym im Gegensatz zu den anderen Amylasen intakte Stärke abbauen kann, ist nicht bekannt. Untersuchungen über die Wirkung von Enzymen auf heterogene, gelige Substrate sind insgesamt vernachlässigt worden. Erst kürzlich wurde die Frage, wie die Amylase Stärke angreift, mit neuartigen Fluoreszenzmethoden angegangen, die auf der Regenerierung von Fluoreszenz nach einem Photo-Bleichprozeß beruhen. Mit dieser Technik könnten auf dem Gebiet des Stärkeabbaus sowie der ähnlich gelagerten Problematik, wie Proteasen mit Proteingelen oder Proteingranula bei Fermentationen wechselwirken, Fortschritte erzielt werden (s. Kap. 3).

Stärke mit hohem Amylosegehalt erfordert zur Verkleisterung höhere Temperaturen als Stärke mit geringem Amylosegehalt, so verkleistert Kartoffelstärke bereits bei 50 °C, während Reis, Sorghum und Mais mit ihren hohen Amylosegehalten erst bei 68 °C verkleistern. Bei der Verkleisterung bildet die Amylose das Gerüst des Gels. Das Herauslösen der Amylose aus dem kristallinen, strukturierten Stärkekorn wird als ‚Retrogradation‘ bezeichnet. Die Struktureinheiten sind über Wasserstoffbrückenbindungen vernetzt. Zwar enthalten alle Stärkekörner geringe Mengen an Protein, jedoch spielen Proteine beim Verkleisterungsschritt nur eine untergeordnete Rolle. Die beim Erhitzen von Stärkekörnern erhaltenen Gele sind in ihrer Struktur irregulär und enthalten in einem Netzwerk aus Amylose gequollene Körner sowie weitere Bruchstücke.

Amylose und Amylopektin lassen sich mit Hilfe von Butanol trennen, einige Produkte aus Stärke werden als Dickungsmittel und Stabilisatoren in Nahrungsmitteln eingesetzt (s. Kap. 5). Weiterhin stützt sich ein nicht unwichtiger chemischer Industriezweig auf Stärkeprodukte.

Im Zusammenhang mit der Verkleisterung wird die Stärke in einem vorgeschalteten Schritt hydrolysiert. In der Vergangenheit erfolgte die Hydrolyse säurekatalysiert, jedoch bereitete der schwankende und insgesamt recht geringe Glucosegehalt im Hydrolysat Probleme. Eine vollständige Hydrolyse ließ sich nur auf Kosten der Bildung unerwünschter Geschmacksstoffe sowie Verfärbung des Hydrolysates erreichen. Aus diesen Gründen erfolgt die Hydrolyse weitgehend enzymatisch. In diesem Zusammenhang ist bemerkenswert, daß bakterielle α-Amylasen Temperaturen von mehr als 100 °C widerstehen und bei 80–90 °C über längere Zeiträume wirken können und sich deshalb zum Verkleistern der Stärke sehr gut eignen. Man weiß, daß die thermische Stabilität von Proteinen bei Anwesenheit von Polyolen verbessert ist, jedoch ist der Effekt zur Erklärung der Wirksamkeit dieser Amylasen zu klein. Die Amylasen stammen auch nicht aus thermophilen Bakterien. Diese Enzyme sind vielmehr im Rahmen der Temperaturverteilung der enzymatischen Stabilität von natürlichen Proteinen am ‚Hochtemperaturende‘ anzusiedeln. Die verflüssigte Stärke wird mit Hilfe einer Amyloglucosidase weiter aufgeschlossen, um eine möglichst vollständige Hydrolyse zu erreichen. Eine Amylase aus *B. subtilis* soll eine 20 %ige Stärkesuspension vollständig zu Glucose hydrolysieren können. Momentan werden die Leistungsfähigkeiten vieler verschiedener Glucosidasen getestet und zwar zum einen in aufeinander folgenden Reaktionsschritten und zum anderen bei gleichzeitiger Einwirkung auf die Stärkelösungen.

Als Hydrolyseprodukt erhält man eine trübe Flüssigkeit. Die in Spuren enthaltenen unlöslichen Proteine und Lipide werden abfiltriert und das Konzentrat anschließend auskristallisiert. Dabei erhält man Glucosemonohydrat. Die Kosten für die Enzyme sind durch die höheren Glucoseausbeuten sowie die geringeren Geschmacksstoffgehalte und die geringere Verfärbung mehr als gerechtfertigt. Die Enzyme erlauben mildere Reaktionsbedingungen und einen höheren pH-Wert (6,0) und diese Tatsachen sind wohl ursächlich für die verbesserten Ausbeuten. Die Mutterlauge aus dem letzten Kristallisationsschritt dient als Wachstumsmedium in der Antibiotika-Produktion. Jede andere Methode zur Beseitigung der Mutterlauge wäre sicherlich mit hohen Kosten verbunden. In Tabelle 2.4 und Abb. 2.1 sind die Enzyme, die beim Stärkeabbau beteiligt sind, zusammengestellt. Wählt man die geeigneten Enzyme, so lassen sich auch Hydrolysate erhalten, die nicht Glucose, sondern hohe Konzentrationen an Maltose oder Maltotriose enthalten. In manchen Fällen werden die Verzweigungspunkte im Amylopektin mit Pullulanase abgebaut. Amylasen können an den Verzweigungspunkten nicht angreifen. Die bakteriellen Amylasen sind relativ preiswert und es wird bei hohen Temperaturen gearbeitet. Daher erfolgt keine Wiederverwertung und es besteht wenig Anreiz, Reaktoren mit immobilisiertem Enzym zu entwickeln. Solche Reaktoren sind machbar, obwohl die Stärke und das fixierte Enzym relativ langsam miteinander in Reaktion treten. Die genaue Spezifität von β-Amylase wird durch Immobilisierung sogar verändert. Dies äußert sich durch die Verschiebung der relativen Menge der einzelnen Glucosepolymere.

2.5 Weitere Glucosequellen

Glucose ist auch das Endprodukt beim Celluloseabbau und aus Cellulose lassen sich Glucosesirups gewinnen. Cellulose ist der am weitesten verbreitete organische Stoff der Erde und fällt auch häufig als Abfallprodukt an. Unter diesen Umständen stellt sich die Frage, warum Cellulose nicht häufiger als Rohstoff genutzt wird. Ein Grund ist, daß Cellulose in engem Verbund mit Ligninen vorkommt, wodurch der Abbau mit Cellulasen kaum möglich ist. Aber auch reine Cellulose läßt sich nur schwer abbauen. Altpapier wäre eine Quelle für nahezu reine Cellulose und industrielle Vorstöße zum Celluloseaufschluß werden wohl auch Altpapier als Rohstoff mit einbeziehen. Leider wissen wir nur wenig darüber, wie Enzyme so maßgenau geschneidert werden können, daß sie mit Feststoffen oder mit strukturierten Stoffen reagieren (das Problem ist ähnlich gelagert wie bei der Stärke oder den Proteingelen) und geeignete Cellulasen stehen auch nicht zur Verfügung. Die heute zugänglichen Stärkequellen können die gesamte Glucosenachfrage befriedigen. Daher hat die Wirtschaft nur wenig Interesse daran, die Biotechnologie der Cellulasen (vermutlich ist eine Mischung aus endo- und exo-β-(1$\rightarrow$4)-Glucanasen erforderlich) und Lignasen voranzutreiben. Sollten diese Verfahren aber tatsächlich einmal entwickelt sein, werden sie wohl die Landwirtschaft in den tropischen Ländern stark beeinflussen. Man hat bereits versucht, Lignine mit Hilfe von Peroxidasen abzubauen.

2.6 Isomerisierung von Glucose

Die Süßkraft von Fructose ist höher als die von Glucose. Die Unterschiede sind zwar nicht groß, aber bei der Herstellung von Süßwaren von Bedeutung. Fructose ist zudem besser löslich als Glucose und läßt sich daher zu noch konzentrierteren Sirups konfektionieren und vertreiben. Isosirups (high-fructose-corn syrups, HFCS) aus Maisstärke haben vor allem in den USA hohe Marktanteile gewonnen. Aus Schätzungen geht hervor, daß dadurch Rohrzuckerimporte im Wert von 1 Milliarde Dollar überflüssig geworden sind. In der Wirtschaft stehen die Sirups in direkter Konkurrenz mit Rohrzucker, da sie auf mehreren Anwendungsgebieten den Rohrzucker verdrängt haben. Für gewöhnlich werden neuentwickelte Rohstoffe zunächst in Nischen eingesetzt, wo sie sich den alten Rohstoffen als wesentlich überlegen zeigen. Hier ist Fructose keine Ausnahme. In Europa sind die Zuckerpreise so gestaltet, daß die Verbreitung von HFC-Sirups wesentlich geringer ist als in der übrigen Welt. Vor kurzem konnten Verfahren entwickelt werden, die noch höhere Fructosekonzentrationen in den Sirups erlauben. Diese sind zwar teurer als die normalen HFC-Sirups, werden aber bereits in nichtalkoholischen Getränken verwendet. In manchen Teilen der Erde ist Stärke aus anderen Quellen als aus Mais preiswerter. In Asien und Australien wird Fructose z. B. aus Weizen gewonnen und Inulin entwickelt sich in entlegenen Regionen zur besten Fructosequelle. In Tabelle 2.5 sind der Verbrauch an Haushaltszucker und an Zuckersirup in den Industriestaaten sowie der Anstieg beim Fructoseverbrauch zusammengestellt.

Das Glucoseisomerase-System in Säugern stützt sich auf phosphorylierte Zwischenprodukte und ist auf ATP angewiesen. Dadurch eignet sich ein analoges Verfahren nicht zur Verwendung im großen Maßstab. Die bakteriellen Xyloseisomerasen sind weder auf ATP noch auf einen Cofaktor angewiesen und wenn essentielle Metallionen zugesetzt werden (Magnesium oder Cobalt), können diese Xyloseisomerasen auch als Glucose-Fructose-Isomerasen wirken. Dieses Verhalten wurde bereits lange bevor die Techniken zur genetischen Manipulation zur Verfügung standen, entdeckt. Die entsprechende Xyloseisomerase (D-Xylose-Ketolisomerase, EC 5.3.1.5) ist zwar in mehreren Bakterienarten zugänglich, jedoch teuer. Sie wird immobilisiert eingesetzt und in die Optimierung ihrer Produktion wurde viel Arbeit investiert. Das Enzym kann sowohl durch Xylose als auch durch Xylane induziert werden. Diese Zucker sind teuer und deshalb wurde sowohl mit gezielten Mutationen als auch mit anderen Möglichkeiten nach Organismen geforscht, die das Enzym auf einem Glucosesubstrat produzieren können. Mit *Arthrobacter* und *Actinoplanes* stehen nun Organismen zur Verfügung, die in guten Ausbeuten und mit Glucose als vorherrschendem Kohlenhydrat die erforderliche Xyloseisomerase bilden.

Die Xyloseisomerase katalysiert die Gleichgewichtseinstellung zwischen Glucose (45 %) und Fructose (55 %). Sie wirkt weder auf Maltose noch auf

Tabelle 2.5. Verbrauch von Saccharose und Zuckersirups in Industriestaaten (aus Bucke C. (1979) Developments in Sweeteners 1)

Staat	Süßungsmittel	Verbrauch an kalorienhaltigen Süßungsmitteln in Hauptmärkten (Millionen Tonnen auf Rohstoff- bzw. Trockenbasis			
		1970	1975	1980	1985
USA	Saccharose	10,13	9,30	9,98	10,44
	HFGS	–	0,45	1,80	2,40
	Glucosesirup + Glucose (kristallin)	1,73	2,30	2,13	2,16
Kanada	Saccharose	1,05	1,05	1,16	1,21
	HFGS	–	–	0,05	0,12
	Glucosesirup + Glucose (kristallin)	0,18	0,20	0,21	0,24
EG	Saccharose	10,50	10,00	10,96	11,47
	HFGS	–	–	0,30	0,40
	Glucosesirup + Glucose (kristallin)	0,80	1,10	1,14	1,24
Japan	Saccharose	3,00	2,80	3,04	3,33
	HFGS	–	0,05	0,33	0,45
	Glucosesirup + Glucose (kristallin)	0,80	1,10	1,14	1,24
Total	Saccharose	24,68	23,15	25,14	26,44
	HFGS	–	0,50	2,48	3,37
	Glucosesirup + Glucose (kristallin)	3,06	4,15	3,99	4,21

höhere Polymere und die erreichbare Fructosekonzentration hängt davon ab, wie hoch der Fructosegehalt im Ausgangsmaterial war. Derzeit versucht man daher, im Verzuckerungsschritt eine möglichst hohe Glucosekonzentration zu erreichen. Mittlerweile lassen sich Glucose und Fructose mit Kationenaustauschern, die die Fructose selektiv zurückhalten, säulenchromatographisch trennen. Dabei finden starke Kationenaustauscher Verwendung, die zudem noch in ihrer Calciumform vorliegen. Die Methode bedient sich der Tatsache, daß Fructose mit Calcium-Ionen einen Komplex bildet. Diese Eigenschaft wird auch in anderer Art und Weise ausgenutzt. Gibt man zu einer Lösung, die sowohl Glucose als auch Fructose enthält, in genügender Menge Calciumchlorid, so kristallisiert der Fructose-Calcium-Komplex als erster aus. Jedoch muß das Calcium in einer Elektrodialyse abgetrennt werden und dieses Verfahren eignet sich nicht gerade gut zur Anwendung im großen Maßstab. Die Glucose wird anschließend wieder gereinigt und erneut verwendet. Die einzelnen Schritte werden so oft wiederholt, bis die Konzentration der ebenfalls in der Lösung vorliegenden Oligosaccharide zu hoch wird. Die Glucoselösung wird dann verworfen. Durch entsprechende Mischung sind Produkte mit einem Fructosegehalt zwischen 40 und 90 % erhältlich.

2.7 Reaktoren mit immobilisierten Enzymen

In der Nahrungsmittelindustrie wird nur Glucoseisomerase im großen Maßstab immobilisiert verwendet, lokal auch Lactase, und ein weiteres Verfahren mit immobilisierter Lipase wird bald eingeführt werden (s. Kap. 5). Als Beispiel für Verfahren mit immobilisierten Enzymen soll daher aus naheliegenden Gründen die Glucoseisomerase diskutiert werden.

Immobilisierung von Enzymen bringt viele Vorteile mit sich, beispielsweise für kontinuierliche Verfahren und zwar sowohl in Rührkesseln als auch in Säulen. Hier liegt das Enzym an das nichtlösliche Packungsmaterial gebunden vor und das Substrat bzw. die substrathaltige Lösung wird durch die Säule gepumpt. Im großen Maßstab arbeiten kontinuierliche Verfahren effektiver als diskontinuierliche Verfahren (Batch-Verfahren). Kontinuierliche Verfahren erfordern zwar kompliziertere und daher teurere Anlagen, die jedoch wesentlich kleiner konzipiert sein können. In unserem Beispiel ist für den kontinuierlich betriebenen Reaktor (Säule) bei gleichem Durchsatz nur etwa 7 % des Volumens, das für ein Batch-Verfahren erforderlich wäre, nötig.

Da der kontinuierlich betriebene Reaktor kleiner ist als ein entsprechender Batch-Reaktor, läßt er sich auch leichter steril halten. Außerdem sind die Sicherheitsstandards für die Nahrungsmittel leichter einzuhalten. Wenn das Enzym stabil genug ist, läßt es sich mehrmals und auch effektiver einsetzen. Zwar lassen sich die Enzyme auch bei diskontinuierlichen Verfahren zurückgewinnen, teilweise mit äußerst trickreichen Methoden, die beispielsweise auf magnetischen Partikeln beruhen, jedoch übersteigen die Arbeitskosten bei weitem den Nutzen.

In Großbritannien ist die Verwendung der Glucoseisomerase aus *Streptomyces olivaceus* zugelassen, in anderen Staaten und in den USA darüber hinaus die Glucoseisomerasen aus *B. coagulans, S. olivochromogenes, S. rubiginosus* und *Actinoplanes missouriensis*. Die einzelnen Isomerasen ähneln sich in ihren Eigenschaften sehr. Als Arbeitspunkte müssen ein pH-Wert zwischen 7 und 8 und Temperaturen von etwa 60 °C eingehalten werden. Abildung 2.2 zeigt die Halbwertszeit des aktiven Enzyms in Abhängigkeit von der Temperatur und den Aktivitätsverlust bei höheren Temperaturen, der durch die nur geringfügig höheren Reaktionsgeschwindigkeiten nicht ausgeglichen wird. Es sollte eine geringe Konzentration an Mg^{2+}-Ionen vorliegen, denn dadurch erhöht sich die Stabilität der Isomerasen.

Glucoseisomerase besitzt, immobilisiert ans Packungsmaterial der Säule, eine Halbwertszeit von 70 bis 100 Arbeitstagen. Die Säule wird üblicherweise so lange benutzt, bis ihre Aktivität auf etwa 25 % ihrer ursprünglichen Aktivität zurückgegangen ist. Am Säuleneinlaß enthält die Lösung etwa 50 % Substrat in der Trockenmasse und die Verweilzeit in der Säule beträgt nur wenige Minuten. In der Praxis sind die Fließeigenschaften durch das Packungsmaterial entscheidend und mit hochviskosen Flüssigkeiten sind

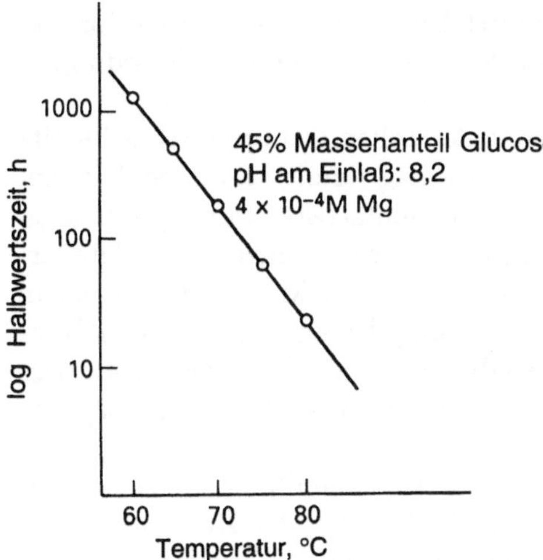

Abb. 2.2. Abhängigkeit der Halbwertszeit eines immobilisierten Enzyms von der Temperatur (aus: Peppler H. J., Reed G. (1987). In: Rehm J., Reed G. (Hrsg.) Biotechnology, Bd. 7a. VCH, Weinheim).

hier durchaus Probleme zu erwaließeigenschaften durch das Packungsmaterial entscheidend und mit hochviskosen Flüssigkeiten sind hier durchaus Probleme zu erwarten. Die genauen Verfahrensparameter sind meist Firmengeheimnis und werden kaum veröffentlicht. Üblicherweise werden mehrere Säulen parallel betrieben und nacheinander planmäßig durch neue ersetzt. Pumpgeschwindigkeit, Enzymaktivität und Fassungsvermögen der Säule sind voneinander abhängig und über dieses Thema gibt es zahlreiche theoretische Studien. Zur Glucoseisomerisierung hat sich am Säulenauslaß ein Fructosegehalt von 42 % als ideal herausgestellt. (Die Gleichgewichtskonzentration an Fructose beträgt 55 %, jedoch sinkt die Konvertierungsgeschwindigkeit bei Annäherung ans Gleichgewicht extrem).

Ein immobilisiertes Enzym ist in den seltensten Fällen ein gereinigtes Enzym, das über kovalente Bindungen an die entsprechende Matrix gebunden ist. Dies ist eher bei diagnostischen Reagenzien der Fall und in der Nahrungsmittelindustrie nur selten zu finden. Meist ist das Präparat ungereinigt und enthält den vollständigen Organismus mit dem Enzym, das in unbekannter Art und Weise an die Zellwand gebunden vorliegt. Viele Organismen, die Enzyme sekretieren, halten in Wirklichkeit die Enzyme an der Außenseite der Zellwand fest. Die Glucoseisomerase wird zwar nicht sekretiert, scheint jedoch an eine unlösliche Komponente gebunden zu sein. Wie genau immobilisiert wird, ist häufig ein Geheimnis der Lieferfirmen.

Über die Immobilisierung von Enzymen sind viele Publikationen verfaßt worden. Man weiß, daß sich die meisten Enzyme ohne nennenswerten Aktivitätsverlust mit unterschiedlichen Methoden auf verschiedene Trägermaterialien immobilisieren lassen. Enzyme sind bemerkenswert einfach zu immobilisieren, wenn man unter Immobilisierung versteht, daß das Enzym durch die üblicherweise verwendete Reaktionsmischung nicht vom Trägermaterial extrahiert wird und wenn als Aktivität jene Aktivität verstanden wird, die das Enzym in einem Standardverfahren zeigt, dessen Reaktionsbedingungen nicht notwendigerweise mit den aktuellen Verfahrensbedingungen übereinstimmen müssen.

In der Praxis wird die Immobilisierung der Zellen mehr und mehr bereits vom Enzymproduzenten durchgeführt. Dies mag damit zusammenhängen, daß die Zerstörung des Mikroorganismus die einfachste Immobilisierungsmethode darstellt. Die Immobilisierung der Glucoseisomerase erfolgte ursprünglich durch Erhitzen von *Streptomyces*, einem Mikroorganismus, in wäßriger Suspension auf 80 °C und Verwendung der aggregierten Zellklumpen in Festbettreaktoren. Später wurden die Zellen zum besseren Ausflocken mit Polyelektrolyten und speziellen Phosphaten (z. B. Calciumphosphat) versetzt.

Der Neigung zum Ausbluten wurde durch Behandlung mit Glutaraldehyd begegnet. Dieser bifunktionelle Aldehyd ist bei der Herstellung von Nahrungsmitteln, z. B. bei der Produktion von synthetischen Wursthäuten aus Kollagen, recht beliebt. Seine Wirkung beruht bekanntlich auf seiner Fähigkeit, Vernetzungsreaktionen einzugehen.

Glucoseisomerase wurde auch auf den nachfolgenden Materialien immobilisiert:

- Anionenaustauschercellulose sowie alle gängigen, mit Mg^{2+} gesättigten Kationenaustauscherharze,
- Zein- und Kollagenfilme sowie hydrophile Kohlenhydrate, wie z. B. Alginate,
- Glasperlen, Magnesiumcarbonatkörner, poröses Glas oder andere keramische Materialien, gesinterte Metalloxide, u.a. auch Titanoxidkugeln, Aktivkohle und aktivierte Tone, Aluminiumoxid sowie Celite.

Meist wird zunächst der Matrix der ungereinigte Zellextrakt zugesetzt und anschließend erfolgt Fällung und Trocknung.

Die genauen Arbeitsvorschriften und die zur Immobilisierung verwendeten Materialien werden nicht preisgegeben. Es soll noch einmal darauf hingewiesen werden, daß es für die Wirkung von immobilisierten Enzymen ein wichtiges Kriterium ist, wie gut die substrathaltige Lösung durch das Packungsmaterial mit den Enzymen hindurchfließen kann. Eine ausreichend hohe Aktivität wird dabei vorausgesetzt. Noch heute setzt man dem Matrixmaterial kleine Kügelchen zu, um die gefürchtete Tunnelbildung zu unterbinden. Diese Vorgehensweise zeigt starke Parallelen zur Verwendung der zusammengeklumpten, durch Hitzeeinwirkung zerstörten Zellen. Man überlegt auch, der Säule neues, gelöstes Enzym zuzusetzen, damit es adsorbiert wird. Dadurch könnten Leerlaufzeiten merklich verkürzt werden.

Aktivitätsverluste. Alle Enzyme, die in Durchflußreaktoren verwendet werden, verlieren ständig an Aktivität. Die Gründe für dieses Verhalten sind noch keineswegs klar.

Im Zusammenhang mit Reaktoren wird ‚Stabilität' funktionsorientiert definiert, während die Definition der ‚Halbwertszeit', die unter genau definierten Bedingungen gemessen wird, universell gilt. Man sollte also daran denken, daß die Halbwertszeit wenig mit der thermodynamischen Stabilität (Kap. 3) gemeinsam hat. Ein Enzym mit einer niedrigen mittleren Entfaltungstemperatur (Denaturierungstemperatur T_m), muß nicht notwendigerweise eine kurze Halbwertszeit besitzen.

Manche Publikationen benutzen als Stabilitätskriterium für Enzyme, wie schnell deren Aktivität verschwindet, und entwickeln daraus Schlußfolgerungen, die genaugenommen nur aus thermodynamischen Stabilitätsbetrachtungen gezogen werden dürften. Schon mehr als einmal ist die Aktivität aufgrund von unerkannt vorhandenen Proteasen verschwunden und in einem solchen Fall hat die Schnelligkeit des Aktivitätsverlustes keinerlei Aussagekraft. Der Aktivitätsverlust in Reaktoren könnte auch mit Spuren an Proteasen in den verwendeten, ungereinigten Enzympräparaten zusammenhängen. Die Proteasen können sowohl im Enzympräparat selbst vorhanden sein als auch aus Bakterien oder dem Substrat stammen.

Der Aktivitätsverlust in Reaktoren ist aber wohl hauptsächlich auf ‚Vergiftung' zurückzuführen, d. h. auf die Anwesenheit von Enzyminhibitoren im Einsatzgut. Man weiß, daß die Lebensdauer einer Reaktorfüllung vom jeweiligen Einsatzgut abhängt. Manchmal ist es sinnvoll, dem eigentlichen Reaktor noch einen weiteren Reaktor vorzuschalten, der mit irgendeinem preiswerten Protein, wie z. B. Casein, gefüllt ist, und mit dessen Hilfe die Inhibitoren entfernt werden können. Zwar könnte das Enzym nach dem Verlust seiner Aktivität isoliert und die chemischen Veränderungen festgestellt werden, jedoch wurden solche Untersuchungen noch nicht durchgeführt. Man kann also über die Natur des Inhibitors nur Vermutungen anstellen.

Auch chemische Veränderungen im Enzym sind für den allmählichen Aktivitätsverlust verantwortlich. Die Amid- und Thiolgruppen sind relativ instabil und vor allem bei höheren Temperaturen laufen Hydrolyse- und Oxidationsreaktionen ab. Ein gut erforschtes Beispiel ist Lysozym, für dessen irreversiblen thermischen Aktivitätsverlust die Hydrolyse einer einzigen Amidgruppe verantwortlich ist. Der Vergleich zwischen den Amylasen aus *B. amyloliquifaciens* und dem thermophilen Organismus *B. stearothermophilus* brachte zutage, daß das Enzym aus *B. amyloliquifaciens* beim Erhitzen in Lösung sich zunächst entfaltet und anschließend aggregiert, also ein durchaus gewöhnliches Verhalten zeigt. Bei Anwesenheit eines Substrates, das stets stabilisierend auf das Enzym wirkt, beruhte der Aktivitätsverlust jedoch vornehmlich auf dem Verlust einer Amidgruppe bei 90 °C. Beim thermophilen Organismus waren ähnliche Effekte nachzuweisen, jedoch wurde zusätzlich Cystein oxidiert. Die beiden Amylasen wurden unter Reaktorbedingungen noch nicht miteinander verglichen.

Leider verfügt man über keinen geeigneten Stabilitätsindikator, mit dessen Hilfe sich das Verhalten jedes einzelnen Enzyms im Reaktor vorhersagen lassen könnte. Wahrscheinlich eignet sich T_m ebensogut als Indikator wie viele andere Größen auch, jedoch sind die tatsächlichen Gründe für den Aktivitätsverlust so vielfältig, daß es wohl schwierig sein wird, die empirische Testphase in Pilotanlagen umgehen zu können. Selbst Aussagen zur Enzymstabilität, die in Pilotanlagen gewonnen wurden, lassen sich nicht notwendigerweise auf Großanlagen übertragen. Die Wirksamkeit von Enzymreaktoren wird durch die unterschiedlichen Zusammensetzungen der einzelnen Chargen des Einsatzgutes eingeschränkt und es hat sich als notwendig erwiesen, strenge Qualitätskontrollen durchzuführen, wozu auch die Untersuchung der Enzymstabilität in Gegenwart der Rohstoffe zählt. Jedes der angesprochenen Probleme trägt zur Komplexität eines Verfahrens bei.

2.8 Süß schmeckende Proteine

2.8.1 Monelline und Thaumatine

Vor etwa 200 Jahren berichteten europäische Forschungsreisende von einer ‚Wunderbeere‘, die an der Westküste von Afrika zu finden sei. Den Einheimischen war deren Eigenschaft gut bekannt, für die restliche Welt wurde sie jedoch in den 60er Jahren neu entdeckt, und zwar erlangte sie wegen ihrer bemerkenswerten, geschmacksverändernden Eigenschaften Interesse. Die Nahrungsmittelindustrie kam zu diesem Zeitpunkt zum ersten Mal mit dieser Beerenart in Berührung und zwar genau zu dem Zeitpunkt, als die Cyclamate in Verruf gerieten. Die Cyclamate waren, ebenso wie Saccharin, als rein synthetische Süßungsmittel entwickelt worden. In Kombination mit Saccharin entwickelt Cyclamat einen zuckerartigen Geschmack und wurde in dieser Zusammensetzung zum Süßen von nichtalkoholischen Getränken zu akzeptablen Kosten verwendet. Die Verwendung von Cyclamat wurde in vielen Staaten verboten, obwohl die Begründungen nur begrenzt aussagekräftig waren und auch durchaus kontrovers diskutiert wurden. Hier zeigt sich deutlich, daß manche Verbote sehr wohl politisch motiviert sein können und die Legislativen ihre Entscheidungen nicht nur auf Ergebnisse von Untersuchungen stützen. Gerade diese Problematik ist der nahrungsmittelverarbeitenden Industrie gut bekannt. Mit dem Verbot der Cyclamate begann die Suche nach geeigneten Zuckeraustauschstoffen, die einerseits unbedenklich sein sollten und andererseits den Verbrauch von Saccharin nicht beschneiden sollten.

Aus diesen Gründen war also die ‚Wunderbeere‘ plötzlich interessant, unter anderen Umständen wäre sie möglicherweise nur eine interessante Kuriosität geblieben. Beim Kauen der Beere erlebt man keine besondere geschmackliche Sensation. Danach allerdings schmeckt alles Saure süß. Essig schmeckt wie Portwein, Zitronensaft wie stark gesüßte Zitronensaftgetränke, usw.. Diese Wirkung hält bis zu 6 Stunden an, wobei in diesem Zeitraum nahezu alle Lebensmittel ungewöhnlich schmecken. Salziger oder bitterer Geschmack bleibt jedoch unverändert.

Der Wunderfruchtstrauch (*Synsepalum dulcifica*) ist überall im tropischen Westafrika verbreitet, trotzdem nicht besonders häufig. Er konnte in einem botanischen Garten in Florida gezüchtet werden. Der wirksame Stoff, Miraculin, ist im Fruchtfleisch der Beere enthalten. Seine Extraktion gestaltet sich trotzdem recht schwierig. Miraculin ist ein Glykoprotein mit einer relativen Molmasse von etwa 42 000. Es ist bis heute das größte bekannte, geschmacksbeeinflussende Molekül. Der Strauch wurde in kleinen Anpflanzungen kultiviert, um zum Erproben, ob sich das Protein als Zusatz in Nahrungsmitteln eignet, genügend große Mengen zur Verfügung zu haben. Leider ließen die Behörden kein einziges Produkt aus diesen Beeren zu. Heute ist die Wunderbeere nur noch für Physiologen interessant, denn ihre Funktionsweise läßt sich möglicherweise mit einer Veränderung der Geschmacks-Rezeptorproteine erklären.

Etwa zur gleichen Zeit, als die Wunderbeere das Interesse auf sich zog, wurde auch bekannt, daß die Beerenfrüchte zweier weiterer westafrikanischer Pflanzen, *Dioscoreophyllum cumminsii* und *Thaumatococcus danielli*, extrem süß schmecken. Die Ursache ist zwar nicht mit der Wirkung der Wunderbeere vergleichbar, jedoch stellte sich heraus, daß der süße Geschmack durch einige Proteine verursacht wird. Bei *Dioscoreophyllum cumminsii* handelt es sich um Monellin, das in der Pulpe vorkommt, und bei *Thaumatococcus danielli* um Thaumatine, die sich im Arillus anreichern.

Die Kultivierung von *Dioscoreophyllum cumminsii* erwies sich außerhalb von Äquatorialafrika als recht schwierig. Mittlerweile ist man zwar in der Lage, aus 1 kg Früchte etwa 5 g des aktiven Proteins zu extrahieren, jedoch mußte bald mit anderen Rückschlägen gekämpft werden. Das Protein ist weder wärmestabil noch in Cola-haltigen Getränken stabil (hier ist vermutlich der niedrige pH-Wert der Grund). Auch die Kultivierung der Pflanzen in Gewächshäusern schlug fehl, es entwickelten sich nämlich ausschließlich männliche Pflanzen!

Aus diesen Gründen wandte man sich *Thaumatococcus* und dessen Proteinen, den Thaumatinen, zu. Heute verfügt man in den Tropen über relativ ergiebige Anpflanzungen, die jedoch von Togo bis Malaysia verstreut sind. Sie liefern jedoch ausreichend große Mengen Material zum Testen in zahlreichen Produkten. Darüber hinaus konnte für Thaumatine auch die alles entscheidende Unbedenklichkeitsbescheinigung zur Verwendung in Nahrungsmitteln erhalten werden. In Japan werden bereits die ersten thaumatinhaltigen Nahrungsmittel vertrieben. Mit Thaumatinen wurde also eine Stoffklasse gefunden, die sich als Süßungsmittel eignet und die noch ein beträchtliches Entwicklungspotential besitzt. Thaumatin wurde in Kap. 1 im Zusammenhang mit Gentransfer bereits als Beispielverbindung genannt. Die Produktion von Thaumatinen soll durch den Gentransfer in Hefen erfolgen, daneben könnten allerdings auch weitere Möglichkeiten zur Produktionsverbesserung in Erwägung gezogen werden, wie z. B. die ortsspezifische Mutagenese. Auch Monellin oder andere, bislang unbekannte, süß schmeckende Proteine könnten auf die gleiche Weise zugänglich werden.

2.8.2 Struktur der Monelline und Thaumatine

Sowohl Monellin als auch Thaumatin treten in vielen, untereinander sehr ähnlichen Formen auf und sind Vertreter multigener Stoffamilien. Das relative Vorkommen der einzelnen Thaumatine ist von Pflanze zu Pflanze verschieden, jedoch ist nachgewiesen, daß jede Beere alle fünf Thaumatine enthält, es handelt sich hier also nicht um einen einfachen Populationspolymorphismus. Die Funktion der Thaumatine in der Pflanze ist unbekannt, jedoch ist diese Art der Variabilität von den Speicherproteinen bekannt.

Abbildung 2.3 zeigt die Thaumatin- und die Monellinsequenz. Monellin besteht aus zwei über kovalente Bindungen zusammengehaltenen Ketten. Beide Proteine sind mit einem pI-Wert von etwa 11,5 relativ stark basisch. Beim Thaumatin sind darüber hinaus der hohe Cysteingehalt und die acht Disulfidbindungen innerhalb einer Kette bemerkenswert. Thaumatin 1 und 2 unterscheiden sich anhand von fünf Unterschieden in der Aminosäurekette. Die Struktur von Thaumatin wurde aus der Aminosäuresequenz abgeleitet und ist in Abb. 2.4 schematisch skizziert. Aus statistischen Analysen bekannter Proteinstrukturen ist bekannt, daß bestimmte Aminosäuresequenzen mit hoher Wahrscheinlichkeit entweder als Helix, als β-Faltblatt, als verzerrte Struktur oder als β-Schleife vorliegen. Eine andere Möglichkeit ist, die stabilste Struktur der jeweiligen Sequenz direkt zu berechnen. Die Daten aus geringauflösenden Röntgenuntersuchungen bestätigen die vorgeschlagenen Strukturen und deuten darauf hin, daß Thaumatin in kristalliner Form dimer vorliegt.

Die Strukturen, die sich auf den ersten Blick nicht besonders ähnlich sind, werfen nun die wichtige Frage auf, worauf sich der süße Geschmack zurückführen läßt. Die beiden Proteine schmecken nur süß, wenn die ursprüngliche Struktur unverändert ist. Durch Wärmeeinwirkung wird die Struktur zerstört und damit auch der charakteristische Geschmack. Thaumatin erlebt durch die Spaltung einer einzigen Disulfidbrücke eine so weitreichende Strukturänderung, daß der süße Geschmack verloren geht. Andererseits zeigen die beiden Proteine immunologische Kreuzreaktionen, d. h. einige der antigen wirkenden Regionen müssen identisch sein. Vermutlich sind dies im Monellin der Sequenzbereich 25–31 auf der B-Kette und im Thaumatin der Sequenzbereich 92–97. Die beiden Regionen liegen als β-Schleife vor, einer typischen Strukturform von Antigenen. Da beide Proteine süß schmecken, sind diese beiden Sequenzen möglicherweise Teil der aktiven Region für den süßen Geschmack.

Die Theorien über die Korrelation von chemischer Struktur vieler modifizierter Mono- und Disaccharide mit ihrem süßen Geschmack waren allgemein anerkannt, bis süß schmeckende Proteine entdeckt wurden, deren süßer

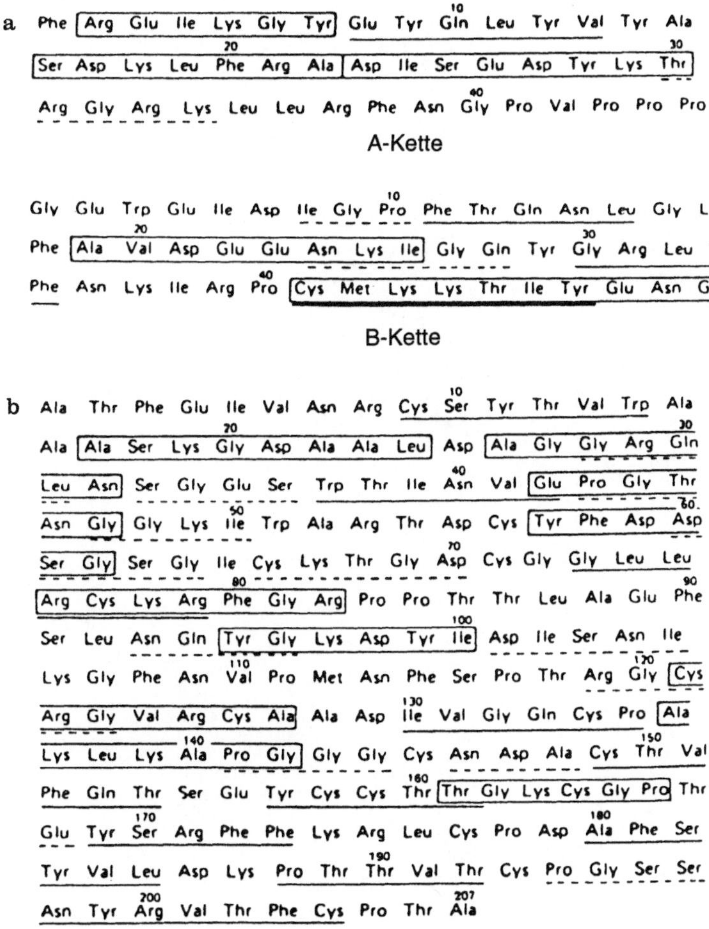
a Phe Arg Glu Ile Lys Gly Tyr Glu Tyr Gln Leu Tyr Val Tyr Ala
10
20
30
Ser Asp Lys Leu Phe Arg Ala Asp Ile Ser Glu Asp Tyr Lys Thr
40
Arg Gly Arg Lys Leu Leu Arg Phe Asn Gly Pro Val Pro Pro Pro
A-Kette
10
Gly Glu Trp Glu Ile Asp Ile Gly Pro Phe Thr Gln Asn Leu Gly Lys
20
30
Phe Ala Val Asp Glu Glu Asn Lys Ile Gly Gln Tyr Gly Arg Leu Thr
40
Phe Asn Lys Ile Arg Pro Cys Met Lys Lys Thr Ile Tyr Glu Asn Glu
B-Kette
b Ala Thr Phe Glu Ile Val Asn Arg Cys Ser Tyr Thr Val Trp Ala
10
20
30
Ala Ala Ser Lys Gly Asp Ala Ala Leu Asp Ala Gly Gly Arg Gln
40
Leu Asn Ser Gly Glu Ser Trp Thr Ile Asn Val Glu Pro Gly Thr
50
60
Asn Gly Gly Lys Ile Trp Ala Arg Thr Asp Cys Tyr Phe Asp Asp
70
Ser Gly Ser Gly Ile Cys Lys Thr Gly Asp Cys Gly Gly Leu Leu
80
90
Arg Cys Lys Arg Phe Gly Arg Pro Pro Thr Thr Leu Ala Glu Phe
100
Ser Leu Asn Gln Tyr Gly Lys Asp Tyr Ile Asp Ile Ser Asn Ile
110
120
Lys Gly Phe Asn Val Pro Met Asn Phe Ser Pro Thr Arg Gly Cys
130
Arg Gly Val Arg Cys Ala Ala Asp Ile Val Gly Gln Cys Pro Ala
140
150
Lys Leu Lys Ala Pro Gly Gly Gly Cys Asn Asp Ala Cys Thr Val
160
Phe Gln Thr Ser Glu Tyr Cys Cys Thr Thr Gly Lys Cys Gly Pro Thr
170
180
Glu Tyr Ser Arg Phe Phe Lys Arg Leu Cys Pro Asp Ala Phe Ser
190
Tyr Val Leu Asp Lys Pro Thr Thr Val Thr Cys Pro Gly Ser Ser
200
207
Asn Tyr Arg Val Thr Phe Cys Pro Thr Ala

Abb. 2.3. Aminosäuresequenzen der A- und B-Ketten von (**a**) Monellin und (**b**) Thaumatin. Die umrahmten Sequenzen wirken vermutlich antigen (aus van der Wel H. (1986) In: Hudson B. (Hrsg.) Development in Food Proteins, Bd. 4. Elsevier Applied Science Publishers, Barking).

Geschmack mit diesen Theorien nicht erklärt werden konnte. Heute ist der Zusammenhang zwischen Struktur und Geschmack wieder fraglich. Durch selektive Veränderung der Reste im Thaumatin konnte man der Antwort etwas näher kommen. Die Methylierung der Lysinreste von Thaumatin zeigte, daß von den 11 Lysinresten 6 den süßen Geschmack nicht beeinflussen, und Monellin zeigte ein ähnliches Ergebnis. Die Nettoladung sowie der pI werden durch diese Behandlung jedoch drastisch verändert. Andererseits wurde die Intensität des süßen Geschmacks durch die Acetylierung der Lysingruppen wesentlich abgesenkt, obwohl sich aus der spektroskopischen Analyse keine signifikante Konformationsänderung herauslesen läßt. Einen großen Effekt

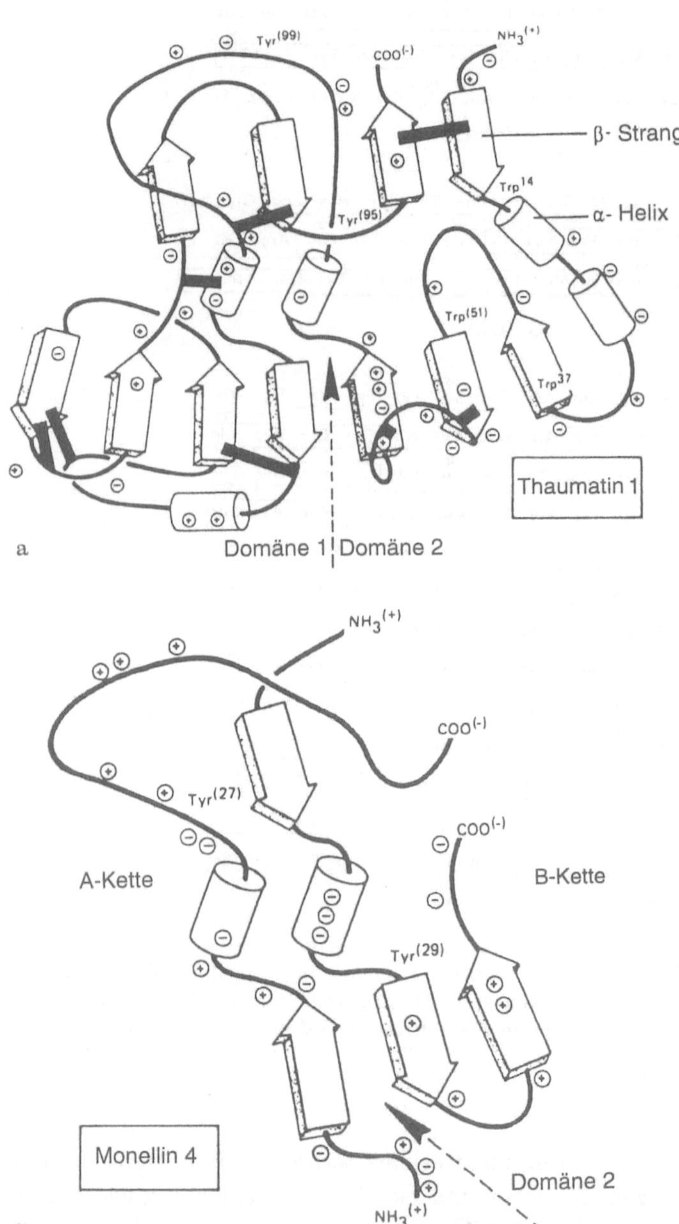

Abb. 2.4. Vorhergesagte Strukturen für Monellin und Thaumatin. Es sind alle Disulfidbrücken, β-Faltblattstrukturen (Pfeile) und α-Helices (Zylinder) aufgeführt (aus van der Wel H. (1986). In: Hudson B. (Hrsg.) Development in Food Proteins, Bd. 4. Elsevier Applied Science Publishers, Barking).

rief die Succinylierung hervor. Bei dieser Reaktion wird die positive Ladung am Lysin durch eine negativ geladene Carboxylgruppe ersetzt. Bereits durch Substitution einer einzigen Gruppe halbierte sich die Süßkraft.

Die basischen Gruppen wurden vielen ähnlichen Substitutionsreaktionen unterworfen, die Ergebnisse waren jedoch widersprüchlich. Noch heute ist ungeklärt, ob einige der Lysingruppen für den süßen Geschmack essentiell sind. Durch Amidierung der Carboxylgruppen ließ sich die Süßkraft der Proteine verstärken, in einem Fall sogar auf das 12 000fache der Süßkraft von Haushaltszucker. Die Iodierung von ein oder zwei der Tyrosinreste ist ohne Wirkung, die Iodierung aller drei Tyrosinreste geht jedoch mit einer ausgeprägten Konformationsänderung einher. Auch wenn der einzige Tryptophanrest modifiziert wird, verändert sich die Konformation wesentlich. Zu den wichtigen Beobachtungen zählt möglicherweise, daß eine Proteaseaktivität nach der Spaltung einer Disulfidbrücke auftrat. Vor kurzem konnte gezeigt werden, daß diese Erscheinung der Wirkung einer Proteaseverunreinigung im Präparat zuzuschreiben ist, für die eine Thiolaktivierung erforderlich ist. Es ist zwar bekannt, daß die süß schmeckenden Proteine hochspezifisch mit der Membran der Geschmackspapillen reagieren, jedoch verfügt man noch über keine genauen Hinweise, welche Reste bei dieser Wechselwirkung eine Rolle spielen. Genauere Informationen verspricht man sich aus gezielten Sequenzveränderungen. Aus den Erfahrungen mit Proteasen läßt sich beispielsweise vermuten, daß die Stärke der Wechselwirkung von zwei bis drei Resten bestimmt wird, die wahrscheinlich relativ weit voneinander entfernt liegen.

2.8.3 Strukturstabilität von Thaumatin während des Gebrauchs

Der süße Geschmack der Proteine ist auf ihre strukturelle Unversehrtheit angewiesen, und so wäre es denkbar, daß die Beibehaltung des süßen Geschmacks über einen längeren Zeitraum Probleme bereiten könnte. Im gefriergetrockneten Zustand ist Thaumatin jedoch unbegrenzt stabil und ebenso in Lösung, wenn der pH-Wert im Bereich zwischen 2 und 10 liegt. Eine weitere Voraussetzung ist, daß keine Bakterien vorhanden sind. Die Lösung läßt sich dann auch problemlos pasteurisieren. Bei pH-Werten zwischen 3 und 6 ist sie gegenüber Temperatureinflüssen am stabilsten. Unter bestimmten Milieubedingungen sind hitzebedingte strukturelle Veränderungen der Thaumatine beim Abkühlen reversibel. Gegenüber Wärmeeinwirkung noch stabiler soll ein Alginatkomplex von Thaumatin sein. Thaumatin und Monellin zeigen recht ähnliche Wärmestabilitäten, und die zusätzlichen acht Disulfidbrücken von Thaumatin zwischen den Ketten erhöhen dessen thermische Stabilität nicht bemerkenswert. Lediglich die Rückfaltung wird dadurch erleichtert.

Welche Eigenschaften der beiden Proteine für Modifikationen interessant sein könnten, ist noch schwer abzuschätzen. Zwar konnten bereits die Gene beider Proteine geklont und sowohl in Bakterien (*E.coli*) als auch in Hefe exprimiert werden, jedoch werden die Vorteile von modifizierten Versionen wohl kaum so ausgeprägt sein, daß sie in näherer Zukunft Thaumatin ersetzen könnten. Auch wenn eine wesentlich stabilere Version entwickelt werden könnte, würden mehrere Jahre vergehen, bis die behördliche Genehmigung zur Verwendung in Nahrungsmitteln vorläge.

Bislang wird Thaumatin nur in Japan verwendet, und zwar in Kaugummi, wo es synergistisch den Pfefferminzgeschmack verstärkt. Das Thaumatin stammt aus Anpflanzungen in Malaysia. Leider entwickelt sich die Geschmacksempfindung nur langsam, wodurch sich die Anwendung von Thaumatin in Erfrischungsgetränken schwierig gestaltet. Das Problem ist durch Kombination mit anderen Süßungsmitteln und Reformulierung in den Griff zu bekommen. Mit dem wachsenden Angebot an Thaumatin wird wohl auch die Verbreitung von Thaumatin in Produkten mit abgesenktem Brennwert (low-calorie-products) zunehmen.

2.9 Aspartam

Aspartam ist die Bezeichnung für ein Dipeptid aus Asparaginsäure und Phenylalaninmethylester (Abb. 2.5). Im Hinblick auf die kleine Molekülgröße bietet Aspartam im Zusammenhang mit seiner Produktion bemerkenswert viele biotechnologische Aspekte.

Schon lange ist bekannt, daß Aminosäuren und Peptide süß schmecken können und in den 60er Jahren stieß man auf den bemerkenswert süßen Geschmack von Aspartam. Zunächst wurde Aspartam aus L-Asparaginsäureanhydrid und L-Phenylalaninmethylester chemisch synthetisiert (Abb. 2.5, oben). Da sowohl das α- als auch das β-Peptid entsteht, muß nach der eigentlichen Synthese fraktioniert werden. Viel Arbeit und Hunderte von Patenten zu einzelnen Verfahrensverbesserungen, wie z. B. die Verwendung spezieller Lösungsmittel oder Temperaturen zur Erhöhung der Ausbeute des gewünschten α-Peptids, ebneten den Weg für das heutige chemische Verfahren.

Die behördliche Zustimmung war mit größeren Schwierigkeiten verbunden und wurde erst nach sieben Jahren erteilt. Das Produktionsverfahren kommt mit der Biotechnologie in Berührung, weil sogar die chemische Synthese auf L-Asparaginsäure und L-Phenylalanin als Ausgangsmaterialien angewiesen ist.

Der hauptsächliche Vorteil von Bioprozessen ist, daß auf diese Weise ausschließlich die L-Isomeren produziert werden können und sich somit die Auftrennung der D,L-Mischungen, eines der größeren Probleme bei der chemischen Synthese, umgehen läßt. Bekannte großtechnische Produktionsverfahren für Aspartam arbeiten mit *trans*-Zimtsäure und Phenylalaninammonium-Lyase. Dabei sind sowohl Bioverfahren in großvolumigen Rühr-

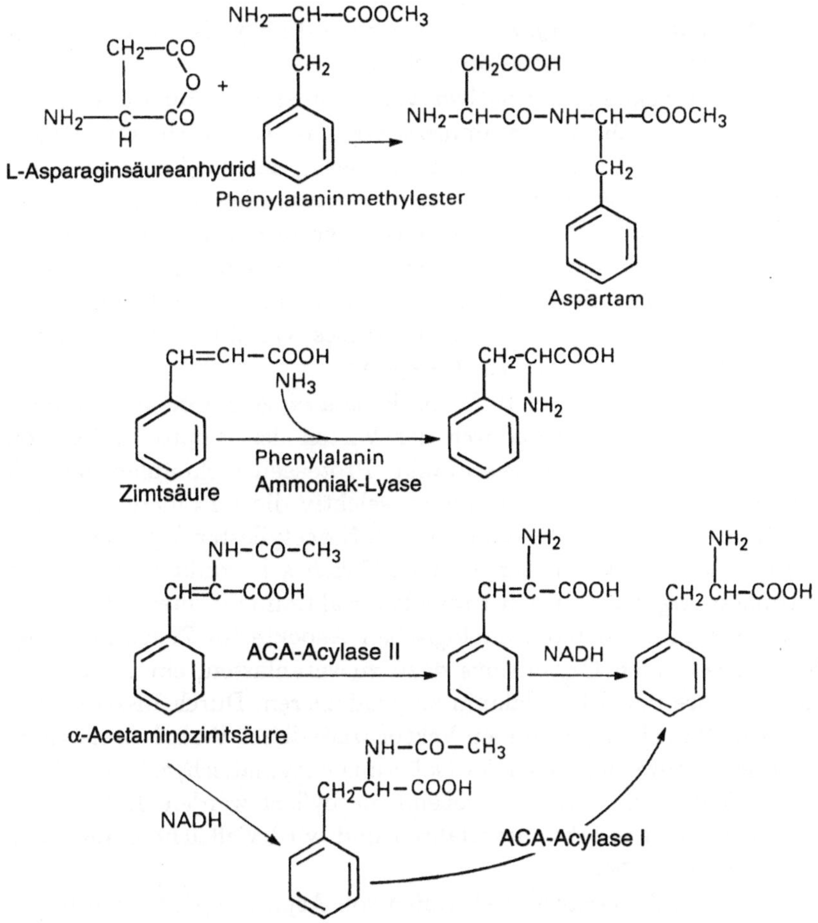

Abb. 2.5. Reaktionssequenzen zur Bildung von Aspartam. (a) Chemische Synthese und (b) zwei enzymatisch unterstützte Reaktionsfolgen zur Produktion von L-Phenylalanin. ACA = acetamido cinnamic acid.

kesseln als auch mit immobilisiertem Hefeenzym in Betrieb. Für die immobilisierte Hefe wurde eine Hefesorte mit hohem Enzymgehalt ausgewählt. Mittlerweile ist die Lage auf dem Aspartammarkt interessant, und zwar zum einen, weil starker Wettbewerb unter den Produzenten herrscht, und zum anderen, weil die Patente auf Aspartam bald auslaufen. Neuartige biotechnologische Verfahren stehen immer im Wettbewerb zu den eingeführten Verfahren mit bekannten Technologien, jedoch ist es absolut ungewöhnlich, daß zwei Fermentationsverfahren, die zum gleichen Produkt führen, untereinander konkurrieren. Vor kurzem wurde ein *Corynebacterium* entdeckt, das in der Lage ist, aus Phenylpyruvat, Ameisensäure und Ammoniak Phenylalanin herzustellen. Der Metabolismus ist in Abb. 2.5 skizziert. Das Besondere daran ist, daß das Gen für die ACA-Acylase II geklont und sequenziert werden konnte und daß ein Promotor gefunden werden konnte, der in einer Mutante von *Corynebacterium*, die L-Phenylalanin bereits sehr effizient produziert, Hyperexpression auslöst.

Hinter der Entwicklung alternativer Verfahren steckt häufig das Motiv, Patente zu umgehen. Die Aspartamproduktion ist sehr dicht mit Patenten abgedeckt, wodurch der Wettbewerb in bezug auf die Kostenkriterien stark verzerrt ist. Welches Verfahren am effektivsten ist, wird sich erst in einigen Jahren herausstellen. L-Aspartat ist auch in einem Bioprozeß (aus Fumarsäure) zugänglich. Das Bioverfahren wird im allgemeinen mit *E. coli*-Stämmen durchgeführt, die auf Vermiculit immobilisiert sind, und deren Aspartaseaktivität hoch ist. In Japan ist dieses Verfahren seit 1973 das wichtigste Produktionsverfahren für L-Aspartat.

Die Peptidbindung kann mit Hilfe von Proteasen geknüpft werden. Seltsamerweise wird aber genau dadurch der Vorteil der Bioproduktion von L-Aminosäuren auch wieder eingeschränkt. Proteasen verknüpfen nämlich in einer Mischung aus D- und L-Isomeren selektiv die L-Isomere. In hochkonzentrierter Lösung liefert die Reaktion von N-acetylierter Asparaginsäure mit dem Phenylalaninmethylester ein nichtlösliches Produkt und dadurch wird die Umkehrung der üblichen Proteolysereaktion erleichtert. Einer der vielleicht interessantesten biotechnologischen Aspekte im Zusammenhang mit Aspartam ist, einen Organismus dazu zu veranlassen, ein Copolymer aus Asparaginsäure und Phenylalanin zu produzieren. Durch Insertion der Sequenz GAUUUU in einen geeigneten Vektor wäre dieses Verhalten möglich. Das Copolymer könnte dann nach der Isolierung enzymatisch, z. B. mit Chymotrypsin, aufgespalten und anschließend methyliert werden. Dieses Verfahren ist noch kein Produktionsverfahren und wird vielleicht immer eine Wunschvorstellung bleiben.

Von allen neuen Zuckeraustauschstoffen soll Aspartam dem ursprünglichen Zuckergeschmack am nähesten kommen. Die größten Schwierigkeiten bereitet die Instabilität von Aspartam gegenüber Säuren. Dadurch gestaltet sich die Verwendung auf dem zuckerintensiven Markt der nichtalkoholischen Getränke problematisch. Weil Aspartam seinen Geschmack nur langsam entwickelt, wird gerne zu hoch dosiert, und dadurch entstehen wiederum Klagen über einen zu süßen Geschmack. Aspartam zeigt synergetische Wirkungen mit Fruchtaromen, was bei der Zubereitung von Desserts ausgenutzt wird.

Mit Aspartam zubereitete Nahrungsmittel müssen gekennzeichnet sein, da sie für Menschen, die an Phenylketonurie leiden, nicht zum Verzehr geeignet sind. Erstmals muß also vor einem Inhaltsstoff gewarnt werden, und die Auswirkungen auf die Öffentlichkeit sind noch nicht bekannt. Aspartam besitzt weiterhin die ungewöhnliche Eigenschaft, daß die Intensität des süßen Geschmacks oberhalb einer Schwellenkonzentration im wesentlichen konzentrationsunabhängig ist.

Aspartam ist nur unzureichend löslich und als Süßungsmittel in Getränken auf ein Dispersionsmittel angewiesen. Weder Aspartam noch Acesulfam

K, ein weiteres neuentwickeltes, chemisch synthetisiertes Süßungsmittel, das zu etwa der gleichen Zeit wie Aspartam eingeführt wurde, konnten Saccharin verdrängen. Heute ist Saccharin bezogen auf seine Süßkraft wesentlich preiswerter als Aspartam und immer noch weitverbreitet.

2.10 Stevioside und Rebaudioside

Stevioside werden in Japan als Süßungsmittel verwendet und ihr jährliches Marktvolumen beträgt etwa 5 Millionen Dollar. Sie sind in der westlichen Welt weitgehend unbekannt, repräsentieren jedoch eine neue Generation von Süßungsmitteln mit breiter Verwendungsmöglichkeit. Die Stevioside sind ebenso wie die dazu verwandten Rebaudioside Diterpenglykoside und kommen in den Blättern von *Stevia rebaudiana*, einer in Paraguay beheimateten Pflanze, vor. Diese Pflanze wurde in Japan und Korea intensiv kultiviert und heute verfügt man über Sorten mit einem deutlich höheren Gehalt der gewünschten Glykoside. Das kommerzielle ‚Steviosid' enthält 55 % Re-

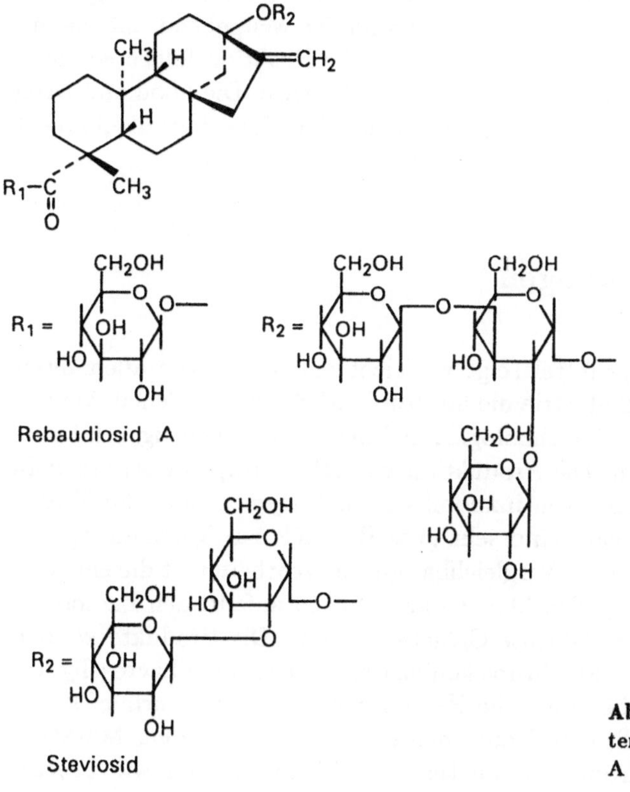

Abb. 2.6. Strukturen der Diterpenalkaloide Rebaudiosid A und Steviosid B.

baudioside. Heute wird vor allem auf die Rebaudioside Wert gelegt, denn ihr Geschmack und ihre Löslichkeit ist den entsprechenden Eigenschaften der Stevioside überlegen. Die Fraktionierung erfolgt bereits während der Isolierung. Je nach geplanter Verwendung sind also geeignete kommerzielle Produkte verfügbar. Die Glykoside sind in den Blättern zu etwa 12 % Gewichtsanteil enthalten. Zur Kultivierung wurden Zellkulturtechniken entwickelt. Es ist sehr unwahrscheinlich, daß sich daraus kommerzielle Produktionsumfänge entwickeln, da die Gewebskulturen mit landwirtschaftlichen Methoden kostenmäßig nicht mithalten können.

Rebaudioside sind gegenüber Säuren relativ stabil und eignen sich daher zur Verwendung in nichtalkoholischen Getränken. Hauptsächlich werden sie jedoch in Kaugummi verwendet. Auch zur Süßung von fermentierten Nahrungsmitteln, wie z. B. Sojasauce, bieten die Rebaudioside einige Vorteile, denn im Gegensatz zu normalem Haushaltszucker sind sie am Bioprozeß nicht beteiligt. Der süße Geschmack wird als nicht angenehm empfunden, so daß die Rebaudioside wohl in Kombination mit anderen Stoffen verwendet werden. Steviosid wurde bereits mit Hilfe von Amylase enzymatisch zu Rubusosid hydrolysiert. Rubusosid kann chemisch in eine Reihe weiterer Glykoside, vor allem in Rebaudiosid A (besitzt die meisten Anwendungsmöglichkeiten) überführt werden. Einige Strukturen sind in Abb. 2.6 gezeigt. Die zugrundeliegende Biochemie der Glykoside ist weitgehend unbekannt. Allerdings sollte es nicht allzu schwierig sein, die Reaktionsfolgen so anzupassen, daß hauptsächlich Rebaudiosid A gebildet wird. Die Food and Drug Administration hat die Verwendung von Steviosid in Nahrungsmitteln nicht zugelassen.

2.11 Schlußbemerkungen

Der Bereich der Süßungsmittel zeigt vielleicht am besten von allen Zweigen der Nahrungsmittelindustrie die außerordentlich verschiedenen Anwendungsmöglichkeiten der Biotechnologie mit Blick auf einen einzigen Inhaltsstoff in Nahrungsmitteln. Die Produktion von HFC-Sirups illustriert wohl am besten die Anwendung von immobilisierten Enzymen, und die älteren Methoden des Stärkeabbaus sind sehr gute Beispiele zur Verwendung von Enzymen in Batch-Kulturen. Vergleichbar gut ausgearbeitet ist die enzymatische Hydrolyse der in großen Mengen aus Molken anfallenden Lactose zu relativ süß schmeckenden Glucose-Galactase-Sirups. Die Produkte können aber preislich nicht mit HFC-Sirups konkurrieren, so daß die Lactosehydrolyse bisher beschränkt blieb auf die Herstellung von Lactose-armer Trinkmilch für Lactase-insuffiziente Konsumenten und, mit größerem Marktpotential, für die Einsparung von Zucker bei Milchprodukten wie Fruchtjoghurt.

Aspartam ist beispiellos für die Anwendung eines Bioprozesses zur Produktion von L-Aminosäuren, und die Rebaudioside zeigen sehr gut die komplexen Probleme biochemischer Reaktionswege, die mit der Synthese von pflanzlichen Komponenten, die nur in geringen Konzentrationen vorliegen, einhergehen. Die süß schmeckenden Proteine veranschaulichen den umfassenden Transfer von genetischem Material in einen besser zugänglichen Organismus, der dann das gewünschte Protein produziert. Jedes der vorgestellten Verfahren steht in Konkurrenz zu chemischen Verfahren zur Produktion von Süßungsmitteln.

Welche Süßungsmittel nun als Gewinner hervorgehen, kann man noch nicht sagen, aber es gilt als sicher, daß der herkömmliche Zucker teilweise durch neuartige, süßschmeckende Verbindungen ersetzt werden wird. Zuckerderivate, die rein chemisch zugänglich sind, wie z. B. Sorbitol oder Lactitol, wurden nicht angesprochen, denn bei ihrer Produktion wird die Biotechnologie wohl kaum Einmarsch halten. Diese Süßungsstoffe können höchstens in ihrer Eigenschaft als Konkurrenzprodukt betrachtet werden. Vermutlich wird jeder der neuen Süßungsmittel seine eigene Nische finden, in der er eindeutig überlegen ist (japanischer Kaugummi nimmt zur Zeit eine ungewöhnlich vorherrschende Position ein). Ob jemals einer dieser Zuckeraustauschstoffe den herkömmlichen Zucker als wichtigstes Süßungsmittel verdrängen wird, kann bezweifelt werden. Die HFC-Sirups sind mittlerweile gut eingeführt, und es wird daran gearbeitet, Zucker aus Stärke über den Umweg der HFC-Sirups herzustellen. Hierbei spielt die Umkehrreaktion von Sucrase (Glucan $(1\rightarrow4)$-α-Glucosidase, EC 3.2.1.3) eine Rolle. Auch Saccharin ist immer noch weitverbreitet und es ist keineswegs sicher, daß dieses Süßungsmittel durch neuere Stoffe ersetzt werden wird.

3 Proteasen, Gele und fermentativ hergestellte Nahrungsmittel

3.1 Einleitung: Struktur von Nahrungsmitteln

Die Strukturcharakteristik vieler Nahrungsmittel hängt im wesentlichen von Proteinen ab. Vor allem die Textur von Milchprodukten, wie z. B. Käse oder Joghurt, von nahezu allen Fleischsorten, Fleischerzeugnissen, von vielen fermentativ aus Hülsenfrüchten oder anderen Bohnenarten und Samen hergestellten Nahrungsmitteln wird durch Proteine beherrscht. Proteine spielen auch in Getreideprodukten, wie z. B. Brot, eine Rolle, wenn auch nicht in dem Maße wie Stärke.

Die Saaten für die Grundnahrungsmittel der meisten Menschen auf der Erde lassen sich hinsichtlich ihrer Zusammensetzung in zwei große Kategorien einteilen: zum einen in Saaten, die Proteine, Lipide und inerte Kohlenhydrate, wie beispielsweise Cellulose aus den Zellwänden (manchmal auch ,Faserstoffe' genannt) enthalten, und zum anderen in Saaten, die neben diesen Grundkomponenten noch etwas Stärke enthalten. Produkte aus Rohstoffen der zweiten Kategorie werden in ihrer Struktur von der Stärke deutlich beeinflußt.

Der Vergleich mag zwar etwas zu stark vereinfacht sein, aber möglicherweise läßt sich so der ähnliche Stellenwert von Milchprodukten im Westen und manchen Sojaprodukten im Osten erklären. Beide Produktgruppen enthalten grob gesagt gleiche Teile an Fett und Protein und zusätzlich fermentierbare Kohlenhydrate. Die Schwierigkeiten bei der Definition von Textur- oder Struktureigenschaften von Lebensmitteln haben ihren Ursprung auch in der Vielzahl der mehr oder weniger ungenauen Bezeichnungen, wie z. B. vollmundig, kaubar, zart, zäh, texturiert, gummiartig, schwach, strukturiert oder gelartig, um nur einige der gängigen Bezeichnungen anzuführen. Im verzweifelten Versuch, die Textur zu quantifizieren, wurde sogar einmal ein Gebiß mit Motor und Drucksensoren ausgestattet. Die meisten Untersuchungen und Beschreibungen der Textur erfolgen mit mehr oder weniger ausgeklügelten rheologischen Messungen. Eine solche Vorgehensweise kann z. B. zur Definition von Parametern für die Qualitätskontrolle während der Produktion sinnvoll sein, sie ist jedoch wenig sinnvoll, wenn Textureigenschaften (in rheologischen Begriffen definiert) und Vorlieben der Verbraucher in Zusammenhang gebracht werden sollen. Aus den vielen Untersuchungen läßt sich sogar die entmutigende Schlußfolgerung ziehen, daß der Großteil der Verbraucher der Textur von Lebensmitteln wesentlich weniger Bedeutung zuschreibt als anderen Eigenschaften, wie z. B. Geschmack oder Preis. Die Nahrungsmittelproduzenten sehen jedoch die Textur der Nahrungsmittel – unter rheologischen Gesichtspunkten – als eine wichtige Eigenschaft an und diese Fragestellung nimmt in der Lebensmittelforschung einen wichtigen Platz ein. Für den Biotechnologen ist eine derartige Vorgehensweise jedoch problematisch, denn die Proteine und die Wirkung der Proteasen auf die Proteine werden in molekularer Denkweise behandelt und erforscht. Zwischen unseren Kenntnissen über Proteasen und Proteine, ihrer Art der Wechselwirkung sowie den Strukturen, die Proteine ausbilden, und zwischen der rheologischen Sichtweise zur Klassifizierung von Nahrungsmitteln aus der Sicht der Verbraucher und Produzenten klafft eine große Lücke. Trotz großem Aufwand konnte diese Kluft noch nicht geschlossen werden und wir haben es hier tatsächlich mit einem großen Problem zu tun. Die Kenntnisse, wie durch entsprechende Verfahrensbedingungen oder durch die Verwendung von Proteasen Proteinstrukturen beeinflußt werden können, sind noch sehr vage.

Im weiteren werden wir sehen, wie Proteasen eingesetzt werden können und welche Eigenschaften sie haben sollten, damit Verfahren mit Proteasen verbessert und weiter ausgebaut werden können. Um die Wirkungsweise der Proteasen verstehen zu können, sollten zunächst die grundlegenden, strukturbildenden Eigenschaften der Proteine bekannt sein. Nur wenn man das Problem in dieser Reihenfolge angeht, besteht Hoffnung, daß mit den Möglichkeiten der Biotechnologie neue oder in ihrer Wirkung verbesserte Enzyme zugänglich werden.

3.2 Protein–Protein Wechselwirkung und die Ausbildung von Strukturen

Peptidketten gehen mit anderen Peptidketten, wozu auch andere Teile in der gleichen Peptidkette zählen, bereitwillig Wechselwirkungen ein. Zunächst muß zwischen kovalenten und nicht-kovalenten Wechselwirkungen unterschieden werden. Von beiden Arten der Wechselwirkung sind unterschiedliche Formen bekannt, die auch für Nahrungsmittel Bedeutung haben. Einige der kovalenten Wechselwirkungen stehen unter dem Einfluß von Enzymen.

Die nicht-kovalenten Wechselwirkungen sind abhängig von Zusammensetzung und Konfiguration der Peptidkette. Am größten ist bei entsprechenden Verfahrensbedingungen die Wahrscheinlichkeit, daß nicht-kovalente Wechselwirkungen beeinflußt werden.

Tabelle 3.1. Hydrophobizität von Aminosäureseitenketten (entnommen aus Franks F. (1988) Characterisation of Proteins. Humana Press, NJ)

Rest	Freie Transferenergie (kJ/mol Rest)		
	Wasser → Ethanol	Proteinfaltung	Wasser → Wasserdampf
Ile	21	2,9	9,0
Phe	21	2,1	−3,2
Val	12,5	2,5	8,4
Leu	14,4	2,1	9,6
Trp	27,2	1,3	−24,7
Met	10,5	1,7	−6,3
Ala	4,2	1,3	8,0
Gly	0	1,3	10,1
Cys	0	3,8	−5,2
Tyr	18,8	−1,7	−25,6
Pro	6,3	−1,3	−
Thr	2,1	−0,8	−20,6
Ser	−2,1	−0,4	−21,3
His	4,2	−0,4	−43,3
Glu	−	−2,9	−43,0
Asn	−6,3	−2,1	−40,5
Gln	−4,2	−2,9	−39,4
Asp	−	−2,5	−45,8
Lys	−	−7,5	−40,0
Arg	−	−5,8	−83,6

* Die Werte in den drei Spalten sind Schätzungen der Änderungen der freien Energie für den Übergang von Wasser zu Ethanol – dieses repräsentiert ein relativ hydrophobes Lösungsmittel –, den Übergang von Wasser zum hydrophoben Inneren eines Proteins und von Wasser zu Dampf

3.2.1 Nicht-kovalente Wechselwirkungen

Hydrophobe Eigenschaften. Die Aminosäurereste werden in hydrophobe und hydrophile Reste eingestuft und anhand ihrer Löslichkeit in Wasser lassen sich die beiden Begriffe quantifizieren. Entsprechende Zahlenwerte für die einzelnen Aminosäuren sind in Tabelle 3.1 zusammengestellt, jedoch ist die Aufteilung in zwei große Gruppen sinnvoll. Alle geladenen Seitenketten verhalten sich hydrophil, während sich alle gesättigten Seitenketten, wie z. B. Leucin, Valin ebenso wie alle aromatischen Reste, Methionin und Cystein hydrophob verhalten. Cystein besitzt einen pK von etwa 8,0 und wird durch Ionisierung in seinem Verhalten hydrophil. Serin, Tyrosin und die Amide werden als hydrophil eingestuft. Anhand der Aminosäurezusammensetzung läßt sich einem Protein also ein Hydrophobizitätsindex zuordnen. Aus entsprechenden Beobachtungen ist bekannt, daß Peptidketten in Wasser dazu neigen, sich so aufzufalten, daß die hydrophoben Reste ins

Molekülinnere zeigen, während die Moleküloberfläche von hydrophilen Resten bedeckt ist. Globuläre Proteine, die in Wasser oder Salzlösungen löslich sind, sind so zusammengesetzt, daß die Zahl der hydrophilen Reste gerade ausreicht, die Oberfläche zu bedecken. Peptidketten, deren Anzahl an hydrophilen Resten nicht ausreicht, die Oberfläche zu bedecken, hängen sich einfach an entsprechende hydrophobe Gebiete einer anderen Kette. Daraus entstehen dann Proteine mit mehreren Untereinheiten. Wenn die Oberfläche trotz dieser Maßnahmen immer noch hydrophob ist, wird das Protein im wäßrigen Milieu unlöslich.

Ebenso wie die anderen Verallgemeinerungen zu Proteinstrukturen sollte auch dieser Erklärungsversuch nicht allzu sehr strapaziert werden. Genauere Strukturdaten aus röntgenkristallographischen Messungen deuten an, daß auch lösliche Proteine auf ihrer Oberfläche eine Mosaikstruktur besitzen und einige Gebiete durchaus hydrophob sind. Regelmäßig findet man umgekehrt auch geladene Gruppen tief im Inneren der Struktur und zusätzlich wird stets Wasser eingeschlossen. Die Definition von hydrophoben ‚Bindungen’ stammt aus Arbeiten über die Löslichkeit von Paraffinen in Wasser und für unsere Zwecke reicht es vollkommen aus festzustellen, daß die hydrophoben Reste in wäßrigem Milieu wegen der Entropie dazu neigen, miteinander in Kontakt zu treten. Ein Charakteristikum dieser Wechselwirkung ist, daß sie mit sinkender Temperatur schwächer wird und ohne Wasser nicht auftreten kann.

Wechselwirkungen zwischen geladenen Molekülen.   Proteine besitzen nahezu überall auf der Oberfläche positive und negative Teilladungen, die vom pH-Wert des Mediums abhängig sind. Die Löslichkeit wird hauptsächlich durch die Ladung bestimmt und hier scheint vor allem die Nettoladung eine Rolle zu spielen. So ist die Löslichkeit im allgemeinen dann am geringsten, wenn zwar die Zahl der Teilladungen am größten ist, die sich ergebende Nettoladung aber ‚Null’ ist – also am isoelektrischen Punkt. Statistische Betrachtungen an bekannten Proteinstrukturen lassen andererseits die Behauptung zu, daß etwa 70 % der geladenen Gruppen räumlich so nahe an einer entgegengesetzt geladenen Gruppe positioniert sind, daß man bereits von Ionenpaaren sprechen kann. Wechselwirkungen zwischen geladenen Gruppen (sowohl abstoßende als auch anziehende Wirkungen) sind für die Wechselwirkungen zwischen den Untereinheiten zweifellos von großer Bedeutung und auch dafür verantwortlich, wie empfindlich Strukturen, die auf Proteinstrukturen aufgebaut sind, auf unterschiedliche Ionenstärken im Milieu reagieren.

Wasserstoffbrückenbindungen.   Wasserstoffbrückenbindungen spielen allgemein bei den helikalen und β-Faltblatt-Strukturen der globulären Proteine eine Rolle und auch bei speziellen Strukturen, wie der Helix von Kollagen. Sie können auch für Kontakte zwischen Untereinheiten verantwortlich sein, wie z. B. für die starken Wechselwirkungen zwischen den Insulin-Untereinheiten.

Die jeweilige Konformation eines Proteins ist das Resultat aus dem Zusammenwirken der eben beschriebenen drei Arten von Wechselwirkungen sowie einigen Ausschlußregeln. Dazu zählt z. B. die Tatsache, daß auf ein und demselben Platz nur ein einziger Aminosäurerest positioniert sein kann. Betrachten wir nun ein Protein mit einer definierten Struktur, wie z. B. ein Enzym. Die aktuelle Struktur repräsentiert ein Energieminimum, das sich aus den Differenzen großer Zahlen ähnlicher Größenordnung ergibt. Mit nur geringen Milieuveränderungen wird das Energieminimum für eine andere Struktur gelten und das Enzym kann leicht in die neue, stabilere Struktur überführt werden. So ist z. B. zu erklären, daß kleine Temperaturänderungen die Konformation eines Proteins vollkommen verändern können, wodurch wiederum andere Reste mit dem Lösungsmittel in Berührung kommen können und infolgedessen sich das Löslichkeitsverhalten drastisch verändern kann. Dieses Verhalten ist mit der Aussage äquivalent, daß sich durch Veränderung der Konformation die Art und Weise, wie die Proteinkette mit anderen Proteinketten in Wechselwirkung tritt, ändert, und damit auch die Ausbildung von Strukturen. An den Wechselwirkungen zwischen den Ketten sind die gleichen Kräfte beteiligt wie beim Erhalt der Konformation der gefalteten Ketten, die durch Wechselwirkung von Teilen auf der gleichen Kette entstanden sind.

3.2.2 Kovalente Quervernetzungen

Vernetzende Bindungen, die zur Bildung von Gelen führen, können zwar auch nicht-kovalenter Natur sein, jedoch findet man in Nahrungsmitteln auch verschiedenartige kovalente vernetzende Bindungen. Sie lassen sich in entsprechenden Lösungsmitteln leicht nachweisen. Hochkonzentrierte Harnstofflösungen oder Natriumdodecylsulfat können bis auf die kovalenten alle Bindungen aufbrechen. Die Bildung von vernetzenden Bindungen läßt sich also mit einer SDS-Gelelektrophorese vorzüglich verfolgen. Die vernetzenden Bindungen sind wichtig, denn die einzelne Bindung ist stärker als eine nicht-kovalente Bindung. Für Aggregate muß diese Aussage allerdings nicht notwendigerweise stimmen. Die kovalenten, vernetzenden Bindungen werden durch Erhitzen selten aufgebrochen und dominieren daher in thermostabilen Gelen, die gerade bei der Verarbeitung von Lebensmitteln eine wichtige Rolle spielen.

Plasteine. Als noch nicht bekannt war, daß die Proteinsynthese an den Ribosomen erfolgt, dachte man, es handele sich um eine Umkehrung der Proteolyse. Zum Nachweis dieser Behauptung wurden konzentrierte Peptidmischungen, wie sie bei der Säurehydrolyse entstehen, mit Proteasen behandelt. Dadurch erhöhte sich tatsächlich die durchschnittliche relative Molmasse. Weitere Untersuchungen brachten jedoch an den Tag, daß dieses

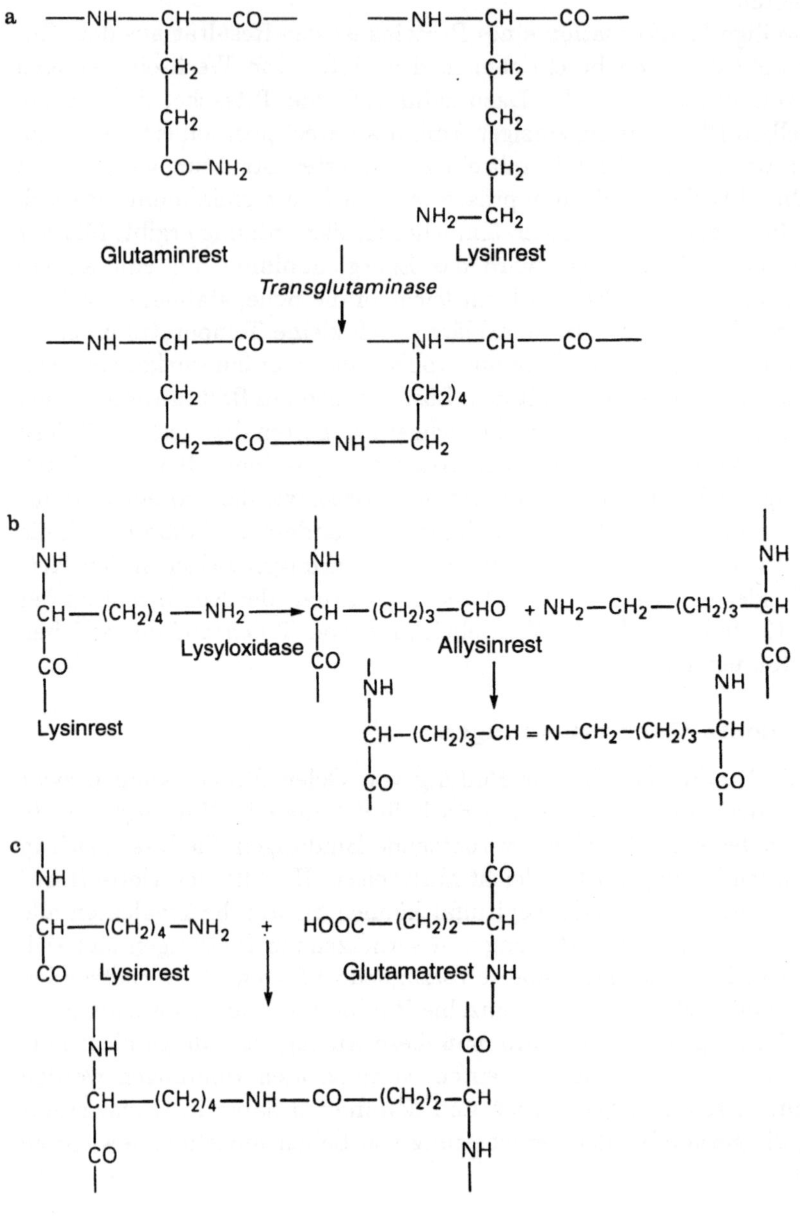

a

$$-NH-CH-CO-$$

Glutaminrest

Lysinrest

Transglutaminase

b

Lysinrest

Lysyloxidase   Allysinrest

c

Lysinrest   Glutamatrest

Abb. 3.1. Verknüpfung von Ketten unter Beteiligung von Lysin. (a) Wirkung der Transglutaminase auf die Bindungsbildung zwischen Glutamin- und Lysinresten. (b) Lysyloxidase lagert Lysin in einen Allysinrest um, der dann mit weiteren Lysinresten vernetzen kann. (c) Isopeptid-Bindung aus der Plasteinreaktion zwischen Glutamat und Lysin.

Verhalten größtenteils der Bindung von Glutamat-Seitenketten an Lysinreste zuzuschreiben ist (Abb. 3.1). Es handelt sich hier um eine Isopeptidbindung und mit nur wenigen solcher vernetzender Bindungen kann die relative Molmasse deutlich ansteigen. Allerdings bildeten sich keine großen Peptide aus. Unter speziellen Bedingungen können sich auch die bekannten Peptid-Kettenbindungen (an den α-Aminogruppen) ausbilden. Die Mischung, die sich nach dem Versetzen der Peptidmischungen mit Proteasen herausbildete, wurde als ,Plastein' bezeichnet. Diese Art der vernetzenden Bindung könnte sehr wohl bei der Entstehung von fermentierten Nahrungsmitteln aus Sojabohnen eine Rolle spielen, jedoch sind darüber noch keine Veröffentlichungen bekannt. In neuerer Zeit wurden die Plasteine wieder interessanter und es ist denkbar, daß durch Verwendung spezieller Enzyme daraus ein einsetzbares Verfahren entwickelt wird. Die einzelnen Proteasen besitzen unterschiedliche Fähigkeiten zur Plasteinbildung, eine Optimierung wurde allerdings im Lebensmittelbereich noch nicht durchgeführt.

Disulfidbindungen zwischen den Ketten und innerhalb einer Kette.
Freie Thiolgruppen sind auf Proteinen relativ selten, häufig hochreaktiv und an den aktiven Zentren von Enzymen beteiligt. Die Reaktivität der Thiolgruppen hängt von der Konformation ab. Häufig wird z. B. bei Entfaltungsvorgängen eine Thiolgruppe aktiviert. Ein Großteil des Cysteins liegt in seiner oxidierten Form, dem Cystin, vor. Die Thiole gehen gerne Austauschreaktionen mit den Disulfiden ein, wie in Abb. 3.2 an einigen Beispielen zu sehen ist, die zur Verknüpfung zweier Ketten führen. Unter den Vernetzungsreaktionen ist diese Art der Reaktion am häufigsten anzutreffen und kann auch als Kettenreaktion ablaufen. Dabei bildet sich ein Gel aus. Serumalbumin ist eines der bekanntesten Beispiele und es liefert noch ein Beispiel für ein weiteres charakteristisches Verhalten. Im isolierten Serumalbumin liegt ein Teil der Thiolgruppen vernetzt mit Glutathion vor. Dieses Tripeptid ist in allen tierischen Geweben in hohen Konzentrationen nachzuweisen und seine Funktion war niemals verstanden. Vor kurzem konnte das Enzym Proteindisulfidisomerase charakterisiert werden. Es katalysiert im wesentlichen Disulfid-Thiol-Austauschreaktionen, und man vermutet, daß es bei der *in vivo* Proteinfaltung eine Rolle spielt. Man weiß, daß sich ein Protein mit drei oder vier Disulfidbrücken innerhalb einer Kette ,falsch' falten kann, sich dann allerdings langsam so umordnet, daß die unter den gegebenen Umständen stabilste Form eingenommen wird. Durch die Protein-Disulfidisomerase wird diese Umordnungsreaktion beschleunigt. Das Enzym ist sowohl in tierischem als auch in pflanzlichem Gewebe nachzuweisen und wenn es verfügbar wäre, könnten die Vernetzungsreaktionen vermutlich gezielt beeinflußt werden. Denkbare Anwendungsgebiete wären die Verarbeitung von Wolle oder die Bildung von Dauerwellen (Dauerwellen entstehen durch Öffnung und Verschiebung der Disulfidbrücken im Keratin). Das Enzym wurde mittlerweile geklont und vermutlich werden bald entsprechende

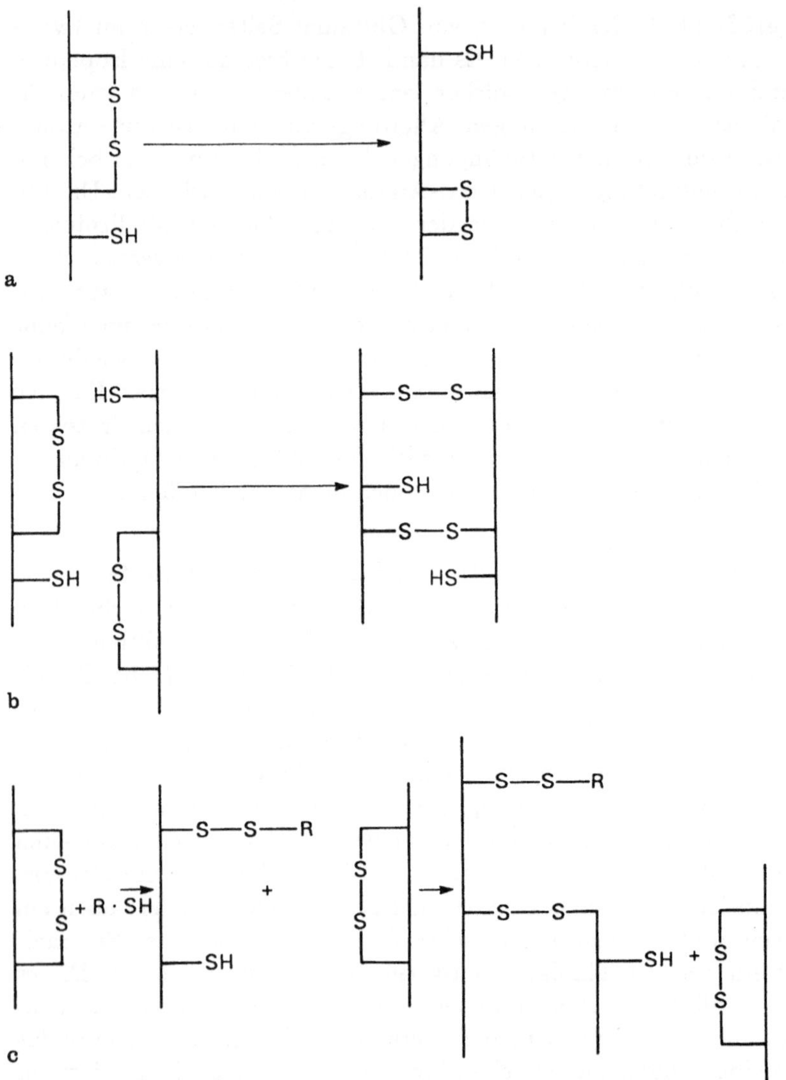

Abb. 3.2. Einige Disulfidaustauschreaktionen in entfalteten Proteinen. (a) Interne Umlagerung, (b) Ausbildung von Bindungen zwischen zwei Ketten, wie sie in Saatproteinen häufig zu finden sind, und (c) Thiol-katalysierte Disulfidbildung zwischen zwei Ketten, die durch Wiederholung zur Ausbildung von Gelen führen kann. Das bekannteste Beispiel ist Serumalbumin.

Versuche stattfinden. Die Protein-Disulfidisomerase wurde bereits als Zusatzstoff bei der Brotherstellung (s. Kap. 4) getestet, jedoch ist sie für Tests im Pilotmaßstab in zu geringen Mengen verfügbar.

Die Chemie des Cysteins ist ziemlich komplex. Die Disulfidaustauschreaktion ist wohl eine der wichtigsten Reaktionen des Cysteins, deshalb reagiert es durchaus auch mit molekularem Sauerstoff zur Cysteinsäure oder mit Sulfit zur S-Sulfocysteinsäure. Zur Spaltung von Disulfidbindungen eignet sich am besten Sulfit. Thiole und Mercaptoethanol verursachen nur dann Disulfidumlagerungen, wenn sie hochkonzentriert einwirken können, und selbst dann ist der Prozentsatz der gespaltenen Bindungen nur unbefriedigend.

Ausgewählte Enzyme

Transglutaminase. Die Transglutaminase ist in tierischem Gewebe weit verbreitet und katalysiert unter Eliminierung eines Moleküls NH_3 die Bindungsbildung zwischen Glutaminresten und Lysin (Abb. 3.1). Sie ist potentiell auch in der Lage, vernetzend zu wirken. Physiologisch spielt die Transglutaminase bei der Bildung von vernetzten Strukturen im Zuge der Fibringerinnung eine Rolle.

Die Transglutaminase kann Caseine, β-Lactoglobulin und Soja-Proteine vernetzen, soll jedoch mit Ovalbumin, Serumalbumin und Immunoglobulinen nicht reagieren. Es ist vermutlich bezeichnend, daß die Proteine, die nicht mit der Transglutaminase reagieren, sehr starre und stark strukturierte Proteine sind. Ob die Transglutaminase mit einem Protein reagiert, ist vermutlich von dessen Konformation abhängig, und wenn die entsprechenden Proteine entfaltet wären, wäre eine Reaktion durchaus vorstellbar. Durch Acetylierung der Lysinreste wird die Vernetzung erwartungsgemäß verhindert, deshalb läßt sich dieses Instrument zur Reaktionskontrolle einsetzen, denn ein im gleichen Molekül vorkommender freier Glutaminrest kann noch reagieren. Die Transglutaminase kann auch Reaktionen mit α-Aminogruppen aus freien Aminosäuren katalysieren und in Sojaprotein wurde auf diese Weise bereits Methionin eingefügt. Man ist der Meinung, daß Proteasen die neue Isopeptid-Bindung nicht mehr lösen können. Hier eröffnen sich allerdings Anwendungen für eine entsprechend modifizierte Proteaseaktivität. N^{ε}-γ-Glutamyllysin wird von Ratten aus der Nahrung aufgenommen und kann Lysin ersetzen, jedoch ist nicht bekannt, wie das Lysin regeneriert wird. Unabhängig von der Verwendung der Transglutaminase als strukturgebendes Enzym wäre auch seine Verwendung bei Kochvorgängen zum Schutz von Lysin denkbar. Unter Bedingungen, wie sie beim Kochen herrschen, reagiert nämlich der Lysinrest mit Zuckern (Maillard-Reaktion) und Lipiden und geht dadurch in gewissem Maße verloren. Die Transglutaminase ist ein weiteres Beispiel, daß weitergehende Untersuchungen erst dann möglich sind, wenn das Enzym in ausreichenden Mengen verfügbar ist und das bedeutet vermutlich Expression in Hefe. Leider wird die Transglutaminase ihre Wirksamkeit erst dann in industriellen Verfahren unter Beweis stellen können, wenn sie diesen teuren Verfahrensschritt durchlaufen hat, und dafür ist wiederum Voraussetzung, daß der Nutzen dieses Enzyms anerkannt ist. Mit diesem Dilemma müssen wir bei vielen Enzymen kämpfen.

Lysyloxidase. Dieses Enzym katalysiert die Oxidation von Lysinseitenketten zu Allysin (einem Aldehyd). Der gebildete Aldehyd kann dann mit weiteren Lysinresten, mit Histidin oder mit Kohlenhydraten weiterreagieren. Diese Reaktionen sowie ähnliche Verbindungen, die aus Reaktionen mit Hydroxylysin entstehen, verursachen die *in vivo*-Vernetzung von Kollagen und Elastin. Weiterhin sollen diese Reaktionen beim Alterungsprozeß von Kollagen eine Rolle spielen. Das Enzym reagiert offensichtlich spezifisch mit Kollagen und Elastin und eignet sich wohl nicht für allgemeine Regulierungen von Vernetzungsreaktionen. Enzyme zur Umkehrung von Kondensationsreaktionen wären zwar interessant, jedoch sind offensichtlich keine derartigen Enzyme zugänglich, obwohl diese Art der Vernetzungsreaktion in Fleischprodukten sowie in Gelatinegelen auftreten.

Vernetzende Reagenzien.   Auch andere Nahrungsmittel-Inhaltsstoffe sind in der Lage, kleine Moleküle zu bilden, die dann an Vernetzungsreaktionen beteiligt sind. Lipoxygenase kann z. B. aus ungesättigten Fettsäuren Dialdehyde bilden, die mit Lysinresten vernetzen können. (Zur Herstellung von Wursthäuten aus Kollagen werden solche Dialdehyde eingesetzt.) Die ebenfalls bei dieser Reaktion gebildeten Hydroperoxide wirken bei Disulfid-Austauschreaktionen mit. Polyphenoloxidase bildet aus Brenzcatechin und anderen Phenolen Chinone. Diese Reaktion läuft allerdings nur in pflanzlichem Gewebe, niemals in tierischem Gewebe ab, wodurch die Arbeit mit pflanzlichem Material zusätzlich erschwert wird. Der genaue Reaktionsablauf ist noch nicht bekannt, jedoch sind Lysin-Seitenketten und Thiole beteiligt. Die häufig zu beobachtende Unlöslichkeit von pflanzlichem Protein wird mit Vernetzungsreaktionen durch Polyphenole in Zusammenhang gebracht. Diese Polyphenole schaden möglicherweise auch dem ernährungsphysiologischen Wert pflanzlicher Nahrungsmittel, zum einen, weil sie Proteine unzugänglich für die Proteolyse machen und zum anderen, weil Lysin und Cystein selektiv Schaden nehmen.

3.3 Stabilität

Makromoleküle im allgemeinen und Proteine im speziellen lassen sich entweder als flexible oder starre Ketten auffassen und die starren Strukturen lassen sich wiederum in zwei Klassen aufteilen. Die eine Strukturklasse kann als Rotationsellipsoid beschrieben werden und die andere als eine Anordnung von Perlen. Durch Veränderung der Milieubedingungen können die meisten Proteine von der einen in die andere Strukturklasse überwechseln. Manche der zufallsgeordneten Proteine können allerdings keine starre Struktur annehmen und einige der sehr kleinen Proteine, wie z. B. Lysozym und α-Lactalbumin, können nur eine einzige ‚Perle' ausbilden. Die Struktur großer Proteine, wie z. B. der Fettsäuresynthetase aus Kap. 1, läßt sich als eine

Aneinanderreihung von Perlen beschreiben, die durch sog. Loops miteinander verbunden sind. Nach außen weisende Loops können von Proteasen angegriffen werden, wie auch geknäulte Moleküle. Starre, globuläre Proteine sind jedoch gegenüber Proteasen sehr stabil, was aber vermutlich nur ein konformativer Effekt ist, denn nach dem Entfalten sind sie wesentlich leichter angreifbar. Ein gutes Beispiel ist α-Lactalbumin: im gefalteten bzw. nativen Zustand kann die Carboxypeptidase nur einen einzigen Rest am C-terminalen Ende entfernen, ist die Kette jedoch entfaltet, kann sie mindestens sieben Reste entfernen. Eine Endopeptidase, wie beispielsweise Trypsin wirkt entsprechend ihrer Spezifität nur auf etwa 2 % der Bindungen ein und in einer typischen Domäne aus etwa 200 Resten ist die Wahrscheinlichkeit sehr hoch, daß die ungefähr vier angreifbaren Bindungen nicht zugänglich sind. Bei der Entstehung der fermentierten Nahrungsmittel ist die Ausbildung der charakteristischen Strukturen untrennbar mit der Wirkung von Proteasen verknüpft und daher ist ein gewisses Verständnis der Proteinkonformation im Substrat sehr wichtig. Die Angreifbarkeit des Proteins durch Proteasen und auch die Art der Protein-Protein-Wechselwirkungen ist nämlich mit der jeweiligen Konformation eng verknüpft.

Auch durch Proteolyse wird die Proteinstruktur beeinflußt, jedoch in wesentlich geringerem Ausmaß, als man vielleicht erwartet. So können beispielsweise Enzyme mit mehreren Aktivitätszentren, wie die FSS, in mehrere Domänen getrennt werden, bleiben dabei aber immer noch aktiv, oder kleine Enzyme, wie z. B. die Ribonucleasen, können zwei- bis dreimal aufgebrochen werden, ohne daß sie auseinanderfallen. Mit anderen Worten: Zum Erhalt der Faltstruktur ist die Unverletztheit der Peptidkette nicht unbedingt Voraussetzung und mit Entfaltung ist erst dann zu rechnen, wenn die Zahl der Spaltungen einen Grenzwert überschreitet. Bei den meisten Fermentationsprozessen entfalten sich die Proteine zunächst und werden erst anschließend gespalten. Die Entfaltung wird durch Erhitzen oder durch Behandlung mit destabilisierenden Reagenzien erreicht.

Eine begrenzte Proteolyse muß zwar noch keine Entfaltung nach sich ziehen, sie beeinflußt jedoch die Stabilität – und zwar wird die Stabilität vermindert. Abbildung 3.3 zeigt am Beispiel von Ovalbumin das typische, durch Wärmeeinwirkung hervorgerufene Entfaltungsverhalten eines Proteins. Die Struktur verändert sich innerhalb einer kleinen Temperaturspanne kooperativ von der ursprünglich hochgeordneten Struktur zu einer flexiblen, eher zufälligeren Struktur. Ist das Protein ein Enzym, so verliert es bei dieser Strukturveränderung seine Aktivität vollständig. Die bei höheren Temperaturen stabilere Form eines Proteins wird manchmal als Zufallsknäuel bezeichnet. Diese Bezeichnung ist eigentlich nicht korrekt, denn das Zufallsknäuel hat auch eine definierte Struktur, wie sie beispielsweise bei einfachen Homopolymeren auftritt. Sie wird durch eine bestimmte statistische Verteilung beschrieben, die sich darauf bezieht, wie groß der Abstand zwischen den beiden Kettenenden ist (der Abstand kann von ‚0', also der

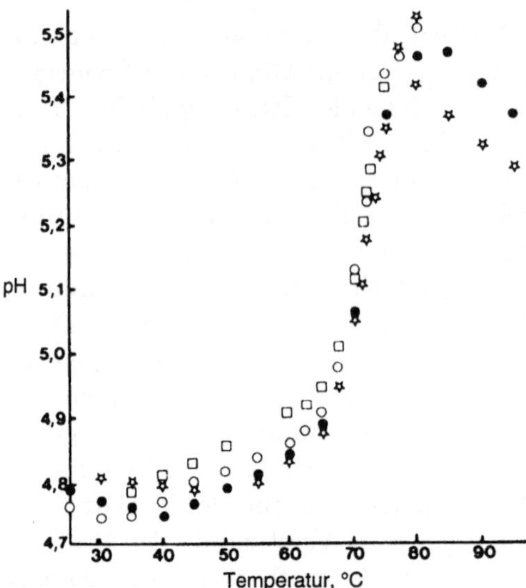

Abb. 3.3. Entfaltungsverhalten von vier verschiedenen Ovalbuminproben in Abhängigkeit
von pH-Wert und Temperatur. Im vorliegenden Beispiel wurde die Konformationsänderung anhand der pH-Veränderung in ungepufferter 0,1 M Natriumchloridlösung verfolgt.
Die Änderung des pH-Wertes hat seine Ursache darin, daß sich für die ionenbildenden
Gruppen bei der Entfaltung die Milieubedingungen verändern und damit auch deren
pK-Werte. Die Entfaltung läßt sich auch anhand vieler anderer Eigenschaften, wie z. B.
optischer oder hydrodynamischer Eigenschaften verfolgen. Enzyme verlieren zusammen
mit der Entfaltung auch ihre Aktivität. Da die Aktivität üblicherweise nicht über das
gesamte Temperaturintervall bestimmt werden kann, wird in separaten Messungen nur
der irreversible Verlust der Aktivität gemessen. Der Mittelpunkt T_m dieser Kurven liegt
in unserem Beispiel bei ungefähr 71 °C und gilt als Maß für die Eigenstabilität.

Berührung der beiden Kettenenden, bis zur Länge der entsprechenden Kette
reichen). Die Form des Zufallsknäuels ist mehr oder weniger kugelförmig
(diese Bezeichnung wird manchmal fälschlicherweise herangezogen, um die
Konformation von gereckten Ketten zu beschreiben), wie sie beispielsweise
bei entfalteten, globulären Proteinen zu finden ist. Es konnte gezeigt werden,
daß Peptidketten in Lösungsmitteln, wie z. B. 6 M Guanidin-Hydrochlorid
nahezu die Form eines Zufallsknäuels annehmen, jedoch nur unter der Voraussetzung, daß alle Disulfidbrücken innerhalb der Kette aufgebrochen sind.

3.3.1 Thermodynamische Stabilität

Aus Messungen wie in Abb. 3.3 läßt sich eine Gleichgewichtskonstante für
die Reaktion

gefalteter Zustand $\rightleftharpoons$ entfalteter Zustand

berechnen. Viele Faltungs/Entfaltungsvorgänge sind vollständig reversibel.
Zusammen mit kalorimetrischen Messungen kann ΔG bestimmt werden und

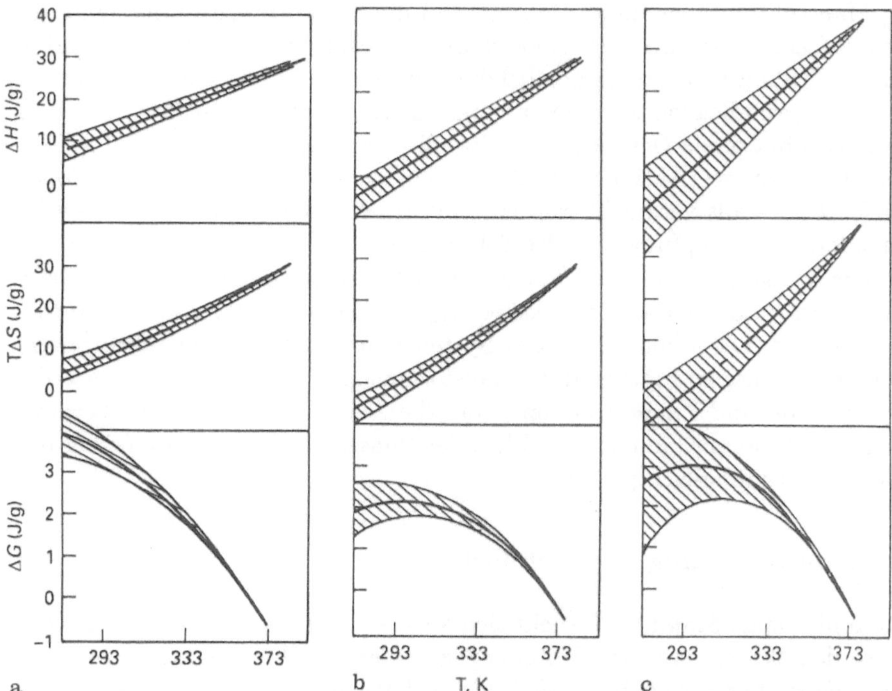

Abb. 3.4. Änderungen der Freien Energie (ΔG), der Enthalpie (ΔH) sowie der Entropie ($T \Delta S$) bei der thermischen Entfaltung der Vorratsproteine von (a) Sojabohne (b) *Vicia faba* (Saubohne) und (c) Sonnenblume. Beachten Sie, daß (ΔG) kleinen Differenzen der viel größeren Funktionen ΔH und $T \Delta S$ entspricht und daß ΔG ein Maximum durchläuft, d.h. es gibt ein Maximum für die Temperaturstabilität. (Aus Tolstoguzov V., private Mitteilungen).

deren Temperaturabhängigkeit. Abbildung 3.4 zeigt die entsprechende Temperaturabhängigkeit für Δ G bei Saatglobulinen, deren Verhalten typisch ist für alle globulären Proteine. Die Ergebnisse illustrieren zwei sehr wichtige Punkte. Erstens ergibt sich der numerisch relativ kleine Wert für ΔG aus der Differenz zweier großer Zahlen, nämlich ΔH und $T \Delta S$. Zweitens durchläuft der Wert von ΔG eindeutig ein Maximum, was nichts anderes bedeutet, als daß es eine optimale Temperatur für die Stabilität gibt. Die Folgerung, daß sich Proteine sowohl bei hohen als auch bei tiefen Temperaturen entfalten, stammt aus experimentellen Ergebnissen. Chymotrypsinogen entfaltet sich z. B. bei etwa 60 °C und in unterkühltem Wasser bei -33 °C. Der Bereich der größten Stabilität liegt im Temperaturintervall zwischen 0 und 40 °C, wobei aus der Peptidstruktur an sich kein zwingender Grund abzuleiten wäre, warum die Stabilität ausgerechnet in diesem Temperaturintervall am höchsten ist. Vermutlich ist der Grund in einer natürlichen Selektion zu suchen. Die Proteine thermophiler Organismen zeigen ein anderes Stabilitätsverhalten. Sie sind nicht unbedingt stabiler, ihr Stabilitätsoptimum zieht sich jedoch über ein größeres Temperturintervall hin.

Man sollte immer daran denken, daß die Stabilitätsbestimmungen, die sich auf ΔG stützen, die thermodynamische Stabilität wiedergeben und es ist letztlich nur eine Annahme, daß die thermodynamische Stabilität mit der Struktur grundlegend zusammenhängt. In Kap. 2 wurde bereits eine ganz andere, funktionale Definition der Stabilität angesprochen, die sich auf die Halbwertszeit der Aktivität in Reaktoren stützt. Die beiden Definitionen dürfen keinesfalls verquickt werden, und es besteht nicht notwendigerweise irgendeine Verknüpfung oder Korrelation.

Die Messungen aus Abb. 3.3 lassen sich nur in Lösungen durchführen, die so verdünnt werden, daß keine Aggregation auftritt. Nahrungsmittel repräsentieren eher konzentriertere Systeme, in denen die nach außen gerichteten hydrophoben Flächen der Zufallsform aggregieren und somit entweder Koagulation und Phasentrennung oder die Ausbildung von Gelen verursachen. Die Koagulation mit nachfolgender Phasentrennung wurde früher mit ‚Denaturierung' gleichgesetzt.

3.3.2 Beeinflussung der Stabilität

Die funktionale Stabilität bezieht sich auch auf Eigenschaften wie beispielsweise den Widerstand des Proteins gegenüber der Wirkung von Proteasen oder gegenüber hohen bzw. niedrigen pH-Werten. Diese Aspekte wurden bereits in Kap. 2 eingehender behandelt. Speziell im Hinblick auf die thermische Stabilität der Proteine wurde der mögliche Zusammenhang zwischen der Aminosäuresequenz und der Stabilität, dargestellt durch ΔG, als Stabilitätskriterium untersucht. Sowohl Lysozym als auch die α-Untereinheit der Tryptophansynthase sind in einer Vielzahl von Mutanten zugänglich, die sich jeweils nur durch einen Aminosäuresubstituenten unterscheiden. Mit diesen Mutanten wurden entsprechende Korrelationsmessungen durchgeführt. Die Ergebnisse zeigen allerdings, daß die Aminosäuresequenzen und ΔG nicht in einfacher Weise korrelieren. Bei der Tryptophansynthase gilt für die Aminosäurereste, die ins Innere schauen, daß bei Erhöhung des Hydrophobizitätsindexes eine gewisse Erhöhung von ΔG zu beobachten ist, dagegen wirkt sich die Veränderung eines Aminosäurerestes an der Oberfläche kaum oder überhaupt nicht aus. Auch Untersuchungen an thermophilen Organismen führten zu keinen gemeinsamen Strukturmerkmalen. Zeitweise glaubte man, daß Disulfidbrücken innerhalb einer Kette mit der Stabilität in Zusammenhang gebracht werden könnten, jedoch ist auch dies kein gleichbleibender Effekt. Offensichtlich tragen viele der unzähligen möglichen Sequenzen zur Hochtemperaturstabilität bei.

Ein möglicher Zusammenhang zwischen Stabilität und Aminosäuresequenz wird immer interessanter, seit man mit Hilfe der ortsspezifischen Mutagenese die Aminosäuresequenz nahezu gezielt verändern kann. In diesem Zusammenhang wäre es sehr hilfreich, wenn man mit Hilfe einiger einfacher Regeln die Auswirkung von Veränderungen in der Aminosäuresequenz vorhersagen könnte – und auch selbst hierfür ist Voraussetzung, daß die fragliche Struktur bekannt ist. Subtilisin wurde beispielsweise mit den zur Verfügung stehenden Methoden gezielt modifiziert (s.u.). Zur Anwendung in Nahrungsmitteln ist die thermische Stabilität möglicherweise eine unerwünschte Eigenschaft und es ist vermutlich wesentlich wichtiger, anhand von Sequenzveränderungen die Aktivitäten von Enzymen zu beeinflussen.

3.4 Proteine als Gelbildner

Ein grundlegendes Charakteristikum vieler Verfahren zur Produktion von Nahrungsmitteln, speziell von Nahrungsmitteln, deren Beschaffenheit von Proteinen abhängt, ist die Ausbildung gelartiger Strukturen durch Proteine. Derartige Gele sind zwar bei weitem noch nicht erforscht, jedoch sind sie ein wichtiges denkbares Anwendungsgebiet für die Biotechnologie. Schon die Beispiele Käse und Joghurt (s. 3.5.1 und 3.5.2) zeigen ausreichend gut, wie die strukturgebenden Eigenschaften von Proteinen durch Enzyme modifiziert werden können. Zunächst sollen jedoch die grundlegenden Aspekte der Gelbildung von Proteinen diskutiert werden, um dann Probleme strukturierter und somit weniger empirisch, angehen zu können.

Aus verschiedenen Gründen sind Gele aus Gelatine besser untersucht als fermentierte Nahrungsmittel und zwar hauptsächlich deswegen, weil Gelatine in photographischen Emulsionen verwendet wurde (in Nahrungsmitteln spielt Gelatine eher eine untergeordnete Rolle). Globuläre Proteine sind zwar in Nahrungsmitteln wesentlich weiter verbreitet, sie wurden jedoch erst näher untersucht, als die Firmen in den 60er Jahren ‚texturierte' Produkte herstellen wollten, wobei ‚texturiert' den Bereich vom stückigen Gut bis zum fasrigen Material als Nahrungsmittel abdeckt. Vor dieser Zeit hatte sich zwischenzeitlich ein gar nicht so kleiner Industriezweig entwickelt, der aus Proteinen wie Casein und Soja Textilfasern herstellte. Die synthetischen Fasern, wie z.B. Nylon, hatten diese Fasern jedoch bereits wieder vom Markt verdrängt. Angesichts dieser Beispiele ist es verwunderlich, wie wenig noch heute über die grundlegenden Vorgänge bei der Gelbildung von Proteinen bekannt ist.

Bei einem Treffen der Faraday-Gesellschaft im Jahre 1974 über die Gelbildung von Proteinen herrschte keine Einigkeit. Vermutlich lag dies daran, daß die Gelierung der einzelnen Proteine auf die unterschiedlichste Art und Weise ablaufen kann. Bei einem zweiten Treffen zu dieser Thematik im Jahre 1982 war die Übereinstimmung bereits größer und heute kann man sich die Gelbildung bzw. die daran beteiligten Reaktionen recht gut vorstellen.

Gelatine bildet z.B. thermolabile Gele, d.h. die Gele schmelzen beim Erwärmen. Das Gelatinemolekül besitzt ein relativ großes Achsenverhältnis (d.h. es hat eine relativ lang gestreckte Form). Gelöste globuläre Proteine bilden dagegen beim Erwärmen nur dann Gele aus, wenn die Lösung relativ

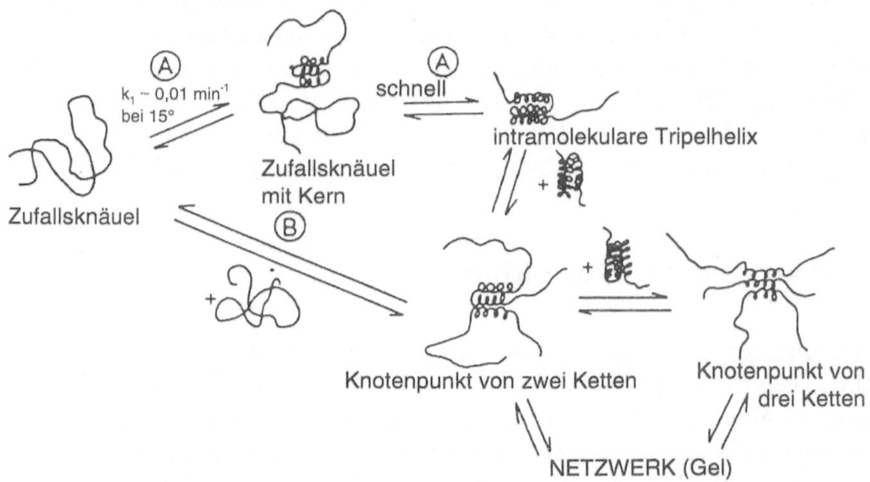

Abb. 3.5. Mögliche Konformationsänderungen und Wechselwirkungen bei der Ausbildung eines Gel-Netzwerkes aus α-Gelatine. (Aus Finer E., Franks F., Phillips M. C., Suggett A. (1975) Biopolymers 14, 1995–2005).

hoch konzentriert ist. Bereits diese beiden Beispiele deuten unterschiedliche Mechanismen zur Gelbildung an.

Globuläre Enzyme neigen beim Erwärmen dazu, Strukturen anzunehmen, die an ein Zufallsknäuel erinnern. Anfangs schlug man vor, daß die maschenartige Struktur des Gels aus gestreckten Ketten besteht, die untereinander vermutlich über Wasserstoffbrückenbindungen vernetzt seien. Die Struktur der thermostabilen Gele läßt sich mit dieser Strukturvorstellung sehr wahrscheinlich nicht beschreiben, auch wenn die Struktur von Gelatine-Gelen solchen Netzstrukturen ähnelt (s. Abb. 3.5). Zunächst sind Zufallsknäuel mehr oder weniger sphärische Partikel (s. o.) und die globulären Proteine ähneln in ihrer Form solchen Zufallsknäueln. Gestreckte Ketten sind bei globulären Proteinen auch unter hohen Scherbelastungen, wie sie bei manchen Extrusionverfahren zur Herstellung von Fasern auftreten, nicht nachzuweisen. Meistens bleibt die annähernd sphärische Struktur durch die Beibehaltung der Disulfidbrücken innerhalb der Ketten erhalten. (Aus der Sicht der Hydrodynamik wird dann von sphärischen Partikeln gesprochen, wenn das Achsenverhältnis kleiner als ‚5' ist. Die Hydrodynamik macht sich von den Molekülen selbst nur eine undeutliche Vorstellung.)

Die ersten Anhaltspunkte zur Struktur von Gelen erhielt man aus elektronenmikroskopischen Aufnahmen, die erkennen ließen, daß die zugrundeliegenden Maschen des Gels aus aggregierten, sphärischen Partikeln aufgebaut sind, die in ihren Ausmaßen den Proteinmolekülen ähneln. Einige typische Vertreter zeigt Abb. 3.6. Das ‚Perlenschnur'-Modell wurde mittlerweile auch bei vielen anderen globulären Proteinen beobachtet. Auch in extrudierten Filamenten, deren Struktur offensichtlich zylindrischen Gelen entspricht, wurde dieses Strukturmerkmal bereits nachgewiesen. Die ,Gelstränge' (die Bezeichnung ,Strang' wird häufiger verwendet als ,Kette', um Verwechslungen mit der Peptid,kette' zu vermeiden) bilden sich beim Erwärmen aus und ihre Form ist meist irregulär. Diese Beobachtungen entsprechen zwar genau unseren momentanen Kenntnissen über das Verhalten von globulären Proteinen in Lösung, lassen jedoch noch viele Fragen unbeantwortet. Warum bilden beispielsweise manche Systeme bei bestimmten Milieubedingungen Gele aus und koagulieren bei nur geringfügig anderen Bedingungen? Diese Frage kann für einen Nahrungsmittelproduzenten von besonderer Bedeutung sein und die Antwort ist wohl in den unbekannten Aggregationsmechanismen zu suchen. Abbildung 3.7 illustriert das Prinzip dieses Problems. Beim Erhitzen auf 69 °C bildet Albumin hauptsächlich lange Aggregate, deren Achsenverhältnisse große Werte annehmen. Beim weiteren Erhitzen bis auf 100 °C bilden sich immer mehr sphärische Aggregate aus. Dementsprechend ist es auch nicht verwunderlich, daß Albumin bei 69 °C zum Gelieren neigt, bei 100 °C jedoch koaguliert. Warum es jedoch auf diese zwei Weisen aggregiert ist nicht bekannt. Vermutlich unterscheiden sich bei diesen beiden Temperaturwerten die Oberflächenstrukturen sowie die Kinetik der Wechselwirkungen. Die Albuminstruktur ist mittlerweile bekannt und daraus dürften sich einige Hinweise ergeben. Ähnliche Effekte könnten auch bei anderen Proteinen, wie z. B. den besonders wichtigen Saatproteinen, gelten, allerdings wurde dahingehend noch nicht untersucht.

Zusätzlich zu den Veränderungen in genauen Aggregationsmechanismen, die im Beispiel Albumin einfach durch Temperaturveränderung hervorgerufen wurden, jedoch auch von pH-Wert und Ionenstärke abhängig sind, ist unter sonst unveränderten Bedingungen für die Gelbildung/Aggregation eine allgemeine Konzentrationsabhängigkeit zu beobachten.

Eine Gelatine-Art bildet beim Abkühlen einer Lösung entweder ein Gel aus oder, wenn die Konzentration nicht genügend hoch ist (weniger als 0,5 % Massenanteil), eine viskose Lösung. Dieses Verhalten wurde bisher für kein anderes Protein nachgewiesen. Manchmal ist die Unterscheidung zwischen einem schwachen Gel und einer viskosen Lösung nicht einfach. In dieser Hinsicht ähnelt das Verhalten von Gelatine dem Verhalten vieler synthetischer Homopolymere und mancher Kohlenhydrate, wie z. B. Agarose. Vor der Gelbildung bildet Gelatine – sie wird durch partielle Degradation aus Kollagen hergestellt – eine Helix aus, und die Verknüpfungen zwischen den Strängen könnten eine gewisse Umbildung der Kollagenstruktur repräsentieren. Abbildung 3.5 illustriert die heutige Meinung über die Ausbildung von Gelatinegelen. Die Erkenntnisse stammen vor allem aus spektroskopischen Messungen. In ähnlicher Weise können auch thermolabile globuläre Proteine Gele ausbilden, jedoch im allgemeinen nur in dissoziierend wirkenden Lösungsmitteln, wie z. B. in 8 M Harnstoff. Unter entsprechenden Bedingungen können die in zufälliger Weise verteilten Ketten hauptsächlich über die Bildung von Wasserstoffbrückenbindungen ein Netz ausbilden. So

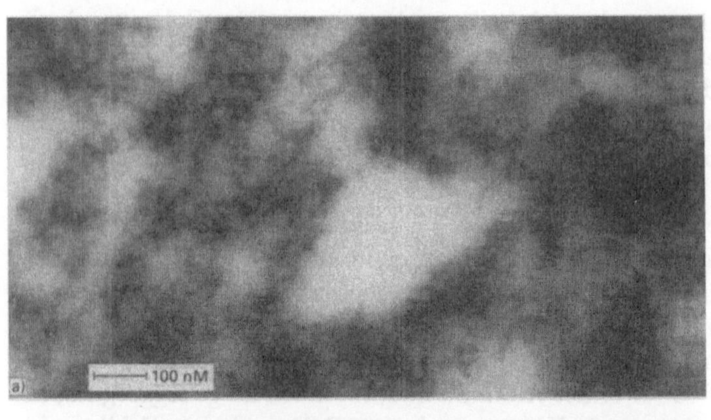
100 nM
a)

200 nM
(b)

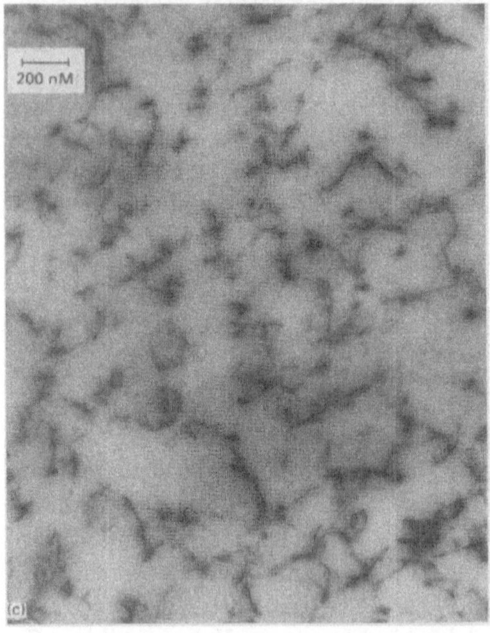
200 nM
(c)

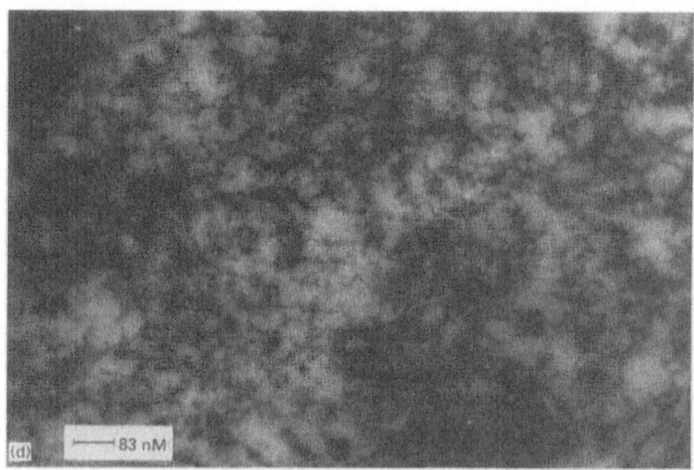

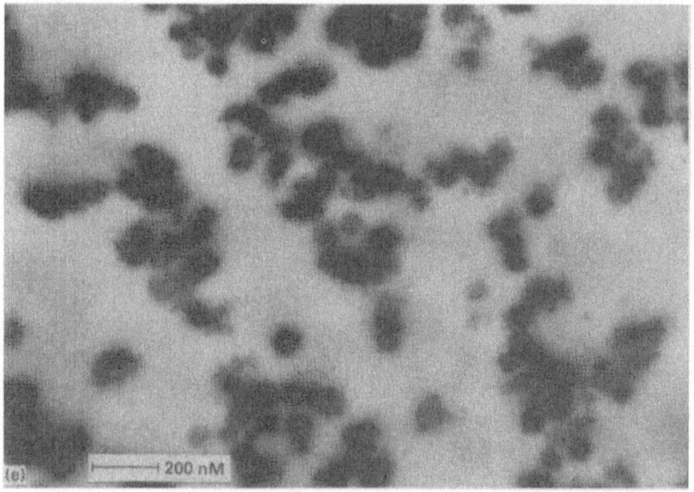

Abb. 3.6. Typische Proteingel-Strukturen in Nahrungsmitteln. Elektronenmikroskopische Aufnahmen eingefärbter Schnitte. (a) Thermisch gelierte, wäßrige Sojaproteinfraktion mit einem Proteingehalt von 15 %, (b) Rand einer gestreckten Faser aus Erdnußprotein; Proteingehalt etwa 20 %, (c) thermisch gelierter Actomysin-Extrakt mit einem ungefähren Protein-Gehalt von 5 %, (d) Sojaprotein-Gel aus ungereinigtem Sojaprotein mit einem Proteingehalt von etwa 20 %. Einzelne Moleküle der Speicherproteine (ungefähre Größe 8 nm) sind gerade noch zu erkennen, (e) Casein-Gel, erhalten durch Zusatz von Milchsäure zu einem Milchkonzentrat, mit einem ungefähren Proteingehalt von 9 %. Die jeweiligen Vergrößerungsmaßstäbe sind bei den einzelnen Abbildungen angegeben.

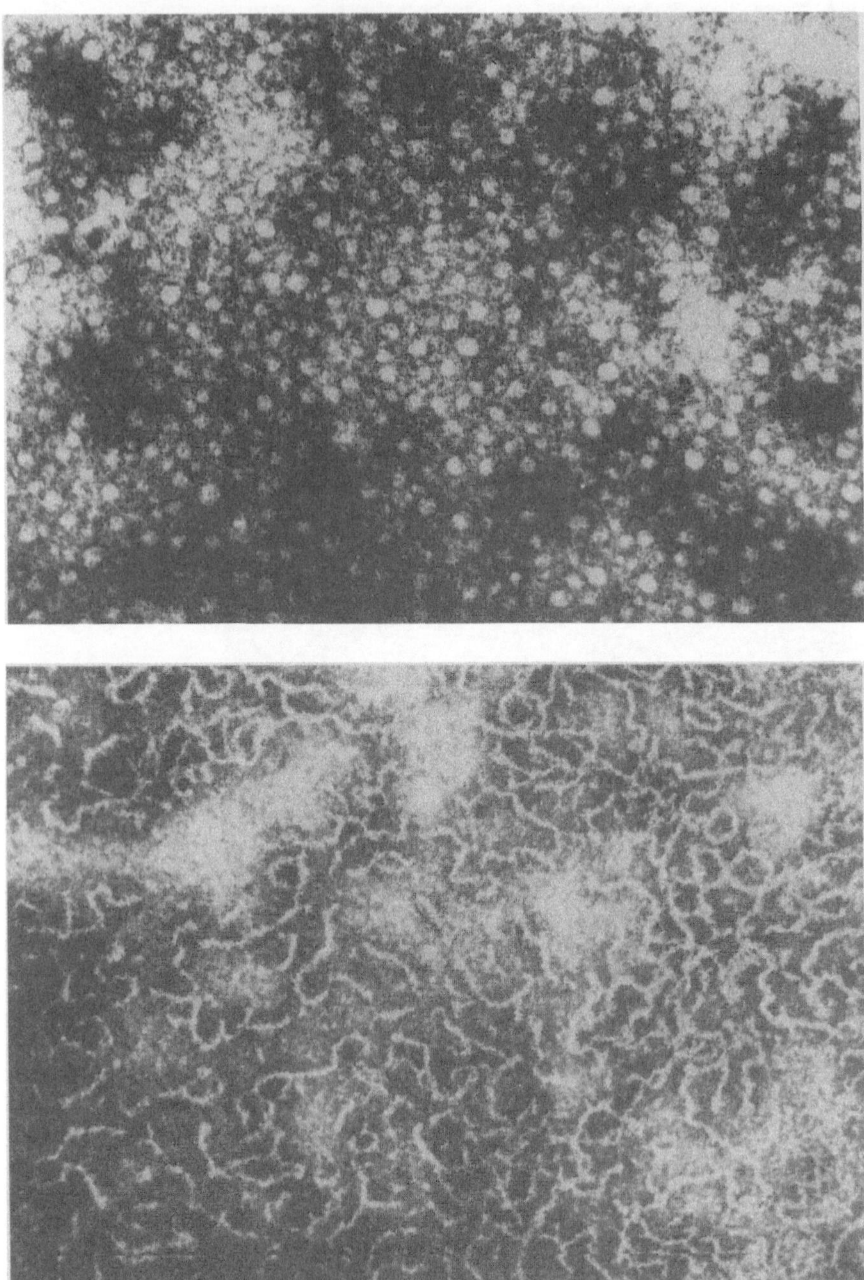

Abb. 3.7. Elektronenmikroskopische Aufnahmen von Rinder-Serumalbumin-Aggregaten. (oben) 8 s Erhitzen auf 100 °C, (unten) 30 min Erhitzen auf 69 °C. Beide Proben enthielten 3 % Protein. Aufnahmetechnik: Negativfärbung auf Kohlenstoffnetz.

entsteht bei einem Proteingehalt von etwa 5 % ein transparentes, thermo-labiles Gel. Sojaprotein verhält sich entsprechend. Solche Gele sind zwar wirtschaftlich uninteressant, jedoch eignen sie sich zur Illustration, wie ein und dieselbe Proteinmischung je nach Wahl der Bedingungen sehr unter-schiedliche Gelarten ausbilden kann.

Über den ‚Erdnuß-Plan' wurde vor einigen Jahren das Erdnußprotein erstmals gut erhältlich. Als Qualitätsnachweis wurde eine Aufschlämmung des Proteins (Proteingehalt etwa 20 %) im Autoklaven behandelt. Ein qua-litätsmäßig zufriedenstellendes Protein bildete dabei ein nahezu transparen-tes, festes Gel aus, ein qualitativ unzureichendes Protein dagegen milchige und bröckelnde oder sogar koagulierte Brocken. Die Ergebnisse dieser massi-ven Behandlung waren zwar dafür geeignet, die Eigenschaften des Proteins in den folgenden Verfahrensstufen vorherzusagen, jedoch konnte niemals festgestellt werden, welche Gründe bei der Proteinproduktion für ein derart unterschiedliches Verhalten verantwortlich sind. Einig war man sich jedoch, daß die Eignung eines Proteins für nachfolgende Verfahrensstufen je nach Art der Verfahren, die damals – und auch heute noch – in Betrieb waren bzw. sind, Schaden nehmen kann.

Quantitative Behandlung der Gelbildung. Eine quantitative Beschreibung der Aggregation versuchte erstmals Von Smoluchowski, der den Prozeß der zufälligen Aggregation zu sphärischen Partikeln beschrieb. Mit der Zeit führen offensichtlich Aggregationsvorgänge, bei denen jeder Kontakt mit gleicher Wahrscheinlichkeit zur Adhäsion führt, zu sphärischen Aggrega-ten. Die Anzahlverteilung der entstehenden Aggregatsgrößen beträgt nach Gl. 3.1:

$$n_\mathrm{a} = \frac{n_0 \, (\beta \, n_0 \, t)^{\mathrm{a}-1}}{1 + \beta \, n_0 \, t^{\mathrm{a}-1}} \tag{3.1}$$

wobei gilt

n_0 Zahl der Partikel vor der Aggregation
n_a Zahl der Partikel des anzahlgemittelten Aggregationsgrades a zum Zeitpunkt t
β Konstante

Abbildung 3.8 zeigt einen Vergleich zwischen den Vorhersagen Von Smo-luchowskis und der tatsächlichen Größe der Albuminaggregate. Wie viel-leicht schon erwartet, kann das Modell die tatsächliche polymodale Vertei-lung nicht voraussagen. Ursächlich für das Versagen des Modells ist, daß bei der eigentlichen Aggregation die Prämissen für das Modell nicht erfüllt sind. Auch Proteine mit veränderten Oberflächen sind mit diesem Modell in ihrem Verhalten nicht beschreibbar, jede Abweichung verursacht aus-geprägt asymmetrische Aggregate. In der nächsten Stufe wurde mit Hilfe

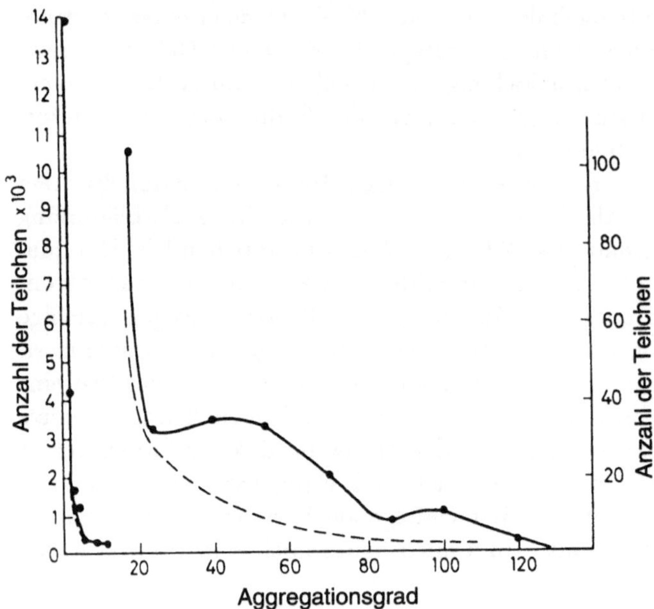

Abb. 3.8. Zahlengemittelter Aggregationsgrad von Albumin, das für 5 min auf 69 °C erwärmt wird (Proteingehalt 0.9 %). Die Skala für den linken Kurvenzug ist auf der linken Seite angeordnet, die Skala für die beiden rechten Kurvenzüge auf der rechten Seite. Der gestrichelte Kurvenzug gibt den berechneten Verlauf unter Verwendung einer einfachen Aggregationstheorie wieder.

von rechnergestützten Simulationen die visuelle Darstellung einiger Aggregattypen ermöglicht, und zwar unter der Bedingung, daß die Aggregation nicht vollständig ist. Dadurch bildeten sich die unterschiedlichsten und in vielen Fällen hochgradig asymmetrischen Aggregatformen, die den Aggregatformen aus den elektronenmikroskopischen Aufnahmen sehr ähnlich waren. Man kann also folgendes schließen: sind beim Unterbrechen der Aggregation genügend aggregierte Partikel zur Ausbildung eines kontinuierlichen Gel-Netzes vorhanden, so wird sich ein Gel bilden, wenn nicht, wird das System bevorzugt koagulieren.

Aus mikroskopischen Aufnahmen wurden für die Porengrößen von Proteingelen Werte zwischen 1 und 3 nm bestimmt. Ogston fand für eine zufällige Anordnung von Fasern den Zusammenhang zwischen Konzentration und Porengröße:

$$\bar{p} = \frac{1}{\sqrt{4\pi\nu L}} \tag{3.2}$$

wobei gilt

$\bar{p}$ durchschnittlicher Porenradius
ν Anzahl der Partikel mit der Länge $2L$ je Volumeneinheit

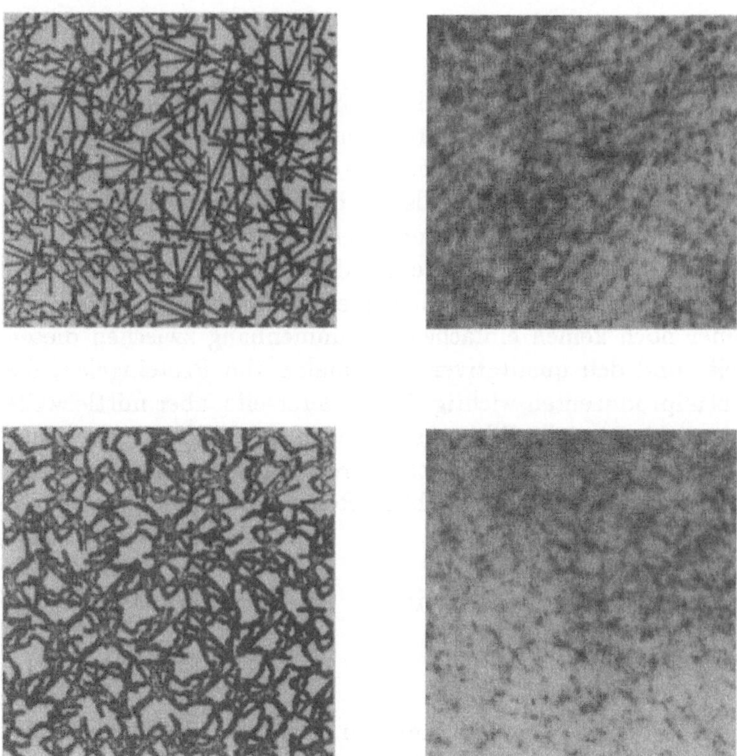

Abb. 3.9. Struktur von Gelen – ein Vergleich zwischen den Ergebnissen einer rechner-gestützten Simulation und der tatsächlichen Struktur, wie sie aus elektronenmikroskopi-schen Aufnahmen zu erkennen ist. (a) Lysozym-Gel bei pH 2.0 und (b) α-Chymotrypsingel bei pH 3.0. Beide Gele bevorzugen unter den gegebenen Bedingungen die Ausbildung kur-zer, stäbchenförmiger Aggregate (aus: Clark A. H., Judge F., Richards J., Stubbs J. M., Sugget A. (1981) Int. J. Protein Peptide Res. 17, 380–392).

Ogston berücksichtigte in seinem mathematischen Ansatz zwar nur die Länge der Fasern und ließ deren Dicke unberücksichtigt, jedoch läßt sich damit ausgehend von den Konzentrationen und unter Berücksichtigung der Strangdichte, die sich aus dem Perlenketten-Aggregatmodell ableiten läßt, die Porengröße von Gelen recht gut beschreiben. Aufgrund einer Konver-genz gelten die gleichen Zusammenhänge auch bei der Gel-Elektrophorese und bei der Gel-Filtration. Die Abhängigkeit von Porengröße und Konzen-tration ist für die Filtration etwas unterschiedlich und zwar

$$\bar{p} = \frac{kd}{\sqrt{c}} \tag{3.3}$$

wobei gilt
k Konstante

d Strangdicke

c Feststoffkonzentration

Bei der Filtration ist also die Strangdicke d explizit in der Gleichung enthalten. Die Anwendung der rechnergestützten Simulationsmethode ist in Abb. 3.9 an zwei sehr schönen Beispielen zu sehen. Für ein Lysozym-Gel und ein α-Chymotrypsin-Gel sind jeweils die beobachtete und die aus Simulationen ermittelte Struktur gegenübergestellt.

Aus der Konzentration und mit Hilfe eines Modells zur Gelbildung lassen sich also die prinzipiellen Moleküldimensionen eines Gels vorhersagen. Zwar kennt man immer noch keinen einfachen Zusammenhang zwischen diesen Größen einerseits und den qualitativen Merkmalen von Proteingelen, die für Nahrungsmittelproduzenten wichtig sind andererseits, aber mittlerweile eröffnen sich Möglichkeiten, die Bildungsmethoden eines Gels zu beeinflussen und auf diese Weise noch mehr Strukturen als heute zugänglich zu machen. Proteasen werden hier eine wichtige Rolle spielen.

3.5 Fermentierte Nahrungsmittel

3.5.1 Käse

Will man einen Überblick zur Verwendung von Proteasen in Nahrungsmitteln bieten, so muß Käse an erster Stelle stehen. Käse wird in geringem Maße auch aus Ziegen- und Schafmilch produziert, der bei weitem am meisten verwendete Rohstoff mit jährlich weltweit etwa $2 \cdot 10^{10}$ l ist aber Kuhmilch. Die Käsereien sind bei weitem die größten Verbraucher für Proteasen. Bereits 1874 vertrieb Hansen ein standardisiertes Lab.

Die Käseproduktion beginnt mit dem Zusatz von Milchsäurebakterien und einem Extrakt aus Kälbermägen (enthält die Protease Rennin) zu Milch. Die Protease Rennin wurde mittlerweile in ‚Chymosin‘ umbenannt (Aspartatinproteinase, EC 3.4.23.4) und wir werden im folgenden ebenfalls diese Bezeichnung verwenden. Chymosin kommt im Labmagen von Kälbern vor und läßt Milch gerinnen, eine Wirkung, die zweifellos als Teil des Verdauungsvorganges aufzufassen ist. Die zugesetzten Bakterien bilden aus Lactose Milchsäure und senken dadurch den pH-Wert. Das Casein in der Milch wird durch das Zusammenspiel von pH-Senkung und Wirkung des Chymosins ausgefällt. Wie die Koagulation im einzelnen abläuft, hängt von der einzelnen Käsesorte ab. Der pH-Wert, bei dem die Trennung erfolgt, beeinflußt den Koagulationsvorgang wohl am meisten.

Es gibt vier verschiedene Caseine, das α_1-, das α_2-, das β- und das κ-Casein. Jedes dieser Proteine tritt in genetischen Varianten auf, wobei deren relative Häufigkeit beim einzelnen Milchvieh unterschiedlich ist. Die praktische Auswirkung ist gering, denn üblicherweise wird Milch von vielen verschiedenen Tierindividuen zusammengegeben und anschließend zu den entsprechenden Produkten verarbeitet. Würde Milch von beispielsweise jeweils nur einer einzigen Herde verwertet, so müßte man von unterschiedlichen Zusammensetzungen der Milch ausgehen. Mittlerweile verfügt man über die cDNAs und kürzlich wurden die Strukturgene für Ratten- und Rindercasein charakterisiert. Man hofft nun, die für die hormonelle Regulierung verantwortlichen Regionen zu finden.

Casein ist ein an Serin-Resten phosphoryliertes Protein. Zusammen mit Ca^{2+} ist κ-Casein für die Stabilisierung der Micellen des Proteins als kolloidale Partikel in der Milch verantwortlich. Chymosin spaltet im κ-Casein als einzige Bindung jene zwischen Methionin in 106 und Phenylalanin in der Position 105. Dadurch wird die Micelle aber bereits so destabilisiert, daß Coagulation eintritt. Der geronnenen Masse läßt man anschließend Zeit zum Altern, damit sie zusammenklumpen kann. Manchmal wird mechanisch, z. B. durch Pressen, nachgeholfen. Bei diesem Vorgang bildet sich die für jede Käsesorte charakteristische Struktur aus. Die Lipide und ein Teil der Molke bleiben in der Masse eingeschlossen, während die restlichen Bestandteile der Milch ausgewaschen werden. Nun beginnt der Vorgang des ‚Reifens‘, worunter man die langsame Wirkung weiterer Proteasen und Lipasen, die sowohl aus der Milch als auch aus zugesetzten Bakterienkulturen stammen können, und die zu Aminosäuren sowie kleinen Peptiden und freien Fettsäuren in der ausgefällten Masse führen, versteht. Der Cheddar-Käse verdankt sein charakteristisches Aroma vermutlich der Spaltung der Phe23–24-Bindung im α-Casein, wodurch die entsprechenden geschmacksgebenden Peptide entstehen. Vorschläge zur Modifizierung der Reifungsvorgänge und zur Verwendung anderer Enzyme zur leichteren Hydrolyse sind zwar existent, jedoch noch nicht in die Wirklichkeit umgesetzt. Je länger die Reifungszeit dauert (typisch sind Reifezeiten bis zu einem Jahr), desto intensiver wird das Aroma.

Die Versorgung mit Chymosin ist stark von der Zahl der geschlachteten Kälber abhängig. Zwar sollte zwischen der Anzahl der Kälber und der Milchproduktion ein gewisser Zusammenhang bestehen, jedoch ist die Versorgung mit Chymosin in der Praxis nicht ausreichend. Chymosin wirkt sehr spezifisch. Andere Proteasen, wie z. B. Pepsin, eignen sich schlecht zur Käseherstellung, weil sie zu viele Bindungen spalten. Dadurch wird nicht nur die Ausbeute vermindert (lösliche Peptide wandern in die Molkefraktion), sondern es werden auch geschmacklich unerwünschte Peptide gebildet. In den USA erfolgt heute mindestens die Hälfte der Käseproduktion mit einer von *Mucor miehei* ausgeschiedenen Protease. Der Gerinnungsvorgang läuft damit ähnlich wie mit Chymosin ab, jedoch wirkt die Protease während der Reifung weiter. Zudem ist sie stabiler als Chymosin, dessen Aktivität schnell nachläßt. Alles in allem ist diese Protease kein idealer Ersatz für Chymosin. Sie wird hauptsächlich zur Produktion von Käse verwendet, der nur eine kurze Reifezeit benötigt, sowie von Cholesterin-freiem Käse mit Pflanzenfett, der sich in letzter Zeit steigender Beliebtheit erfreut. Vor kurzem wurde gentechnisch eine destabilisierte Form der *miehei*-Protease erhalten, die nun im industriellen Maßstab produziert wird und durch Wärmebehandlung im Käse wie in der Molke inaktiviert werden kann.

Das Chymosin-Gen konnte mittlerweile in der Hefe *Kluyveromyces lactis* sowie in *Aspergillus nidulans* exprimiert und ins Medium ausgeschieden werden. Es bestand die Meinung, daß *Aspergillus* in der Praxis wohl die beste Enzymquelle darstellt, denn das Hefeenzym war in manchen Fällen inaktiv. Inzwischen sind beide Produkte im Handel. Chymosin aus rekombinierter DNA wurde von der US-amerikanischen Food and Drug Administration zur Verwendung in Nahrungsmitteln zugelassen. Man darf gespannt sein, ob auch für vegetarische Lebensmittel eine Zulassung erfolgen wird. Das rekombinante Chymosin wird das Extrakt-Präparat aus Wiederkäuermägen nicht vollständig verdrängen, denn im natürlichen Extrakt sind noch Spuren weiterer Proteasen und Lipasen vorhanden, die während der Reifung für kleinere Wirkungen verantwortlich sind. Die pregastrische Lipase (EC 3.1. 1.34) ist eine der zusätzlichen Komponenten. Sie stammt aus dem Schlund und wirkt spezifisch auf die kurzkettigen Triglyceride der Milch. Die Schlundlipase von Ratten ist bereits erfolgreich geklont und prinzipiell erhältlich. Zur Beschleunigung des Reifungsprozesses werden manchen Käsesorten zusätzlich Lipasen aus Pilzen zugesetzt. Möglicherweise werden mit Hefe-Chymosin und weiteren Enzymen interessant schmeckende Käse-Neuheiten entwickelt. Die traditionellen Käsesorten sind das Ergebnis von Verfahren, die über die Jahrhunderte immer weiter entwickelt wurden und die wohl nicht leicht noch weiter zu verbessern sein werden.

Molke.   Die Entsorgung von Molke gehört strenggenommen zur Käseproduktion. Der größte Teil der Molke wurde einfach als Abfall behandelt. Heute wird sie als Viehfutter getrocknet. Unter ökonomischem Druck wird über sinnvolle Produkte aus Molke nachgedacht. Molke ist kein idealer Rohstoff. Im Prinzip handelt es sich um eine verdünnte Lactoselösung, die insbesondere β-Lactoglobulin und α-Lactalbumin, Immunglobuline u.s.w. (die Proteine der Molke) enthält. Die Proteine eignen sich aufgrund ihrer Eigenschaften recht gut zur Verwendung in Lebensmitteln, sie können manchmal das Eiweiß aus Eiern substituieren. Leider ist Eiweiß jedoch in großen Mengen und zu niedrigen Preisen erhältlich und die Produkte aus der relativ kostenaufwendigen Verarbeitung von Molke, nämlich Trockenprotein und Lactose bzw. eine Mischung aus Galactose und Glucose (nach Behandlung mit Galactosidase aus Hefe), sind nur schwer auf dem Markt zu plazieren. Bei entsprechender Verschiebung der Kosten, hier ist vor allem an die steigenden Ausgaben zur Abfallbeseitigung gedacht, wird die Aufarbeitung von Molke möglicherweise immer lohnender. Die Molkeverarbeitung ist zudem eines der wenigen Verfahren, die die Membranfiltrationen im großen Maßstab verwenden, und zwar wird auf diese Weise in gewissem Ausmaß die Lactose von der Proteinfraktion und vom Wasser abgetrennt.

Weitere Enzyme. Spezialanwendungen von Enzymzusätzen sind beispielsweise der Zusatz von Lysozym zu manchen Babymilch-Zubereitungen (das Lysozym wirkt als Bakteriostatikum) sowie die Verwendung immobilisierter Lactase aus *Aspergillus* zur Entfernung von Lactose. Manche Bevölkerungsgruppen können keine Lactose verwerten, weil ihnen das entsprechende Enzym fehlt. Bezeichnenderweise fehlt dort meist eine einheimische Milchindustrie.

3.5.2 Joghurt

Ebenso wie bei Käse basiert auch die Joghurtstruktur auf einem vernetzten Casein-Gel. Das Joghurt-Gel ist jedoch verdünnter und enthält daher noch die Molke sowie Verbindungen, die direkt aus Molke entstehen. Die grundlegende stoffliche Zusammensetzung von Joghurt wird entweder durch Einengen der Milch (Entfernen des Wassers durch Verdampfen) oder durch Zusatz von Proteinen aus anderen Quellen festgelegt. In Tabelle 3.2 sind einige proteinreiche Pulverpräparate zur Erhöhung des Proteingehalts der Milch zusammengestellt. Industriell gefertigter Joghurt enthält etwa 14–15 % an festen Milchbestandteilen, der Anteil an Protein macht z. B. in den am meisten verkauften Produkten etwa 10 % aus. Der Proteingehalt wird meist mit Magermilchpulver angehoben. Die meisten der vorgestellten Additive aus Tabelle 3.2 lassen sich zwar zur Joghurtproduktion verwenden und die Produkte werden vom Verbraucher auch angenommen, jedoch werden sie aus verschiedenen Gründen von der Industrie nicht verwendet. So sind z. B. Erdnußprotein und Blattprotein, die zur Verwendung in Nahrungsmittel zugelassen sind, nicht ohne weiteres erhältlich, und Sojaprotein kann den Geschmack beeinträchtigen. In Deutschland sind milchfremde Zusätze verboten.

Die Milch wird durch Verdampfen des Wassers eingeengt. Auf diese Weise lassen sich auch unerwünschte, leicht flüchtige Verbindungen (beispielsweise aus Ziegenmilch) entfernen. Ziegenmilch wird auch über Membranfiltration eingeengt.

Der eigentliche Joghurt entsteht aus der Wirkung einer *Lactobacillus bulgaricus/Streptococcus thermophilus*-Mischung auf die eingedickte Milch. In Deutschland wird heute anstelle von *L. bulgaricus* mit *L. acidophilus* gearbeitet, er führt nur zur milden Säuerung (bis etwa zu pH-Werten um 4.3) und die Produkte sind lange haltbar, und zwar ohne Synärese (Molkeabscheidung). Die industrielle Joghurtproduktion ist auf einen genügend hohen Proteingehalt angewiesen, damit sich das angestrebte Gel ausbilden kann. Das Gel entsteht durch die ausfällende Wirkung der Milchsäure auf das Casein. Aus der Sicht des Marketings verhält es sich bei Joghurt wie beim Fruchthandel: je billiger die Bezugsquelle, desto größer der Gewinn.

Milch zur Herstellung von Joghurt wird vor dem Beimpfen mit Bakterienkulturen im allgemeinen zunächst erhitzt und anschließend wieder ab-

Tabelle 3.2. Zusammensetzung von Proteinpräparaten zur Anreicherung von Milch zur Joghurtproduktion (aus: Robinson R. R., Tamiye A. Y. (1986) In: Hudson B. (Hrsg.) Developments in Food Proteins. Elsevier Applied Science, Barking)

Ausgangsmaterial	Zusammensetzung (g/100 g)				
	Wasser	Protein	Fett	Lactose Kohlenhydrat	Asche
I. Milchprodukte					
Milchpulver					
Gesamt	3,0	26,5	27,0	37,5	6,0
Entfettet	3,0	35,5	1,0	52,0	8,5
Molke					
Saure Molke	3,2	13,0	1,1	72,5	10,2
Süßmolke	3,0	13,0	1,0	74,0	9,0
Proteinangereicherte Molke	4,0	75,0	11,0	8,0	2,0
Entmineralisierte Molke	3,0	13,0	0,8	82,4	0,8
Casein					
Kommerziell	7,5	88,5	0,2	0,0	3,8
Copräzipitat	4,0	83,0	1,5	1,0	10,5
Labcasein	9,0	82,0	1,0	0,2	7,8
Saures Casein	9,0	83,7	1,3	0,2	5,8
Natrium-Caseinat	5,0	89,0	1,2	0,3	4,5
Buttermilch					
Sauer	4,8	37,6	5,7	44,5	7,4
Süß	3,8	34,3	5,3	49,0	7,6
II. Sojabohnenmehl					
Vollfett	8,0	36,7	20,3	30,2	4,8
Halbfett	8,0	43,4	6,7	36,6	5,3
Entfettet	8,0	47,0	1,0	38,0	6,0
III. Andere Quellen					
Erdnußmehl (entfettet)	7,3	47,9	9,2	31,5	4,1
Blattprotein					
Gesamtkonzentrat		50–65	15–30	5–20	0,1–1,5
Extrahiertes Konzentrat		65–80	2–5	10–30	2–8
Cytoplasmatische Fraktion		70–95	0,5–5	3–30	0,5–1

gekühlt. Aufgrund dieser Vorbehandlung unterscheiden sich die Koagulationsmechanismen von Joghurtproduktion und Käseproduktion. Es ist bekannt, daß die Molkenproteine, speziell das β-Lactoglobulin, beim Erhitzen fasrige Aggregate ausbilden, die sich an die Caseinmicellen verankern. Diese neuen Micellen sind bei der Casein-Aggregation beteiligt und scheinen zur Ausbildung eines weichen Gels beizutragen. Wird die Milch vor dem Fällungsschritt nicht erhitzt, erhält man eine andere, nicht unbedingt erwünschte Gelstruktur. Nach allem, was mittlerweile über Proteine als

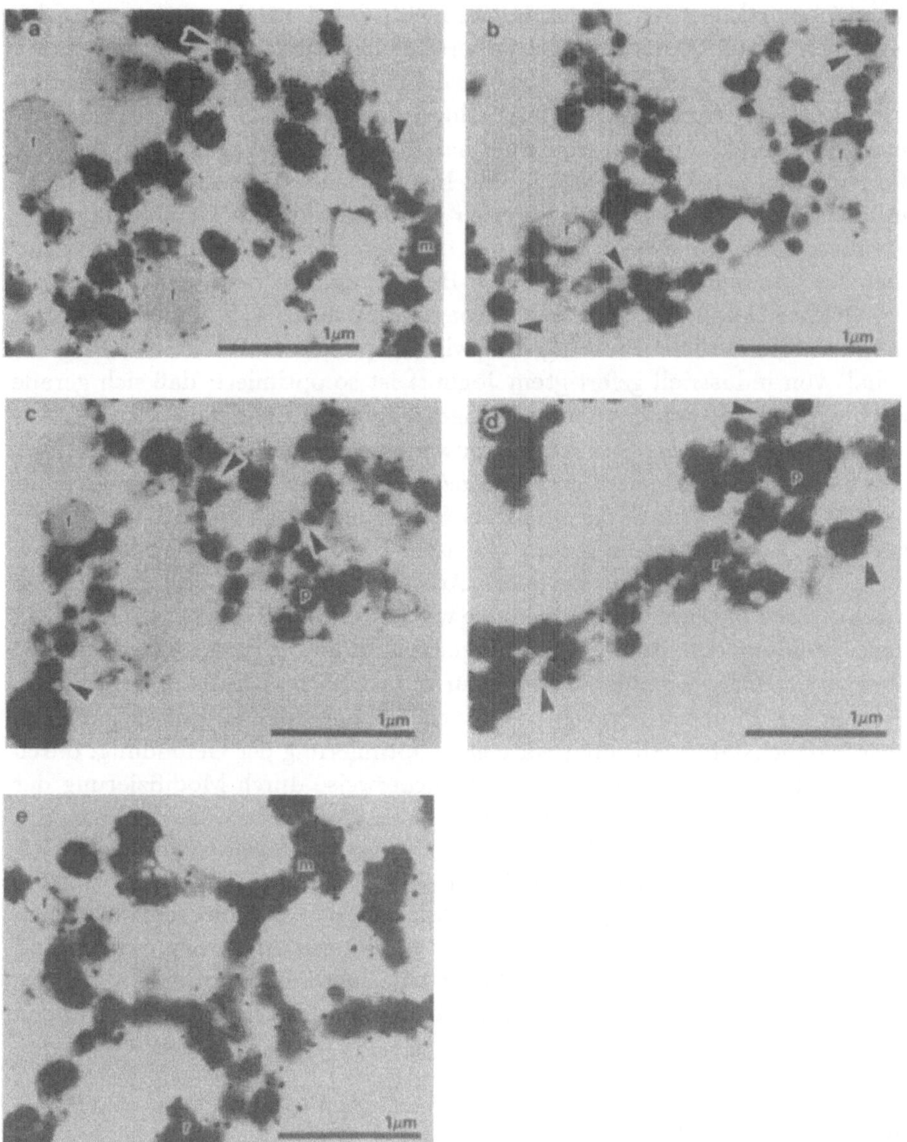

Abb. 3.10. Elektronenmikroskopische Aufnahmen von Aggregaten aus Caseinmicellen in Joghurt. (a) und (d) enthalten fettarmes Milchpulver, (b) und (e) wurden mittels Umkehrosmose und (c) durch Verdampfen angereichert. Die Hohlräume der Strukturen sind unterschiedlich groß und die Gele besitzen unterschiedliche rheologische Eigenschaften (gerade die rheologischen Eigenschaften werden vom Verbraucher sehr stark wahrgenommen), jedoch ist jedes der Gele eindeutig aus Grundbausteinen vergleichbarer Caseinmicellen aufgebaut (entnommen aus: Robinson R., Tamine A. (1986) In: Hudson B.(Hrsg.) Developments in Food Proteins. Elsevier Applied Science, Barking).

Verstärker bekannt ist, verwundert es nicht, daß die Gelstrukturen aus den einzelnen Proteinanreicherungen unterschiedlich sind.

Die meisten Erkenntnisse über Proteingele stammen aus elektronenmikroskopischen Aufnahmen. Die Abbildungen 3.6 und 3. 10 zeigen gut, wie man sich ein Caseingel vorzustellen hat. Ein Caseingel besitzt die typische Perlenketten-Struktur, wobei die einzelnen Perlen wegen der großen Caseinmicellen relativ groß sind. Die ‚Perlen' repräsentieren die Grundeinheit der Struktur. Für industrielle Verfahren mit Proteinen als Gelbildner ist immer der minimale Proteingehalt von Bedeutung, mit dem gerade noch die erwünschte Gelbildung (und keine Koagulation auftritt) zu erzielen ist. Der minimal erforderliche Proteingehalt wird empirisch ermittelt. Der Proteingehalt von industriell gefertigtem Joghurt ist so optimiert, daß sich gerade noch ein Gel mit den erwünschten Eigenschaften ausbildet.

Lactobacillus bulgaricus ist der am weitesten verbreitete Gelbildner. Dieses Bakterium produziert sowohl Enzyme, die das Casein angreifen, als auch Milchsäure. Das *S. thermophilus*-Bakterium ist ein guter Säurebildner, benötigt aber Aminosäuren zum Wachsen. Die Bakterien produzieren auch mehrere Aromastoffe, insbesondere Acetaldehyd. Einige Stämme können aus Lactose Polysaccharide bilden, die wiederum, wie die Bakterien selbst, in der Gelbildung eine Rolle spielen. Joghurt wird häufig pasteurisiert, enthält aber vermutlich wegen der Gelstruktur immer noch viele Bakterienzellen.

Für die Biotechnologie gibt es auch bei der Joghurtproduktion noch viele Möglichkeiten. Machbar wäre eine Optimierung der Gelbildung, durch einheitliche Spaltung des Caseins, möglicherweise durch Modifizierung der aus den Lactobazillen sekretierten Proteasen. Weiterhin wäre denkbar, das Casein selbst so zu modifizieren, daß es bessere gelbildende Eigenschaften besitzt. Mittlerweile ist durch transgene Tiere, die spezielle Stoffe in die Milch absondern, modifizierte Milch zugänglich. Die biotechnologischen Problemlösungen werden wohl nur dann erfolgreich sein, wenn die Art und Weise, wie die Milchproteine die für die einzelnen Milchprodukte charakteristische Struktur bilden (vor allem in Joghurt und Käse), genau verstanden ist.

3.5.3 Fermentiertes Gemüse

Ebenso wie in Europa jeder Landstrich seine eigene Käsespezialität entwickelte, gibt es auch im Fernen Osten unübersehbar viele fermentierte Nahrungsmittel, die sich sowohl in ihrer Zusammensetzung als auch in ihren Bezeichnungen voneinander unterscheiden. Einige dieser Nahrungsmittel, bei deren Herstellung Proteasen eine wichtige Rolle spielen, sind in Tabelle 3.3 zusammengestellt. Die Auswahl erfolgte eher zufällig und es sind unbekannte Nahrungsmittel aus dem Himalaya ebenso aufgenommen wie die bekanntteren aus Japan. Die Tabelle gibt auch hinsichtlich der industriellen Produktion solcher Nahrungsmittel einen wichtigen Hinweis. Als in den 60er

Tabelle 3.3. Beispiele für fermentierte Nahrungsmittel

Rohstoff	Bezeichnung	Region	Organismus
Sojabohnen	Tempeh	Indonesien	
	Kinema	Nepal	*Aspergillus* Sp.
	Bhari	Sikkim	*Rhizopus* Sp.
	Sufu	Südostasien	
	Natta	Japan	
Sojabohnen + Reis	Miso	Japan, USA	*Aspergillus oryzae, Aspergillus sojae*
Sojabohnen + Weizen	Shoyu	Japan	*Lactobacillus* Sp.
	Sojasoße	UK	Hefen
Blätter von *Brassica*-Arten	Gundruk	Nepal	Hefen? Bakterien
Rettichwurzeln, Blumenkohl	Sintri	Himalaya-Region	
Bambussprossen	Mesu	Nepal	
Kokosnuß	Semeyi	Indonesien	*Bacillus* Sp.
Reismehl, Bananen und Honig	Shel roti	Sikkim	Hefen
Yak- oder Kuhmilch	Churpi	Tibet	*Lactobacillus*

Jahren in Europa und den USA das Interesse an Nahrungsmitteln auf Sojabasis wuchs, war es nur natürlich, daß Hersteller den Fernen Osten bereisten, um zu lernen, wie die lokale Nahrungsmittelindustrie diese Nahrungsmittel produzierte. Es wurde jedoch schnell klar, daß nach europäischen Maßstäben die größten Produzenten unseren Kleinstbetrieben entsprachen. Die überlieferten Methoden zur Herstellung der fermentierten Nahrungsmittel sind zwar intensiv untersucht, großtechnische Produktionsverfahren sind aber offensichtlich ausschließlich eine westliche Entwicklung. Gleichzeitig mit dem wachsenden Interesse an fermentierten Nahrungsmitteln aus Soja begannen auch intensive Entwicklungsarbeiten zur Herstellung von texturierten Nahrungsmitteln aus Sojaprotein, und zwar durch direkte physikalische Verfahren. Trotz der großen Anstrengungen war man, was die Entwicklung von marktfähigen Produkten angeht, nur wenig erfolgreich. Bei den Entwicklungsarbeiten erkannte man auch, daß die Verwendung von Sojaprotein mit Risiken behaftet ist. Sojaprotein enthält nämlich einen Trypsininhibitor und ein Hämagglutinin. Beide müssen vor dem Verzehr entsprechend inaktiviert werden, was vermutlich bei der Produktion von fermentierten Sojaprodukten durch Proteolysevorgänge sehr gut geschieht. Fermentation ist vermutlich die beste Methode, Gemüse als Nahrungsmittel zu verwerten, denn die meisten Gemüsearten enthalten Stoffe, die ernährungstechnisch unerwünscht sind.

Verarbeitungsverfahren für Sojabohnen.   Sojabohnen werden hauptsächlich wegen ihres Lipidgehaltes angebaut. Sie sind immer noch die größte Ein-

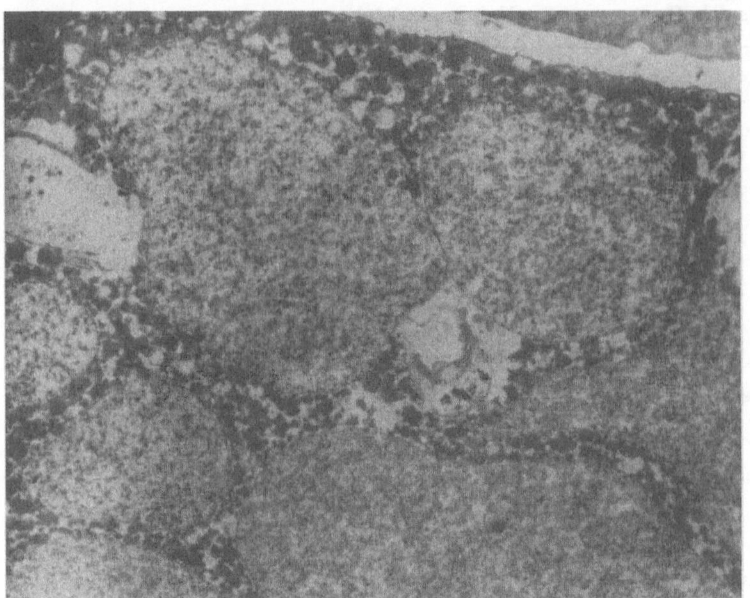

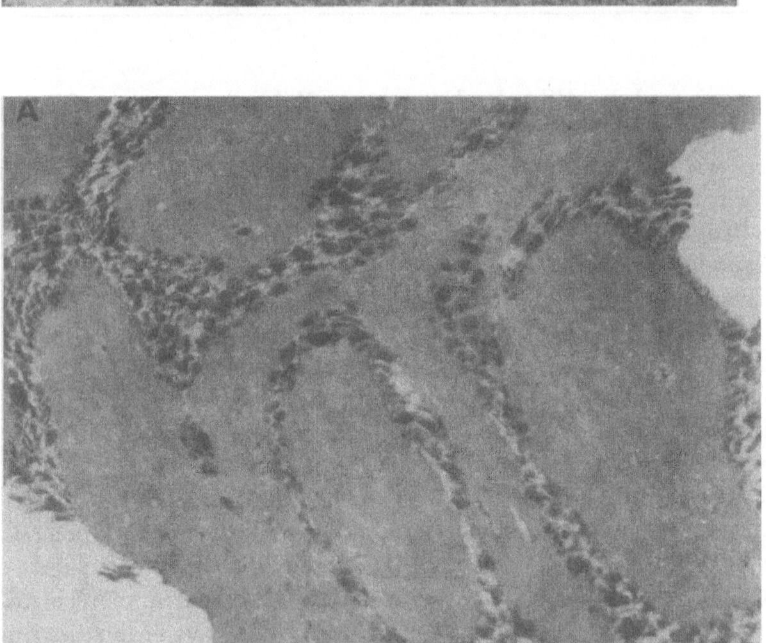

Abb. 3.11a. Elektronenmikroskopische Aufnahmen von Schnittpräparaten aus Sojabohnen. (*N*) Nigerianische Sojabohnen, (*A*) Sojabohnen aus den USA. Das unterschiedliche Aussehen ist vermutlich auf den unterschiedlichen Feuchtigkeitsgehalt zurückzuführen.

Abb. 3.11b. Lichtmikroskopische Aufnahmen von entfettetem Sojamehl (damit die intakten Proteingranula erkennbar sind, wurde in verdünnter, Osmiumsäure (OsO_4) ge-

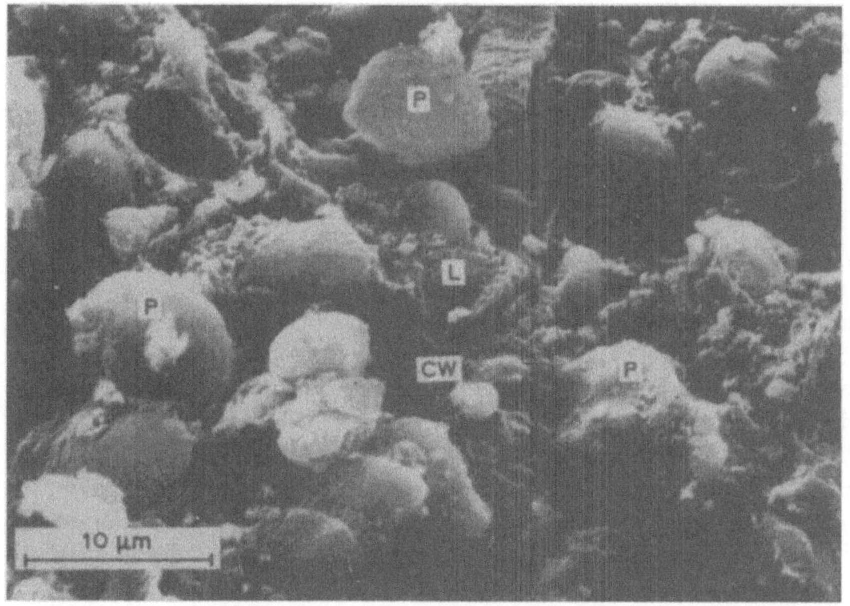

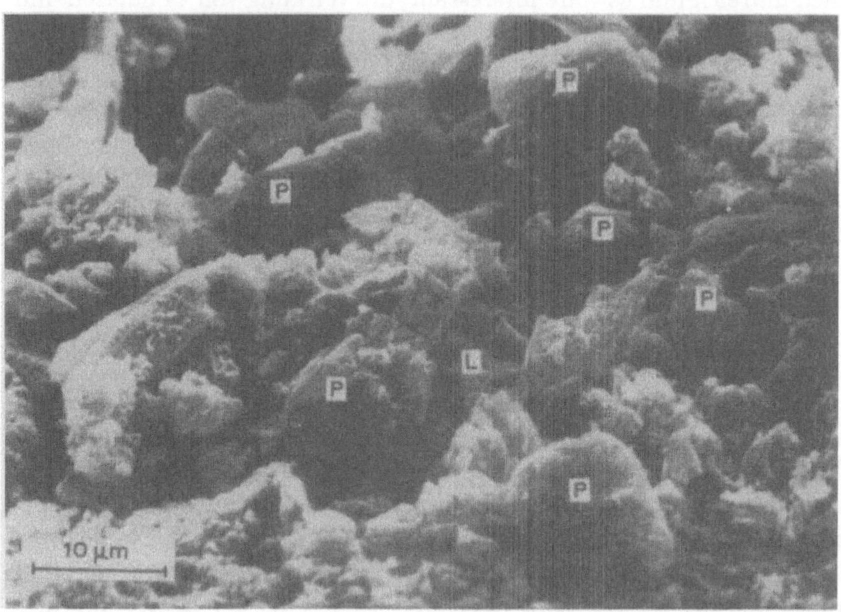

arbeitet). Oben: SEM-Aufnahmen von Sojabohnen, nach dem Entfetten. Die intakten Proteingranula (*P*) sind gut zu erkennen (*L* Lipidmatrix, *CW* Zellwand). Unten: Vor dem Entfetten wurde das Mehl angekeimt. Die Auflösung der Proteingranula ist bereits erkennbar (entnommen aus: Wassef E., Palmer G. H., Poxton M. G. (1988) J. Sci. Food Agric. **44**, 201–214).

zelquelle für Lipide zur menschlichen Ernährung. Bei der Lipidextraktion, die heute im großen Maßstab mit Hexan ausgeführt wird, bleibt das sogenannte ‚Sojamehl' zurück, das etwa zu 50 % aus Protein besteht. Anfänglich wurde das Sojamehl einfach weggeworfen, wird aber mittlerweile als Tierfutter verwendet. Sojamehl hat seine Wirtschaftlichkeit immer noch der Tatsache zu verdanken, daß es als Nebenprodukt bei der Margarineherstellung anfällt.

Während der Reifung enthalten die Sojabohnen viele Stärkekörnchen, die jedoch kurz vor der Reife verschwinden und durch Lipide ersetzt werden. Weiterhin enthält die Sojapflanze eine Anzahl ‚löslicher' Kohlenhydrate, wie z. B. Stachyose, Arabinosane und Galactosane, und auf genau diesen Substraten sowie der in geringen Mengen vorhandenen Saccharose vermehren sich die Organismen während der Fermentation. Die überwiegende Menge des Proteins ist in Proteingranula lokalisiert. Das Gesamtprotein setzt sich aus einer Mischung aus Samenglobulinen zusammen, wie sie in ähnlicher Zusammensetzung in allen Gemüsearten gefunden wird (s.u.). Abbildung 3.11 zeigt einen Schnitt durch eine reife Sojabohne. Die Proteingranula gehen meist nahezu unbeschadet in das entfettete Mehl über, auch die Membranen sind meist noch intakt. Zur Proteinextraktion wären Enzyme höchstwahrscheinlich hilfreich und es wäre interessant, die Wirkung von Cellulasen und Phospholipasen zu testen.

Noch zwei weitere Sojapräparate werden kommerziell vertrieben. Angereichertes, gewaschenes bzw. konzentriertes Sojamehl wird durch Auswaschen der löslichen Kohlenhydrate bei einem pH-Wert von ‚5' hergestellt. Unter diesen Bedingungen bleibt der größte Teil der Proteine im Sojamehl zurück. Das zweite Produkt ist ein Proteinisolat. Es wird bei pH 8 durch Extraktion des Sojamehls mit Wasser und anschließender Fällung der dabei in Lösung gegangenen Proteine bei pH 4,6 hergestellt. Das Produkt enthält mehr als 90 % Protein und ist heute das einzige Leguminosenprotein, das im Tonnenmaßstab erhältlich ist. In der industriellen Praxis wird das Isolat manchmal als ‚lösliches' Protein bezeichnet, was bei enger Auslegung falsch ist, denn diese Proteinzubereitung kann nur mehr oder weniger stabile kolloidale Dispersionen ausbilden. Das Protein erinnert an Casein und ist in Zollerklärungen in Europa auch als ‚Soja-Casein' bekannt. Als praktisches Kriterium, ob ein Protein löslich ist, eignet sich das Sedimentationsverhalten bei $100\,000 \cdot g$ (gravity) über einen Zeitraum von 30 min. Ein gelöstes Protein dürfte auch unter einer solchen Beschleunigung nicht sedimentieren. Der größte Teil des Sojaproteins aggregiert jedoch bei der Entfettung und zwar nicht, wie vermutet werden könnte, bei der Behandlung mit heißem Hexan, sondern bei der Entfernung der letzten Spuren von Hexan mit heißem Dampf. Es ist zwar möglich, aus Soja direkt Mehl herzustellen, und das lösliche Protein anschließend zu extrahieren, jedoch sind dafür spezielle Verfahren notwendig. Nur ein kleiner Teil der Sojaernte wird auf diese Weise verarbeitet. Die Verwendung von Sojaprotein in Nahrungsmitteln erfordert noch weitergehende Vorsichtsmaßnahmen. Letztlich ist also lösliches und für den menschlichen Verzehr unbedenkliches Sojaprotein zwar erhältlich, jedoch nur in geringen Mengen, und etwa fünfmal teurer als weniger gereinigtes Material für Tierfutter. Isoliertes Sojaprotein war niemals ein billiges Protein und ist es auch heute noch nicht. Fleischproteine sind noch wesentlich teurer, besitzen aber ein anderes Eigenschaftsspektrum.

Die Vorbereitung von Sojabohnen zur Fermentation beginnt mit Einweichen und Mahlen. Das überschüssige Wasser wird anschließend abgegossen. Es enthält einen Großteil der löslichen Kohlenhydrate, die also durch diese Behandlung entfernt werden. Die löslichen Kohlenhydrate werden auch als ‚Flatulenzfaktor' bezeichnet, lösen also heftige Blähungen aus, wodurch der Verzehr von unbehandeltem Sojamehl nicht ratsam ist. Bisher konnte kein Produkt, das solche Kohlenhydrate enthielt, auf dem Markt längere Zeit positioniert werden. Der noch verbleibende Anteil der löslichen Kohlenhydrate wird während der Wachstumsphase der Organismen verbraucht. Bei Verfahren ohne Bioprozesse ist die Beseitigung dieser löslichen Kohlenhydrate mittlerweile so kostenintensiv, daß sich in Europa bzw. überall dort, wo entsprechend strenge Auflagen befolgt werden müssen, die Verarbeitung von Sojamehl nicht mehr lohnt. Noch gibt es keine sinnvolle Verwendung für die löslichen Kohlenhydrate.

Die nächsten Schritte sind Aussieben, Entfernen von weiterem Wasser durch Pressen und anschließendes Erwärmen auf 100°C. Die kleinen lokalen Produzenten können das Erhitzen auf 100 °C, wodurch unerwünschte Organismen entfernt werden sollen, manchmal umgehen. Aus den bereits angesprochenen Gründen wird die Aufschlämmung durch das Erhitzen für enzymatische Angriffe besser zugänglich. An diesem Punkt werden dem Ansatz manchmal Calcium- und Magnesiumsalze zugesetzt, die als Koagulantien wirken. Alle Saatglobuline verfügen über eine große Zahl an Glutamatresten, die mit dem zugesetzten Ca^{2+} reagieren, dafür H^+ freisetzen, und so dazu beitragen, daß der pH-Wert scharf absinkt. Ähnlich koagulierende Wirkung hat auch einfaches Ansäuern, jedoch sind im Himalaya HCl oder Schwefelsäure, wie sie in großtechnischen Verfahren verwendet würden, wesentlich weniger leicht verfügbar als die Salze.

Nun liegt also ein Koagulum aus Protein, Lipid und Zellwänden aus Cellulose vor. Zur Fermentation wird dieses Koagulum mit einem passenden Organismus angeimpft. In Nepal dient als offensichtlich universeller Starter ein trockener Kuchen, der als *murcha* bezeichnet wird. Er besteht aus einer Vielzahl von *Rhizopus*-und *Mucor*-Hefestämmen und behält jahrelang seine Wirksamkeit. Hergestellt wird dieser Starter ausschließlich von einer bestimmten Kaste und zwar aus Reismehl, den Wurzeln des Bleiwurz und Blättern einer *Buddleja*-Art.

Manchmal wird das Sojamehl vor der Fermentation auch alkalisch extrahiert und das gelöste Protein anschließend ausgefällt. Dadurch enthält das Koagulum weniger Zellwandmaterial, und das Gel aus diesem Material ist in seiner Konsistenz gleichmäßiger und fester. *Tempeh* besteht einfach aus mit Wasser extrahierten Sojabohnen. Seine Textur beruht zu großen Teilen auf einem Pilzmycel. Von allen vorgestellten Produkten weiß man, daß die Gelqualität eng mit der Durchführung der einzelnen Wasch- und Erwärmungsvorgänge zusammenhängt.

Sojabohnen enthalten Phytinsäure. Phytinsäure ist ein Konglomerat aus phosphorylierten Inositen und bildet zusammen mit dem Protein und dem zugesetzten Ca^{2+} einen Komplex, der glücklicherweise während der Fermentation aufgebrochen wird. Nach zu hoher Phytinsäurezufuhr mit der Nahrung (z. B. in ungesäuertem Brot oder in Samen) wurde in einigen Fällen Calciummangel beobachtet, der sich auf eine erschwerte Ca^{2+}-Resorption im Darm zurückführen läßt.

Mit der Anwendung großtechnischer Fermentationsverfahren für Sojaprodukte (bislang nur für *Miso* und *Shoya*) entwickeln sich auch die bereits bestehenden Verfahren weiter. So eignen sich z. B. die angereicherten Mehle und Proteinisolate, die in den 60er Jahren entwickelt wurden, und die in den Kleinstbetrieben im Fernen Osten ihre Äquivalente haben, sehr gut als Substrate für Fermentationen. (In Singapur soll eine Pilotanlage in Betrieb sein, die mit immobilisierten Enzymen, die in Säulen vorgelegt werden, die Produktion von Sojasauce beschleunigt durchführen kann). Alles deutet darauf hin, daß fermentierte Soja-Produkte bald im Regal im Supermarkt auftauchen werden.

3.6 Proteasen

Proteasen sind Hydrolasen, die in ihrer normalen Aktivität spezifisch auf Peptidbindungen wirken, jedoch ebenso auch einfache Ester angreifen können. Sie sind nahezu überall zu finden und bemerkenswerterweise lassen sie sich entsprechend ihrer genauen Aktivität in vier Gruppen aufteilen, die sich entwicklungsgeschichtlich offensichtlich unabhängig voneinander entwickelt haben. Es sind die Serin-, Cystein-, Aspartat- und Metalloproteasen. Letztere sind für ihre Aktivität auf Zn^{2+} oder Mg^{2+} im aktiven Zentrum angewiesen.

Die Proteasen werden weiterhin in Endo- und Exoproteasen aufgeteilt. Die Endoproteasen öffnen Peptidbindungen innerhalb der Kette und besitzen manchmal eine bemerkenswerte Spezifität auf einen bestimmten Aminosäurerest, während die Exoproteasen entweder die C-terminalen oder die N-terminalen Reste entfernen, wobei sich wiederum eine gewisse Spezifität gegenüber einigen Resten feststellen läßt. Bei den Exoproteasen handelt es sich um Metalloproteasen.

Die Proteasen wirken von der Verdauung bis zu ganz bestimmten Reaktionen an neu synthetisierten Ketten in der Zelle mit und innerhalb ihres Wirkungsbereiches zeigen sie die unterschiedlichsten Spezifitäten. Manche

Proteasen, typischerweise die pflanzlichen Thiolenzyme, wie beispielsweise das Papain, besitzen ihrerseits ein breitgefächertes Wirkungsspektrum. Andere wiederum greifen nur eine spezielle Peptidbindung an und verursachen dadurch genau definierte Verhaltensänderungen. Gute Beispiele hierfür sind die Membranproteasen, die die Anfangssequenzen der Peptidketten beim Durchtreten durch die Membran spezifisch abschneiden, die Proteasen, die bei der Blutgerinnung beteiligt sind, sowie Chymosin, das beim Gerinnen von Milch spezifisch auf Casein wirkt (s. o.).

3.6.1 Verdauungsenzyme und Proteaseinhibitoren

Die wichtigsten Verdauungsenzyme des erwachsenen Menschen, nämlich Trypsin, Pepsin, Chymotrypsin, sowie eine Gruppe von Carboxypeptidasen sind zusammen in der Lage, nahezu jedes Protein aus der Nahrung zu Aminosäuren und kurzen Peptiden abzubauen. Dies zeigt die Analyse des Pfortaderblutes. Jede einzelne Protease allein wirkt auf Proteine aus der Nahrung nur in begrenztem Umfang. Abbildung 3.12 zeigt den Verlauf von Enzymaktivitäten beim Angriff auf eine Auswahl von Proteinen. Es wird nur ein geringer Teil der Bindungen aufgebrochen. Die vollständige Hydrolyse von Proteinen ist mit Proteasen kaum zu erreichen (andernfalls würden sie sich gut zur Aminosäureanalytik eignen).

Zur Bestimmung von Proteasen arbeitet man üblicherweise mit kleinen, synthetischen Amiden. Auf diese Weise läßt sich zwar recht gut die Konzentration der Proteasen bestimmen, aber es ist nicht auszuschließen, daß zwei Proteasen, die gegenüber einem synthetischen Substrat die gleiche Aktivität besitzen, auf eine Proteinmischung aus der Nahrung vollständig unterschiedlich reagieren. Die Aussage von Standardtests läßt sich also nur schlecht auf die Wirksamkeit des Enzyms in praktischen Anwendungen übertragen. Wegen der kooperativen Wirkung der Proteasen beim Verdauungsprozeß sind Proteaseinhibitoren für die Nahrungsmittelindustrie von Bedeutung. Gemüse, sogar die weitverbreitete Kartoffel, enthält spezifisch wirksame Trypsin-und Chymotrypsininhibitoren, die ihrerseits auch Proteine sind. In der Praxis verhindert ein Trypsininhibitor die Wirkung von Exopeptidasen. Die Exopeptidasen wirken nämlich auf die endständigen Gruppen, die durch die Trypsinwirkung freigesetzt werden. Exopeptidasen sind von inhibitorischen Wirkungen nicht ausgenommen. *Actinomycetes* produzieren beispielsweise eine Reihe von Peptiden, die gegenüber Exopeptidasen inhibitorisch wirken. Proteaseinhibitoren bewirken mehr als eine beeinträchtigte Verdauung. Trypsininhibitoren werden beispielsweise verdächtigt, die Bauchspeicheldrüse (Trypsin wird dort gebildet) zu schädigen.

Trypsininhibitoren sind aber weder die einzigen noch die wichtigsten toxischen Bestandteile in Samen. So wurden z. B. mehr als 100 Sorten Sojabohnen mit breitgefächerter trypsininhibitorischer Aktivität auf ihren Proteinwirksamkeitsfaktor hin untersucht (ein Maß, wie gut Ratten das Protein

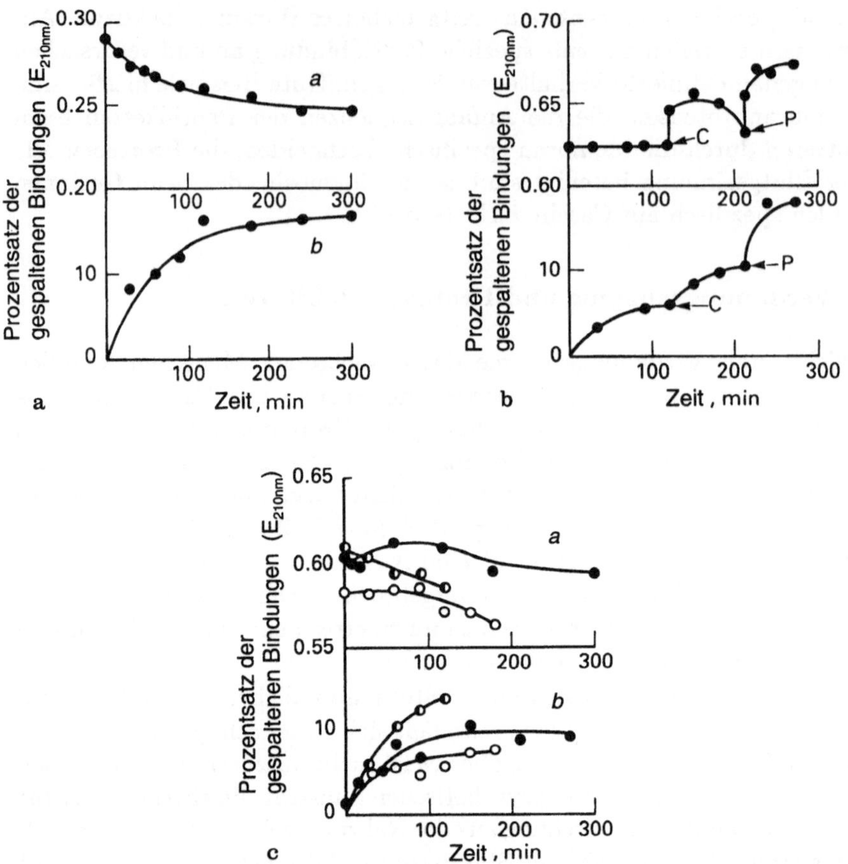

Abb. 3.12. Prozentsatz der gespaltenen Peptidbindungen durch Wirkung einiger typischer Verdauungsproteasen aus Säugern auf Edestin, ein typisches Samenglobulin sowie Albumin, ein typisches Fleischprotein. Wegen der Spaltung der Peptidbindungen verändert sich die ebenfalls aufgezeichnete Extinktion bei 210 nm (E_{210}). (A) Hydrolyse von Protamin durch Trypsin bei 37 °C (0.2 mg Trypsin/ml, 5 mg Protamin / ml) (a) Verlauf von E_{210} (b) Prozentsatz der gespaltenen Bindungen, ermittelt durch Formoltitration. (B) Enzymatische Hydrolyse von Rinderalbumin bei 37 °C durch Trypsin (begonnen wurde mit 10 mg Trypsin und 500 mg Albumin in 50 ml Pufferlösung). Am Punkt C wurden 10 mg Chymotrypsin zugegeben; am Punkt P wurden der pH-Wert mit 3 Tropfen konz. HCl auf 1,9 justiert sowie 10 mg Pepsin zugegeben. (a) Der Anstieg von E_{210} an den Punkten C und P ist auf die Enzymzugabe zurückzuführen. Nach der Pepsinzugabe wurde die Lösung trüb. (b) Prozentsatz der gespaltenen Bindungen, ermittelt durch Titration mit Formaldehyd (Formol). (C) Hydrolyse von Edestin (O), Ovalbumin (◑) und Rinderalbumin (●) bei 37 °C durch Pepsin. (a) Veränderungen der E_{210}. Proteinkonzentrationen 10 mg/ml, Enzymkonzentrationen: 0.5 ml Pepsin/ml für Edestin und Ovalbumin, bzw. 1 mg Pepsin/ml für Rinderalbumin (b) Prozentsatz der gespaltenen Bindungen, ermittelt durch Formoltitration. (aus: Tombs M. P., Maclagan N. F. (1962) Biochem. J. **84**, 1–6).

verwerten können). Allerdings konnte kein Zusammenhang zwischen den beiden Größen festgestellt werden. Zwischen dem Proteinwirksamkeitsfaktor und der Pankreas-Hypertrophie konnte sogar eine negative Korrelation gefunden werden, was darauf hindeutet, daß die Wirkung von Inhibitoren wohl komplizierter ist, als lediglich ihre Wirkung auf die Verdauungsenzyme.

Proteaseinhibitoren sind in sehr vielen Rohstoffen enthalten, und lassen sich z. B. in allen Gemüsearten, in Getreide sowie Eiern nachweisen. Glücklicherweise verlieren sie beim Kochen ihre Aktivität, aber paradoxerweise auch durch den Angriff von Proteasen bei der Fermentation. Ein wichtiger, jedoch im positiven Sinne wirkender Inhibitor ist das α_1-Antitrypsin im Blut, das auch als Elastaseinhibitor wirkt. Man nimmt an, daß das α_1-Antitrypsin die Lunge vor dem Angriff bakterieller Proteasen schützt. Etwa einem von 400 Europäern fehlt dieses Protein, und Betroffene zeigen Symptome eines Lungendefekts.

Unterschiedliche Wirkungen lassen sich auch zwischen der konzertierten Aktion einer Enzymmischung im Darm von Säugern (jedes Enzym verfügt über ein eng umgrenztes Wirkungsspektrum) und der Wirkung eines einzelnen Enzyms mit breitem Wirkungsspektrum feststellen (z. B. Subtilisin, das von *Bacillus subtilis* als Verdauungsenzym sekretiert wird). Die Wirkung des Enzymsystems von Säugern beruht auf dem Zusammenspiel von Endo- und Exopeptidasen. Will man also bei der Verarbeitung von Nahrungsmitteln über den Zusatz von Proteasen eine weitgehende Verdauung erreichen, so läßt sich aus den verfügbaren Ergebnissen folgern, daß sowohl Endo- als auch Exoproteasen zugesetzt werden sollten. Eine besonders gute Wirkung sollte die Kombination einer Endopeptidase von breitgefächerter Spezifität mit einer Exopeptidase zeigen. Endopeptidasen sind zwar leicht zugänglich, aber für die Exopeptidasen verfügt man noch über keine Quellen, die sie im industriellen Ausmaß verfügbar sein ließen. Ursache dafür ist vielleicht, daß bis heute keine Bakterien- oder Pilz-Exopeptidase charakterisiert wurde, und eben nahezu alle industriell verwendeten Proteasen aus Bakterien oder Pilzen stammen. Durch Insertion eines Procarboxypeptidase-Gens in Hefe sollte es möglich sein, eine ausreichende Versorgung mit derartigen Enzymen sicherzustellen. Das entsprechende Gen ist bereits geklont.

In manchen Staaten ist es üblich, zur Verdauungsunterstützung Enzympräparate einzunehmen. Es existiert auch ein kleines Marktsegment speziell für ‚vorverdaute‘ Nahrungsmittel. Hauptsächliche Verwendungsmöglichkeiten wären allerdings modifizierte ‚Fermentations‘-Verfahren sowie die Produktion speziell wirkender Peptide, wie z. B. Emulgatoren.

3.6.2 Proteasen zur Herstellung von Nahrungsmitteln

Tabelle 3.4 gibt einige bereits existierende Anwendungen für Proteasen an. Zunächst springt ins Auge, daß für Vertreter aus drei der vier Hauptgrup-

Tabelle 3.4. Proteasen zur Produktion von Lebensmitteln

Wirkung	Enzym	Typ
Brauen: Entfernung von Trübungen im Bier	Papain, Bromelin, Ficin	Cystein
Backen: Veränderung von Teigeigenschaften	Papain, *S. griseus*, *Aspergillus*-Proteasen	Serin
Käseherstellung	Chymosin, Pepsin, *M. miehei*-Protease Penicillopepsin ex. *Penicillium* sp.	Aspartat
Proteinhydrolysate für Geschmackstoffe und für Fermentationen	Subtilisin, aus *B. subtilis* und aus *B. amyloliquifaciens*, *Aspergillus* Alkalische Protease	Serin
Baut Muskelfasern zu „Fleisch" ab	Collagenase Kathepsine, Papain	
Produktion von Emulgatoren	Protease aus *S. fradiae*, *B. lichiniformis*, ‚Pronase' und ‚Pankreatin'	
Hefeautolyse	Papain	Cystein
Aspartamsynthese	Thermolysin	
Entfernung von Inhibitoren	Modifiziertes, breites Spektrum	

pen Anwendungen gefunden wurden, lediglich die Metallo-Enzyme und die Exo-Peptidasen machen noch eine Ausnahme. Es wurde bereits angesprochen, daß für diese Enzyme noch keine gut zugänglichen Quellen existieren. Die Möglichkeiten der Biotechnologie sollten gerade für den Zugang zu diesen Enzymen nützlich sein. Weiterhin zeigt Tabelle 3.4 einige denkbare Anwendungsmöglichkeiten für Proteasen auf. Exopeptidasen könnte möglicherweise dann eine besondere Rolle zugeteilt werden, wenn eine weitgehende Verdauung erforderlich ist. Auch einige spezielle Problemstellungen werden aufgelistet. Verschiedene Datensammlungen geben über die Enzymmengen für die einzelnen Anwendungen Auskunft. Die Schwierigkeit liegt darin, daß nur selten gereinigte Enzyme benutzt werden, und daß das eigentliche Enzym meist nur einen Bruchteil (oft weniger als 1 %) des Proteingehaltes ausmacht. Der Vergleich in Gewichtseinheiten ist daher wenig sinnvoll. Enzyme werden im allgemeinen auf der Basis ihrer Aktivität in Nachweissystemen gehandelt, die von allen Parteien anerkannt werden. Die Hersteller garantieren manchmal, daß gewisse Aktivitäten nicht enthalten sind. So könnte z. B. bei einer Amylase garantiert werden, daß die Proteaseaktivität einen angegebenen Grenzwert nicht überschreitet. Andererseits kann z. B. identisches Material, je nach den Forderungen der Kunden, einmal als ‚Lipase' und einmal als ‚Protease' bezeichnet werden.

Cystein-Enzyme: Papain.   Papain erscheint in Tabelle 3.4 mehrmals und ist eines der Enzyme, die relativ homogen erhältlich sind. Die von der Menge her bedeutendste Anwendung von Papain ist die Verhinderung der Trübung bei der Herstellung von Bier (in Deutschland jedoch nicht erlaubt). Beim Kühlen bildet Bier, das mit sog. Rohfrucht anstatt mit Malz gebraut wurde, nämlich Trübungen aus, die Proteine enthalten. Papain kann diese Proteine abbauen, ohne die Bierqualität zu beeinträchtigen. Für die Beseitigung von Trübungen in Wein eignet sich Papain schlecht, vermutlich wegen des höheren Gehaltes an Polyphenolen in Wein. Wein läßt sich durch Filtration über Bentonit klären, vielleicht wird aber eine modifizierte Protease mit besserer Wirksamkeit als Bentonit gefunden.

Papain wird auch bei Verfahren verwendet, die mit Hefeautolyse einhergehen, und zwar erhöht sich durch Zusatz von Papain die Ausbeute geringfügig. Inwieweit dieser Effekt in der industriellen Praxis bereits Verwendung findet, läßt sich nicht sagen. Papain ist weiterhin als Zartmacher von Fleisch bekannt. Man weiß, daß die Umwandlung von Muskelfasern zu ‚Fleisch‘ (diese Umwandlung ist zwar nicht mit dem identisch, was üblicherweise unter der Verarbeitung von Nahrungsmitteln verstanden wird, ist in diesem Zusammenhang aber wohl am besten verständlich) vor allem durch die Wirkung einer Proteasemischung hervorgerufen wird. Die Fleischqualität wird wesentlich davon beeinflußt, um welchen Muskel es sich handelt und wie er beim lebenden Tier belastet worden war. Die Überlegung ist nun, dem Muskel Proteasen in der Hoffnung zuzusetzen, daß die Wirkung der bereits vorhandenen Proteasen verbessert wird. Dieser Vorgang wird zwar als ‚Zartmachen‘ bezeichnet, die Zielsetzung geht jedoch darüber hinaus. Die Textur ist mehr als nur Zartheit und das Aroma wird durch die Anwesenheit von Aminosäuren und Peptiden beeinflußt.

Für die bisherigen Versuche wurde nur Papain verwendet, zweifellos, weil Papain als einzige Protease in so großem Umfang verfügbar ist, daß sie zur Verwendung in Nahrungsmitteln in Frage kommt. Die Ergebnisse sind noch nicht befriedigend, weil die erhaltene Fleischqualität noch nicht gut genug ist. Das erste mit Papain behandelte Fleisch sollte den Vergleich mit gut abgehangenen Qualitätssteaks aushalten, jedoch war der Verbraucher davon nicht beeindruckt. Mittlerweile werden vor allem Fabrikerzeugnisse mit Papain behandelt.

Bei einer Methode zum Zartmachen von Fleisch wird dem Tier eine Papainlösung kurz vor dem Schlachten intravenös injiziert, durch den pH-Abfall im Muskel kurz nach dem Tod wird das Papain aktiviert. Dieses Verfahren wird aber sehr wahrscheinlich keinen Zuspruch finden, denn es ist nicht ohne Probleme und würde in den meisten Staaten wohl nicht als annehmbar gelten. Das Verfahren ist in gewisser Hinsicht auch ein Fehlschlag, denn das Papain spaltet unter den herrschenden Bedingungen zu viele der Peptidbindungen – und dazu vermutlich noch die falschen. Das Ergebnis der Papainbehandlung soll mit einem Filetsteak vergleichbar sein, führt aber in dieser Hinsicht zu einem weichen Fleischstück mit unbefriedigender Beschaffenheit. Mittlerweile weiß man, daß beim Zartwerden spezielle Proteasen, vor allem eine durch Ca^{2+}-aktivierte Protease, sowie die Collagenase beteiligt sind. Die Enzyme trennen hochspezifisch eine begrenzte Anzahl von Bindungen in Verbindungen, die im Fleisch nur in geringen Konzentrationen vorliegen, jedoch für die angestrebte Strukturausbildung mitverantwortlich sind. Wiederum muß also die Biotechnologie den Weg zur ausreichenden Versorgung mit entsprechenden Enzymen öffnen. Die Produktqualität durch Einwirkung dieser Enzyme verspricht mit hoher Wahrscheinlichkeit besser zu sein, als durch die Einwirkung von Papain. Diese Visionen sollten die derzeit ruhenden industriellen Bemühungen zum Zartmachen von Fleisch wieder reaktivieren und die Aussichten auf Erfolg wären gar nicht so schlecht.

Papain ist nahezu universell immer dann einsetzbar, wenn die Wirkung einer Protease gefragt ist. Papain verändert z. B. die Eigenschaften von Brotteig oder den Mälzvorgang beim Brauen und unterstützt bei nahezu jedem Bioprozeß die *in situ*-Wirkung der Enzyme. Als Thioenzym hat Papain den Vorteil, daß sich seine Aktivität durch oxidierend wirkende Substanzen relativ leicht eliminieren läßt. Die Inaktivierung ist gerade bei Proteasen manchmal sehr wünschenswert und die Käseproduktion bietet hier ein sehr bekanntes Beispiel. Dort wird nämlich die proteolytische Wirkung der Enzyme durch Erhitzen gestoppt, um zu verhindern, daß der Abbau der Proteine zu weit fortschreitet.

Zwar enthalten auch Ananas und Feigen sehr ähnliche Enzyme, jedoch ist das Latex der Papayapflanze (*Casica papaya*), die in den Tropen extra für diesen Zweck angebaut wird, die einzige wirtschaftliche Quelle für Papain. Das Latex wird getrocknet. Es enthält eine Mischung aus dem Papain nahe verwandten Enzymen, Chymopapain und geringen Mengen an Lysozym. Zur Verwendung in Nahrungsmitteln wird das Latex noch gereinigt, um Insekten oder Verunreinigungen durch Pilze zu eliminieren. Offensichtlich gibt es derzeit keinen Anlaß, nach anderen Quellen zu suchen.

Aspartatenzyme. Einzige Beispiele für diese Enzymgruppe sind Chymosin und das diesem Enzym nahe verwandte, in geringen Mengen verwendete Enzym Pepsin. Die Rolle des Chymosin bei der Herstellung von Käse sowie die biotechnologische Produktion des Chymosin wurden bereits vorgestellt.

Serinenzyme. Ein Großteil der Enzyme aus Bakterien und Pilzen, für die sich Anwendungsgebiete erschlossen haben, stammen aus dieser Gruppe, wie z. B. das Subtilisin. Subtilisin ist auch im Non-food Bereich wichtig, so wird es als Bestandteil von enzymhaltigen Detergentien verwendet, und zwar in wesentlich größeren Tonnagen, als jemals irgendein Enzym auf dem Lebensmittelsektor Verwendung fand. Wegen seiner Bedeutung im Non-food Bereich wird Subtilisin ausgiebig untersucht. Seit einigen Jahren ist die genaue Struktur von Subtilisin bekannt.

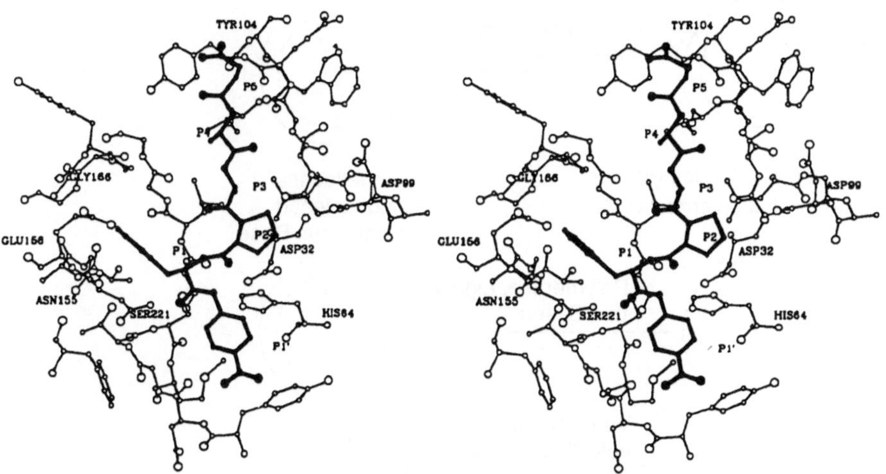

Abb. 3.13. Stereographische Ansicht von Subtilisin, mit N-Succinyl-Ala-Ala-Pro-Phe-*p*-nitroanilid am aktiven Zentrum. Wichtige Aminosäurereste, u.a. auch die katalytisch wirksame Triade, sind hervorgehoben. Um einen Stereoeindruck der Abbildung zu erlangen, kreuzen Sie die Augen, bis die beiden Teilbilder übereinander zu liegen kommen (entnommen aus Carter P., Wells J. (1988) Nature 332, 564–66).

Abbildung 3.13 zeigt die stereographische Ansicht des aktiven Zentrums, und zwar *in situ* mit einem synthetischen Substrat. Die katalytische Aktivität des Enzyms beruht auf Serin-221, das acyliert wird, sowie His-64 und Asp-32.

Mittlerweile verfügt man über Techniken, mit deren Hilfe mittels ortsspezifischer Mutagenese einzelne Aminosäurereste in Enzymen selektiv verändert werden können. Potentiell erlaubt die ortsspezifische Mutagenese, Enzyme herzustellen, die an entsprechende Erfordernisse für ihre Anwendung noch besser angepaßt sind, als es heute mit irgendeiner Methode möglich ist. Unter den Enzymen, die als erste modifiziert wurden, waren auch Proteasen (das erste modifizierte Enzym ist die Tyrosyl-tRNA-Transferase). Ein Grund war sicherlich, daß ihre Strukturen und genauen Wirkmechanismen schon früh bekannt waren.

Abbildung 3.14 zeigt schematisch, wie die selektiven Änderungen hervorgerufen werden. Die cDNA liegt als Teil eines Plasmids vor und wird mit entsprechend gestalteten Restriktionsenzymen teilweise abgebaut. Die Restriktionsenzyme entfernen den DNA-Teil, der modifiziert werden soll. Dieses Teilstück wird anschließend mit einer synthetischen DNA behandelt, die wenigstens aus 16 Basen bestehen soll und an einer Stelle nicht genau paßt. Durch diese nicht passende Stelle wird der entsprechende Aminosäurerest verändert. Das neue DNA-Teilstück reagiert mit dem komplementären Strang und zwar ausreichend gut, so daß DNA-Polymerase und Ligase den Strang wieder schließen können. Erst durch die Entdeckung eines *E. coli-*

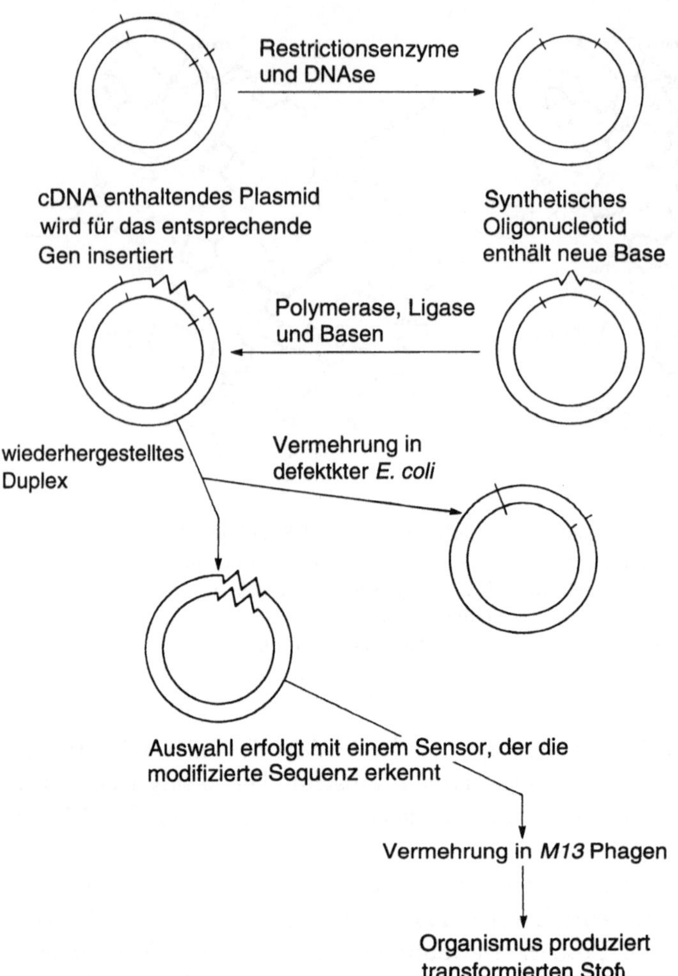

Abb. 3.14. Schematische Darstellung einer spezifischen Mutagenese anhand der Insertion
einer modifizierten DNA in ein Gen.

Stammes, dem der DNA-Reparaturmechanismus fehlt, wurde die Voraussetzung zur praktischen Durchführung dieser Technik ermöglicht. Jede Zelle
verfügt über einen Reparaturmechanismus, der solche Fehler reparieren und
eliminieren kann, die durch Mutagene aus der Umgebung entstehen. Dadurch wird verhindert, daß die modifizierte DNA weitergegeben wird. Nur
Stämme, denen dieser Reparaturmechanismus fehlt, geben also die modifizierte DNA weiter. Abbildung 3.14 stellt noch eine neuere Methode zur
Vervielfältigung der cDNA vor. Diese benutzt zur Multiplikation der cDNA
den *M13*-Phagen. Die Vorgehensweise ähnelt dem Verfahren zur Bildung
von DNA zur Sequenzierung sehr stark. Verfügt man erst einmal über die
einsträngige cDNA, so ist es ein Leichtes, den komplementären Strang zu
bilden, der dann zwar das modifizierte Triplet, aber keine Fehlstelle mehr

enthält. Damit steht die Produktion des Proteins auf dem üblichen Weg offen.

In Subtilisin wurden die drei wichtigen Reste in einer Versuchsreihe durch Alanin ersetzt, und zwar in allen denkbaren Kombinationen. Die Versuchsreihe beschäftigte sich eigentlich mit der Frage, wie ein Enzym, das für seine Aktivität auf drei Aminosäurereste angewiesen ist, entwicklungsgeschichtlich durch nacheinander auftretende Veränderungen von jeweils nur einem Aminosäurerest entstanden sein könnte. Im Vergleich zum Enzym, das in seiner Triade ausschließlich Ser besitzt, führt der Wechsel dieses Ser-Restes durch His-64 zu einem deutlichen Aktivitätsanstieg, und die Einführung von Asp-32 ergab eine noch weitere Steigerung der katalytischen Umsetzung. Auch die Substratbindung an das Enzym wurde durch kleinere Veränderungen bei den Resten beeinflußt. Interessanterweise erhielt man durch den Austausch von Ser durch ein Cys (wodurch die Serinprotease in eine Cysteinprotease umgewandelt wird) nur eine geringe Aktivität. Vermutlich ist bei den Cysteinproteasen am katalytischen System eher ein Asn-Rest beteiligt, als ein Aspartat.

Weiterhin scheint Asn-155 für die Wirkung des Subtilisin von Bedeutung zu sein, denn sowohl der Ersatz durch Thr als auch durch Gln, Asp oder His senkte die Aktivität. Wie viele andere Esterasen auch, ist Subtilisin nur dann aktiv, wenn der His-Rest ungeladen ist. Durch die Veränderung von geladenen Resten in der Nähe von His läßt sich der pK-Wert von Histidin beeinflussen und damit auch in geringem Maße die pH-Abhängigkeit der Aktivität. Subtilisin verfügt über eine substratbindende Tasche, die ein Gly-166 enthält. Substituiert man diesen Rest durch einen beliebigen der 20 anderen Aminosäurereste, so verändert sich die Spezifität von Subtilisin gegenüber kleinen Substraten erheblich. Ähnliche Experimente zur Veränderung von Resten in der substratbindenden Tasche bei Trypsin führten nur zu geringen Veränderungen der Spezifität.

Die Spezifität von Proteasen wird offenbar in den meisten Fällen durch zwei Aminosäurereste bestimmt, in vielen Fällen nur durch einen einzigen Aminosäurerest. Trypsin reagiert z. B. in der Nähe von jedem Lys- oder Arg-Rest der Substrate. Proteasen wären wesentlich besser einsetzbar, wenn ihre spezifischen Wirkungen durch vier oder noch mehr Aminosäurereste bestimmt würden, ähnlich wie die Restriktionsenzyme, die auf die DNA wirken. Dadurch könnten sie zwar wesentlich weniger, aber umso spezifischer Bindungen angreifen. Möglicherweise ließe sich die Spezifität von Proteasen erhöhen, wenn auch die Form des Substratproteins miteinbezogen würde. Denkbar wäre eine Kombination aus Wiedererkennungsfähigkeit für einen Antikörper und untereinander verbundener Proteasen.

Eine Protease, die beispielsweise den Trypsininhibitor in Soja selektiv angreifen könnte, wäre sehr interessant. In gewissem Sinne wirkt Trypsin so, denn es bildet mit dem Trypsininhibitor einen stabilen Komplex. Leider müßte man hierfür jedoch etwa die gleiche Menge an Trypsin zusetzen, wie

Trypsininhibitor in Soja enthalten ist (Trypsin und der Trypsininhibitor besitzen ungefähr die gleiche relative Molmasse). Der Trypsininhibitor macht etwa 10 % eines typischen Sojaproteinisolats aus und so würde Trypsin, auch wenn es aus Hefe in genügender Menge erhältlich wäre, dem Isolat wohl kaum zugesetzt werden. Gesucht wird also eine entsprechend ausgestaltete Protease, die mit einem geeigneten Sequenzbereich in Reaktion tritt. Selbst wenn sich dadurch die Inhibitoraktivität nicht vollständig zurückdrängen ließe, wäre der Trypsininhibitor wohl gegenüber Hitzeinaktivierung empfindlicher. Eine solche Protease wäre auch für viele weitere Gemüsesorten mit im Unterschied zu Soja hitzeresistenten Trypsininhibitoren, die durch normale Kochbedingungen nicht zerstört werden, interessant.

3.6.3 Partielle Hydrolyse

Mehrere Proteaseklassen wurden auf ihre Fähigkeit hin untersucht, inwieweit sie Caseine und Proteine aus der Molke, aber auch Sojaproteine sowie alle kommerziell erhältlichen Proteine partiell hydrolysieren. Die jeweiligen Proteine wurden auch sauer sowie alkalisch hydrolysiert, jedoch ergab sich gegenüber der Verwendung von Proteasen ein wichtiger Unterschied. Die Gln- und Asn-Reste sind recht labil und setzen bei chemischer Hydrolyse bereits unter erstaunlich milden Bedingungen Ammoniak frei, nicht jedoch bei der Protease-katalysierten Hydrolyse.

Einige Peptide sind gute Emulgatoren. Dabei ist es nicht überraschend, daß genau jene Peptide gute Emulgatoren sind, die am einen Kettenende vorwiegend hydrophobe Reste und am anderen Ende vorwiegend hydrophile Reste besitzen. Derartige Peptide liegen nach den Gesetzen der Wahrscheinlichkeit in jeder Peptidmischung vor, die durch partiellen Abbau von Proteinen erhalten wird. Die emulgierende Wirkung nahezu aller Proteinmischungen läßt sich auf diese Weise verbessern. Die Forschung konzentriert sich nun darauf, durch Fraktionierung von partiellen Hydrolysaten aus preiswerten Proteinen Emulgatoren herzustellen. Größere industrielle Anwendungen gibt es noch nicht, und möglicherweise werden die Bemühungen sogar durch eine andere Strategie überflüssig. Man denkt nämlich daran, den Syntheseapparat eines geeigneten Wirtsorganismus dahingehend zu modifizieren, daß dieser direkt ein maßgeschneidertes Peptid synthetisiert. So könnte möglicherweise ein Casein derart modifiziert werden, daß es nach seiner Synthese leicht zum gewünschten Peptid abgebaut werden kann. Eine denkbare Anwendung wäre die Käseproduktion und auch die Molke wäre wertvoller, als sie es heute ist. Alternativ dazu böte ein Samenglobulin die beste Möglichkeit zur Hydrolyse. Die Verwendung eines Wirtsorganismus zur Synthese eines maßgeschneiderten Peptids unterscheidet sich nicht von der Vorgehensweise, in einem Wirtsorganismus die Synthese eines beliebigen Proteins zu induzieren. Allerdings haben wir es hier mit dem Aufbau eines vollsynthetischen Gens zu tun.

Peptide können jedoch auch das Aroma beeinträchtigen oder eine pharmakologische Wirkung zeigen, die in Nahrungsmitteln unerwünscht ist. So enthält z. B. β-Casein das Peptid Tyr-Pro-Phe-Pro-Gly-Pro-Ile, das opioid wirkt und in ungereinigten Hydrolysaten enthalten sein kann. Bei einer modifizierten Sequenz Synthese könnte das Problem umgangen werden.

Auch in einem ganz anderen Zusammenhang erhofft man sich von der Proteolyse eine erwünschte Wirkung, und zwar in der Veränderung von Gelierungseigenschaften von Proteinen. Durch Proteolyse können beschädigte Eigenschaften wieder ‚repariert' werden. Die Gelierfähigkeit eines aggregierten und damit unlöslich gewordenen Proteins ist eingeschränkt. Proteasen bringen solch ein Aggregat zwar nicht mehr in Lösung, jedoch bilden sich in manchen Fällen, nur aufgrund der kleiner gewordenen durchschnittlichen Partikelgröße, Kolloidsole aus, deren Eigenschaften gegenüber aggregierten Proteinen besser sind. Die Wirkung von Proteasen auf ein lösliches Protein unterstützt manchmal den Geliervorgang, wobei man die Gründe nicht genau kennt. So geliert beispielsweise mit Bromelin behandeltes Sojaprotein. Möglicherweise werden Thiolgruppen durch Konformationsänderungen aktiviert. Daneben sind jedoch auch viele weitere Gründe denkbar, und bislang stützen sich Überlegungen zu Wirkmechanismen nur auf empirische Grundlagen.

Mit Hilfe der gezielten Synthese ließen sich auch Proteine herstellen, die nach dem gleichen Mechanismus gelierten wie die gerinnungsinduzierenden Proteine bei der Blutgerinnung. Sie werden durch spezifische Bindungen im Fibrinogen aktiviert. In naher Zukunft sind solche Anwendungen wohl kaum in industrieller Größenordnung zu erwarten, aber die prinzipielle Durchführbarkeit wird wohl bald getestet werden.

3.6.4 Thermophile Proteasen

In die Untersuchung thermophiler Proteasen wurde bereits viel Forschungsarbeit investiert. Aus thermophilen Organismen wurden Proteasen isoliert und in mesophilen Organismen exprimiert. Thermolysin, ein Zn^{2+} haltiges Metalloenzym aus *Bacillus stearothermophilus* ist das bekannteste. Auch Serinenzyme kennt man bereits, bislang jedoch noch keine Thiolprotease. Thermophile Enzyme sind hauptsächlich wegen ihrer Stabilität in enzymhaltigen Detergentien bei hohen pH-Werten und bei hoher Temperatur interessant. Ihr Nutzen bei der Nahrungsmittelverarbeitung ist nur schwerlich zu erkennen, denn aus den bereits angesprochenen Beispielen zur Produktion von Nahrungsmitteln ist ersichtlich, daß häufig gerade die thermische Instabilität der Proteasen eine erwünschte Eigenschaft ist. In chemischen Verfahren zur Produktion von Geschmacksstoffen könnten die thermophilen Proteasen jedoch Verwendung finden (s. Kap. 5).

3.7 Weitere kovalente Modifikationen

Die Proteolyse gehört zwar zu den bedeutendsten Veränderungen in Nahrungsmitteln, die auf kovalente Veränderungen zurückzuführen sind, jedoch sind Proteine auch Ziel weiterer kovalenter Modifikationen. Häufig spielen Enzyme eine Rolle, wie beispielsweise bei der bereits diskutierten Netzbildung.

3.7.1 Phosphorylierung

Die Phosphorylierung spezieller Tyrosine und Serine mit Hilfe von Kinasen ist ein wichtiges Hilfsmittel zur Beeinflussung des Stoffwechsels. Ähnliche Enzyme, Casein-phospho-Kinasen, bewirken die Anbindung von Phosphatgruppen ans Serin im Casein in Milchdrüsen. Solche Enzyme sind zweifellos in der Lage, die unterschiedlichsten Proteine zu phosphorylieren. Noch sind sie nicht zugänglich, ihr prinzipieller Nachteil ist, daß sie auf AMP bzw. ATP als Substrat angewiesen sind. Möglicherweise gelingt die Suche nach einem Enzym, das mit Pyrophosphat arbeiten kann oder, noch besser, nach einem Enzym, daß zwischen Casein und anderen Proteinen vollständige Gruppen austauschen kann. Untersuchungen mit chemisch phosphorylierten Proteinen zeigten, daß z. B. β-Lactoglobulin und Sojaprotein durch Zugabe von Ca^{2+} zum Gelieren veranlaßt werden können. Mikroorganismen können diese Proteine zwar abbauen, entsprechende Kenntnisse über Säugerorganismen sind jedoch nicht verfügbar. Phosphatasen können diese Phosphatgruppen wieder entfernen, und in nichtwäßrigen Medien können mit deren Hilfe sogar Phosphatgruppen insertiert werden.

3.7.2 Acylierung

Acylierte Proteine werden intensiv untersucht. Die insertierten Gruppen reichen von Acetyl- bis zu Palmityl-Resten. Acylierung verändert, wie erwartet, die Oberflächeneigenschaft der Proteine. Die Reaktion läuft vorwiegend an den Lys-Gruppen ab und deswegen verändert die Acylierung auch den Ladungszustand der Proteine. Acylierte Proteine sollen gute Schaumbildner sein, ihre Stabilität ist jedoch nur gering. Die Sicherheitsprüfungen sind sehr umfangreich, und offensichtlich verfügt man heute noch über kein Enzym, das die gleichen Reaktionen katalysieren kann.

3.7.3 Glykosylierung

Glykosylierte Proteine sind wesentlich erfolgversprechender. Glykoproteine sind natürlich gut untersucht, und die Beispiele reichen von Glykoproteinen mit nur ein oder zwei Zuckerresten bis zu Glykoproteinen, deren relative Molmasse zu mehr als der Hälfte durch Zuckerseitenketten bestritten wird. Ihr Syntheseweg sowie die beteiligten Enzyme sind ziemlich unbekannt, jedoch eröffnet sich hier eine erfolgversprechende Möglichkeit zur Produktion von modifizierten Samenglobulinen. Samenproteine bestehen aus einem Großteil aus Speicherproteinen und nur geringen Mengen an Glykoprotein. Arachin und Glycinin enthalten keinerlei Glykoprotein (es gibt zwar Glykoproteine in Samen, die als Lectine großes Interesse hervorgerufen haben, jedoch sind sie mengenmäßig als untergeordnete Bestandteile anzusehen (s. Kap. 6)). Die preiswerten, in großen Mengen zugänglichen Proteine enthalten, mit Ausnahme der Proteine im Eiklar, nur wenig Glykoprotein.

Die chemisch glykosylierten Molkeproteine zeigen ein breites Spektrum an emulgierenden Eigenschaften. Chemisch modifizierte Proteine werden beim derzeitigen Meinungsklima zwar kaum zur Verwendung in Nahrungsmitteln zugelassen werden, jedoch sind aller Wahrscheinlichkeit nach auch enzymatische Verfahren für Lebensmittelinhaltsstoffe machbar. Über die Enzyme, die Hexosen an Proteine binden, ist sehr wenig bekannt, und noch ist nicht klar, ob sie sich allgemein einsetzen lassen. In einigen Lipasen ist ein Triplett aus Thr, Pro und Asn als Glykosylierungsstelle wirksam. Möglicherweise eröffnet die ortsspezifische Mutagenese die Möglichkeit, Glykosylierungsstellen in geeignete Proteine zu insertieren. Die industrielle Verwertung dürfte allerdings noch in weiter Ferne liegen.

3.8 Schlußbemerkungen

Anwendungsmöglichkeiten für die Biotechnologie bei Proteinen und Proteasen gibt es offensichtlich viele. Auch wenn entweder nur das Enzym oder nur das Substrat modifizierbar ist, sollte der koordinierte Einsatz der Biotechnologie hier mehr als auf irgendeinem anderen Sektor der Nahrungsmittelbranche bewirken können. Praktische Anwendungen sind offensichtlich noch in weiter Ferne, was nicht zuletzt darauf zurückzuführen ist, daß die Nahrungsmittelproduzenten ihre Wünsche nicht klar und deutlich formulieren können. Wenn vermutlich Nahrungsmittel aus fermentiertem Gemüse zukünftig an Beliebtheit gewinnen, wird keiner eine Korrelation zwischen den Verbrauchervorlieben und einer speziellen Enzymgruppe zur Herstellung dieser Nahrungsmittel aufstellen können, sondern es werden wieder nur die arbeits- und geldintensiven Verbraucherbefragungen durchgeführt. Aus solchen Umfragen lassen sich jedoch keine verläßlichen Voraussagen für den wirtschaftlichen Erfolg erzielen, was die große Mißerfolgsquote neueingeführter Produkte deutlich unterstreicht. Es wird also wohl im wesentlichen empirisch eine mehr oder weniger große Sammlung modifizierter Proteasen zusammengestellt werden. Rasche Fortschritte sind dort zu erwarten, wo Probleme genauer definiert werden können. Ein exzellentes Beispiel, das heute schon realisiert ist, ist die Herstellung von Chymosin zur Käseproduktion. Weitere Beispiele zur Anwendung von Proteasen sind die Versuche zur

Verarbeitung von Fleisch mit spezifisch wirksamen Proteasen sowie maßgeschneiderte Proteasen zum Angriff bekannter Sequenzen in Proteaseinhibitoren. Hämagglutinine könnten mit Hilfe von Proteasen oder spezifischen, Glykoprotein-abbauenden Enzymen inaktiviert werden. Emulgatorpeptide sind prinzipiell auch herstellbar, obgleich der Nachweis für mögliche Produktionsvolumina in industriellem Maßstab noch aussteht. Modifikationen zur Nährwertverbesserung, also Modifikationen zur Erhöhung des Gehaltes an essentiellen Aminosäuren, sind in hochentwickelten Staaten zwar unnötig, für manche Gebiete jedoch sehr interessant (hier handelt es sich um ein komplexeres Problem, das eher Pflanzenproduktion und Landwirtschaft betrifft, als die Nahrungsmittelindustrie). Das Angebot an modifizierten Caseinen bietet die Möglichkeit zur Entwicklung interessanter, neuartiger Milchprodukte, und zweifellos werden die Caseinsequenzen mit diesem Hintergedanken untersucht. Mittlerweile sind auch die Sequenzen der Samenglobuline gut bekannt, wodurch sich ähnliche Möglichkeiten wie bei den Caseinen eröffnen. Die einzige Limitierung besteht darin, daß die hervorgerufenen Veränderungen die Aminosäureproduktion der Pflanze nicht überfordern dürfen. Die Insertion eines Gens zur Bildung von Metallothionein (Metallothionein besitzt einen hohen Gehalt an Cystein) würde den Schwefelmetabolismus eines Samens wohl überfordern. Andererseits wäre die Verfügbarkeit dieses Proteins wegen seiner Wirkung auf die Gel- und Strukturbildung für die Nahrungsmittelproduzenten sehr interessant.

Es werden noch einige Jahre vergehen, bis Nahrungsmittel mit modifizierten Proteinen in den Läden zu haben sind. Bereits heute werden Nahrungsmittel mit neuartigen Enzymen produziert, und wahrscheinlich werden immer neue dazukommen.

4 Getreide zum Backen und Brauen

4.1 Einleitung

Überall in der Welt ist Getreide das wichtigste Nahrungsmittel, und mengenmäßig übertrifft der Verbrauch an Getreide alle anderen Nahrungsmittelquellen. Abbildung 4.1 unterstreicht die hohe Bedeutung von Getreide. Die wichtigsten Getreidearten sind Weizen, Reis und Gerste.

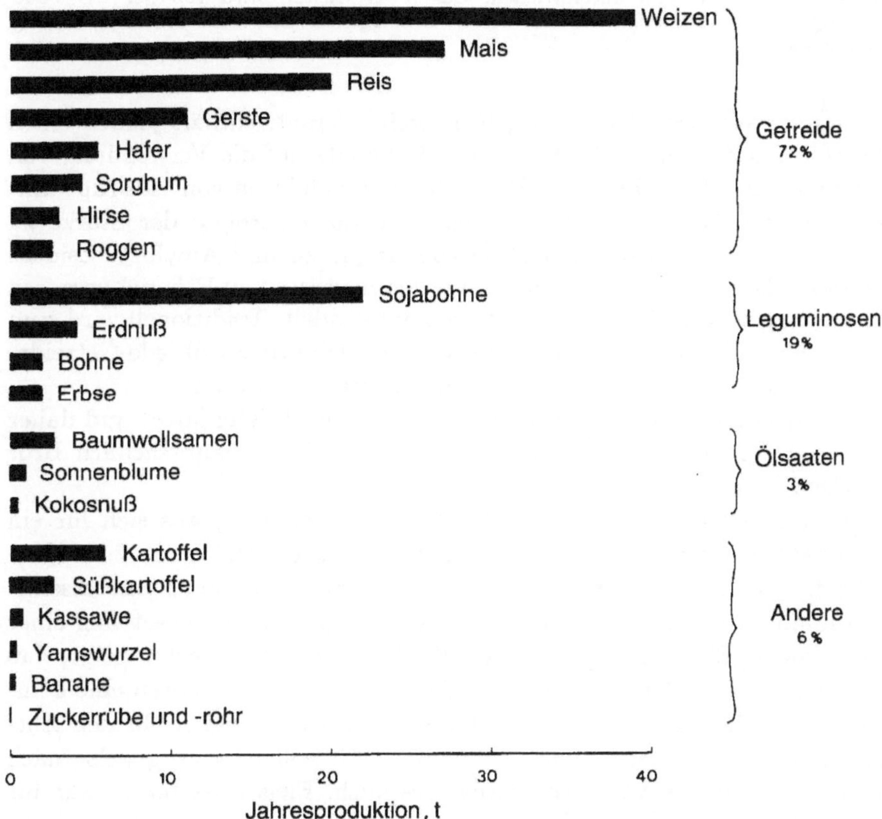

Abb. 4.1. Weltproduktion 1980 von Nahrungsmitteln, die hauptsächlich zur Protein- und Kohlenhydratversorgung der Nahrung beitragen (mit freundlicher Genehmigung entnommen aus: Payne P. I (1983) 'Breeding for proteins in food crops'. In: Daussant J., Mossé J., Vaughan J. (Hrsg.) Seed Proteins. Academic Press, London).

Tabelle 4.1. Gehalt an essentiellen Aminosäuren in Saatproteinen verschiedener Getreidearten (verändert entnommen aus Payne P.I. (1983) Seed Proteins. In: Daussant J., Mossé J., Vaughan J. (Hrsg.). Academic Press, London)

Aminosäuren	FAO-Muster	Weizen	Reis	Mais	Soja-bohne	Erd-nuß	Sau-bohne
Isoleucing	278	253	290	225	319	224	333
Leucin	305	409	501	717	483	407	438
Lysin	279	174	239	169	429	218	476
Methionin + Cystin	275	265	316	200	197	173	112
Phenylalanin + Tyrosin	360	457	629	496	557	571	567
Threonin	180	192	235	225	269	171	284
Tryptophan	90	67	78	33	80	64	69
Valin	270	272	398	263	336	274	373

* mg Aminosäure pro g Stickstoff. Aminosäuren, die nach FAO-Richtlinie zu weniger als 90 % vorliegen, sind unterstrichen. Das ‚FAO-Muster‘ wird von der UN Food und Agriculture Organization als idealer Eiweißgehalt der menschlichen Nahrung empfohlen.

Getreide ist zwar der wichtigste Proteinlieferant, enthält jedoch einen sehr hohen Stärkeanteil. In Kap. 2 wurde bereits auf die Verwendung von Getreidestärke als wichtigstem Rohstoff zur Produktion von Isosirups hingewiesen. Bei diesem Verfahren spielt auch die Hydrolyse der Stärke zu Mono- und Disacchariden mit Hilfe von Amylasen und Amyloglucosidase eine Rolle. Die entstandenen Zucker werden bevorzugt zu Ethanol vergoren und nur in geringem Maße zu Fructose umgewandelt. Traditionell wird zum Brauen zwar Gerste verwendet, jedoch eignet sich prinzipiell jede Getreideart zum Brauen. In Afrika ist z. B. Sorghum weit verbreitet.

Ein Großteil des produzierten Getreides dient als Viehfutter und daher letztlich zur Produktion von Fleisch. Vom Rest wird hauptsächlich Brot gebacken.

Der ernährungsphysiologische Wert von Getreide ist, was sich für ein Grundnahrungsmittel recht seltsam anhören mag, nicht ganz zufriedenstellend. Tabelle 4.1 zeigt, daß jeder Getreideart mindestens eine essentielle Aminosäure fehlt. Die Tabelle entält auch die Zusammensetzung einer Hülsenfrucht. Ein Vergleich mit den Werten der Getreidearten zeigt, daß sich zur ausreichenden Versorgung mit essentiellen Aminosäuren eine kombinierte Ernährung aus Getreide und Hülsenfrüchten eignet. In den Entwicklungsländern ernähren sich die meisten Einwohner vorzugsweise nach dieser Regel, unsere Vorfahren taten dies auch. Fleisch ist b.z.w. war für diese Menschen nur in sehr begrenztem Maße verfügbar.

Die meisten Nahrungsmittelverarbeiter sind in hochentwickelten Ländern ansässig, wo für alle eine normale Ernährung möglich ist. In Europa, Japan oder Nordamerika gibt es keine Mangelernährung, die auf fehlende

Bestandteile in der verfügbaren Nahrung zurückzuführen wäre. Aus diesem Grund sind dort die Nahrungsmittelhersteller nicht vorrangig darum bemüht, den Nährwert ihrer Verkaufsprodukte zu verbessern. Auch die Verbraucher bemühen sich nicht dahingehend, denn sie wissen, daß sie alle wichtigen Nährstoffe zu sich nehmen, wenn sie die Nahrung nur abwechslungsreich genug gestalten. Bei einer solchen Ernährung trägt jedes einzelne Lebensmittel nur wenig zur Gesamternährung bei. Es gibt allerdings auch Ausnahmen, beispielsweise Menschen, die ausschließlich von Rohwürsten oder Karotten leben. Eine derart einseitige Nahrung zieht natürlich unausweichlich Konsequenzen auf den Ernährungszustand nach sich. Weitaus die meisten Verbraucher (und in dieser Hinsicht wurden ausgedehnte Untersuchungen durchgeführt) beschäftigen sich mit Aroma, Kosten und gutem Geschmack. In letzter Zeit waren die Verbraucher zwar über ‚Lebensmittelzusatzstoffe' beunruhigt, jedoch wird der ernährungsphysiologische Wert an sich üblicherweise vorausgesetzt und darüber wird keine Sorge verschwendet. Glücklicherweise wird derzeit Druck ausgeübt, daß bessere Informationen über die jeweiligen Nahrungsmittel auf die Verpackung gedruckt werden, jedoch schließt die Forderung offensichtlich die Deklarierung der essentiellen Aminosäuren nicht mit ein.

Man geht davon aus, daß in Hungergebieten eine Fehlernährung vorrangig durch zu geringe Nahrungsaufnahme hervorgerufen ist und weniger durch den Mangel irgendeines Nahrungsinhaltsstoffes. Man war ursprünglich der Meinung, daß in mehreren Gebieten auf der Welt ein Mangel an speziellen Proteinen herrscht, was heute nur noch für wenige Ausnahmegebiete gilt. Möglicherweise gibt es vereinzelt Landstriche, wo die Bevölkerung unter Proteinmangel leidet, beispielsweise dort, wo ein Großteil der Ernährung aus Maniok besteht. Maniok enthält nur wenig Protein. Daß massiver Proteinmangel isoliert auftreten könne, hält man mittlerweile nicht mehr für möglich. Das tägliche Brot nimmt in unserer Ernährung allerdings immer noch einen wichtigen Platz ein und zwar sowohl real als auch in der Wahrnehmung der Öffentlichkeit. Die Herstellung von Brot läßt sich durch die Biotechnologie auf unterschiedliche Art und Weise beeinflussen, jedoch muß sehr behutsam vorgegangen werden.

4.2 Backen

4.2.1 Proteine

Der größte Teil des Getreideproteins liegt als Proteingranula vor, was auch für Gemüse und offensichtlich alle Samen gilt. Daher sind Proteingranula für den Nahrungsmittelverarbeiter eine der wichtigsten cytoplasmatischen Struktureinheiten. Vergleichbare Strukturen in Tieren sind interessanterweise nur die Fettkörper von Insektenlarven, in denen auch Proteine eine

Speicherfunktion erfüllen. Bis heute wurde nur ein einziges dieser Proteine untersucht, nämlich das Calliphorin aus der Schmeißfliege. Dieses Protein besitzt eine gewisse Ähnlichkeit mit den Speicherproteinen der Samen. Wie in Kap. 1 bereits diskutiert, ist das Speicherproteinsystem in Samen für die Expression vieler transferierter Gene ein interessantes System und möglicherweise auch ein hervorragendes Produktionssystem.

Möglicherweise lassen sich Insektenlarven in gleicher Weise benutzen. Proteingranula sind in erster Näherung kugelig, während ihre Größe je nach Pflanzenart sehr unterschiedlich sein kann. Sie sind in einer einfachen Membran lokalisiert, die ausschließlich aus Phospholipiden besteht. Diese Membran wird bei der Extraktion der neutralen Lipide mit Hexan nicht zerstört und ist üblicherweise in jedem ‚entfetteten' Mehl unversehrt enthalten. Wird Mehl oder ein beliebiger Stoff, der Proteingranula enthält, mit Wasser versetzt, so tendieren die Wassermoleküle dazu, in die Proteingranula einzudringen und sie zum Anschwellen und letztlich zum Aufbrechen zu bringen. Bis zum Aufbrechen kann man von einer hochkonzentrierten Proteinlösung sprechen und während dieses Zeitraumes können sich kleine, gelatinöse Partikel bilden, die bei manchen Getreidearten ursächlich für die Aggregatbildung sind. Proteingranula lassen sich mit keinem mechanischen Verfahren wirkungsvoll aufbrechen. Manche Verfahren stützen sich sogar auf ihr Vorhandensein, beispielsweise die Anreicherung von Mehl mit Protein durch Windsichten. Auch selektive Flotationsmethoden sind zwar prinzipiell machbar, jedoch trotz mancher Anläufe noch nicht bis zur großtechnischen Reife entwickelt.

Enzyme können sehr wahrscheinlich das Aufbrechen der Proteingranula erleichtern. Am aussichtsreichsten ist die Verwendung von Phospholipasen zur Zerstörung der Membran: ob diese Reaktion bei Fermentationen, bei denen die Proteingranula mit Sicherheit durch enzymatische Angriffe (die den Proteasen zugeschrieben werden) aus der Membran entfernt werden, eine Rolle spielt, ist nicht bekannt (s. Kap. 3). Ein enzymatischer Angriff sollte auch beim Mahlvorgang möglich sein. Allerdings deutet bisher alles darauf hin, daß Enzyme nur dann aktiviert werden, wenn der Wassergehalt einen gewissen Grenzwert überschreitet, was bei der Mehlherstellung jedoch nicht der Fall sein dürfte.

4.2.2 Saatproteine

Die Proteine in den Proteingranula werden nach einer traditionellen Methode klassifiziert, und zwar erfolgt die Einteilung nach dem Löslichkeitsverhalten. Getreideproteine werden in Glutenine, Gliadine und Prolamine klassifiziert, sowie in eine Albuminfraktion. Letztere entstammt dem allerdings nur sehr kleinen, cytoplasmatischen Anteil im Samen. Weiterhin enthalten die Stärkekörner auch geringe Mengen an Protein. Glutenine und Gliadine sind ungefähr in gleichen Mengen vorhanden und werden zusammen als

Weizengluten bezeichnet. Die Gliadine sind in verdünnten Salzsäuren besser löslich, die Glutenine bilden die unlösliche Fraktion. Die andere große Proteinklasse im Getreide sind die Prolamine. Sie werden durch ihre Löslichkeit in Ethanol/Wasser-Mischungen charakterisiert. Das wichtigste Beispiel ist das Zein im Mais. Die Gliadine und Glutenine ähneln in ihrem Löslichkeitsverhalten allerdings in etwa auch den Prolaminen. Die vorgestellte Nomenklatur ist immer noch weitverbreitet und wird es in Industriekreisen wohl auch noch weiterhin bleiben, obwohl sie sich auf völlig überholte analytische Verfahren stützt, deren Ursprung ungefähr 100 Jahre zurückliegt. Mit der Möglichkeit der Elektrophorese ist eine wesentlich genauere Klassifizierung der Getreidespeicherproteine möglich. Die Elektrophorese konnte erst viele Jahre nach ihrer Entwicklung auch zur Analyse der Speicherproteine sowie einer Reihe weiterer wichtiger Nahrungsmittelproteine, wie z. B. Actinomysin, herangezogen werden, weil sich die Speicherproteine hartnäckig einer Solubilisierung widersetzten. Versuche mit Lösungsmitteln, wie z. B. konzentriertem Harnstoff, waren nicht erfolgreich genug, und mittlerweile verwendet man SDS. In hartnäckigen Fällen wird SDS in Kombination mit Reagenzien verwendet, die Disulfidbindungen aufbrechen können. SDS konnte wieder einmal als das nahezu universelle Lösungsmittel für Proteine die analytischen Möglichkeiten dramatisch erweitern.

Die Gliadin- und Glutaminfraktionen enthalten zusammen etwa 70 unterschiedliche Peptidketten. Die lösliche Gliadinfraktion enthält etwa 50 unterschiedliche Peptide, deren relative Molmassen im Bereich zwischen 30 000 und 45 000 liegen und die Disulfidbindungen innerhalb der Ketten besitzen. Mittlerweile weiß man, daß alle Getreideproteine untereinander nahe verwandt sind und daß in diesem Größenbereich viele Sequenzhomologien vorkommen, die sinnvollerweise in schwefelreiche und schwefelarme Gruppen aufgeteilt werden. In der Gluteninfraktion dominiert eine weitere Peptidgruppe mit relativen Molmassen im Bereich zwischen 100 000 und 150 000. Die Cysteinreste sind häufig in der Nähe des Kettenendes plaziert, und ein Charakteristikum der Gluteninfraktion sind Disulfidbrücken zwischen den Ketten.

Es wurde schon oft versucht, die An- bzw. Abwesenheit von Peptiduntereinheiten mit der Eignung unterschiedlicher Mehlarten zum Brotbacken zu korrelieren, wobei die einzelnen Mehlarten durch spezielle Peptidgehalte charakterisiert sind. Der Erfolg ist nur begrenzt, obwohl man in der Lage ist, während der Züchtung den Verbleib eines beliebigen Peptids zu verfolgen, und Varietäten mit nahezu jeder beliebigen Peptidkombination zu produzieren. Die charakteristischen Peptidgehalte können jedoch bei Vertragsbrüchen erfolgreich als Nachweis dienen, daß der gelieferte Weizen nicht die geforderte Qualität besitzt.

Für die ausgeprägte Teigelastizität ist vor allem das Glutenin verantwortlich, aber auch die anderen Proteine tragen zur Qualität des Brotteiges bei. Sie sollen dem Teig eine gewisse Plastizität verleihen. Manche Theorien unternehmen den Versuch, molekulare Eigenschaften mit der makroskopischen Viskosität zu korrelieren. Eine Aussage ist beispielsweise, daß die oben erwähnte Position der Cysteinreste in der Nähe der Kettenenden zu gestreckten Struktureinheiten führt. Die Untereinheiten nehmen eine Zufallsstruktur ein und besitzen zahlreiche Schlaufen, die für die gummiartige Elastizität verantwortlich sind. Direkte Nachweise für die gestreckten Ketten gibt es nicht. Leider ist der Zusammenhang zwischen Molekülstruktur und makroskopischen Fließeigenschaften in diesem Zusammenhang genauso gut oder schlecht verstanden, wie der Einfluß der Molekül- auf die Gelstruktur von fermentierten Sojaprodukten oder auf die Struktur irgendeines anderen Nahrungsmittels, dessen Struktur vorrangig von Proteinstrukturen beherrscht wird.

4.2.3 Teigherstellung

Zur Herstellung eines Teigs werden Mehl und Wasser vermengt, damit der Teig ‚aufgehen‘ kann. Dieser Vorgang ist für ein qualitativ gutes Backergebnis sehr wichtig und erhöht die Teigviskosität. Wird der Teig zu stark bearbeitet, fällt er zusammen und die Qualität verschlechtert sich wieder. Das Teigkneten ist ein recht massiver Prozeß. Der Energieeintrag ist so hoch, daß kovalente Bindungen geändert werden können. Wegen des hohen Energieverbrauchs ist das Teigkneten ziemlich kostenintensiv, und es wurden bereits viele Versuche unternommen, die Knetdauer und den erforderlichen Energieeintrag zu reduzieren.

Mittlerweile gilt als gesichert, daß die Viskositätsänderungen ihre Ursache in der Umlagerung von Disulfidbindungen zwischen den Proteinuntereinheiten haben. Dementsprechend wirkt sich der Zusatz von Stoffen, die bekannterweise Disulfidbindungen angreifen (s. Kap. 3), beispielsweise Cystein, Sulfit oder Bromat, auch merklich aus. Die Wirkung von Ascorbinsäure ist eingehend untersucht, denn Mehl besitzt eine Ascorbinsäureoxidase.

Daß Umlagerungen von Disulfidbrücken an der Viskosität beteiligt sind, legt vor allem die Rolle des Glutathions nahe. Ein niedriger Gehalt an reduziertem Glutathion (GSH) im Mehl korreliert mit dessen Eignung zur Herstellung von qualitativ hochwertigem Brot. Mittlerweile meint man, daß die ‚Thiolreagenzien‘ nicht direkt über die Wirkung an den Disulfidbrücken Einfluß nehmen, sondern den Gehalt an GSH regulieren. Die Disulfid-Isomerase (EC 5.3.4.1) benutzt bei den Austauschreaktionen der Disulfide das GSH als Katalysator. Es ist nicht bekannt, ob dieses Enzym auch im Weizenmehl vorliegt, jedoch könnte auf diese Weise zwanglos erklärt werden, warum das GSH offensichtlich wichtiger ist als andere Reagenzien. Es ist nur ein Versuch bekannt, das Enzym zuzusetzen und dessen Auswirkungen zu beobachten. Die Ergebnisse waren jedoch nicht überzeugend. Das Enzym ist nur schwer zugänglich und nachweisbar. Vermutlich muß es zunächst in einem transgenen Organismus produziert werden, bevor weitere Versuche möglich sind. Man sollte sich auch vergegenwärtigen, daß nur einige der vielen Disulfide zum Teiggehen beitragen, und daß die Disulfid-Isomerase ebenso auch Disulfidbindungen aufbrechen kann, die eigentlich erhalten bleiben sollten.

4.2.4 Wirkung von Proteasen

Bei der Diskussion, wie sich die Bildung von Disulfiden auf die Fließeigenschaften der Proteine, aber auch auf grundlegende Eigenschaften, wie die Proteinlöslichkeit, auswirkt, ist es nur natürlich, zunächst den Weg über das Aufbrechen der Disulfidbindungen einzuschlagen, d.h. also, die Wirkung wieder rückgängig zu machen. Bis auf die Disulfid-Isomerase, die noch nicht getestet ist, gibt es keine Enzyme, die beim Aufbrechen von Disulfidbindungen behilflich wären, und chemisch ist diese Reaktion im Gegensatz zur Umlagerung recht schwierig auszuführen.

Die Umkehrreaktion (unter dem Blickwinkel der Viskosität) wird bei der Verarbeitung von Lebensmitteln häufiger herbeigeführt. Hier werden allerdings andere Bindungen aufgebrochen. Diese Reaktion spielt sicherlich auch bei der Herstellung von Teig eine Rolle. Zur Herstellung von Spezialteigen sind viele Proteasen wirksam. So wirkt bei Biskuitteig z.B. Subtilisin (EC 3.4.21.14) mit, und immer, wenn ein weicher Teig gewünscht wird, sind pflanzliche Proteasen, wie z.B. Papain (EC 3.4.22.2) nützlich. Diese Proteasen können allerdings auch zu ausgiebig hydrolysieren und weil man mittlerweile auf Sequenzdaten von Proteinen zurückgreifen kann, wäre es vorteilhaft, wenn spezifischere Enzyme gesucht würden. Die verfügbaren Enzympräparate sind ungereinigt und enthalten noch Amylasen sowie Endo- und Exopeptidasen. Die Exopeptidasen bilden einige freie Aminosäuren, die zur Aromaentwicklung wichtig sind.

4.2.5 Weitere Enzyme

Die Lipoxygenase (EC 1.13.11.12) wird routinemäßig Teigzubereitungen zugesetzt und zwar in Form von Sojabohnenmehl, bei dessen Herstellung speziell auf den Erhalt der Aktivität dieses Enzyms geachtet wurde. Die Lipoxygenase beeinflußt den Redoxzustand des Teigs. Abbildung 4.2 zeigt den Einfluß der Lipoxygenase sowie weiterer Teigzusätze auf die Relaxationszeit des Teigs sowie auf den Energieeintrag. Die Lipoxygenase wird jedoch vor allem als Bleichmittel verwendet, um die gelbfärbenden Carotinoide abzubauen, die durch endogene Lipoxygenasen nicht angegriffen werden.

4.2.6 Stärkekörner

Ein durchschnittliches Mehl besteht zu etwa 70% aus Stärke und daher ist Stärke zwangsläufig an der Struktur von Brot beteiligt. Der Stärke kommt eine große wirtschaftliche Bedeutung zu (s. u.). Mehl enthält α-Amylasen (EC 3.2.1.1) und β-Amylasen (EC 3.2.1.2), ebenso wie α-Glucosidase (EC

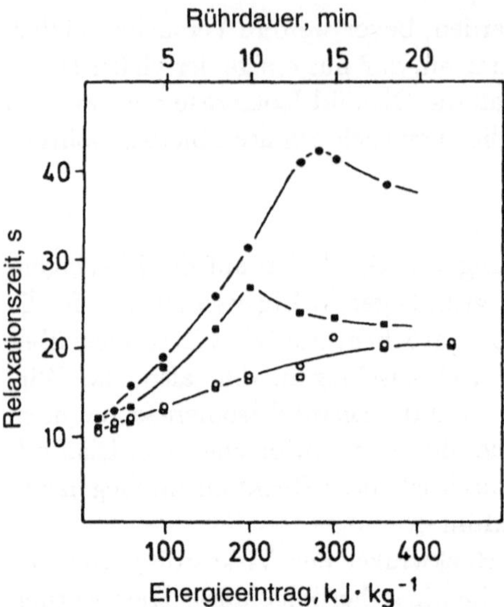

Abb. 4.2. Wirkung von Lipoxygenase, zugesetzt als enzymaktives Sojamehl, auf die Entwicklung mechanischer Teigeigenschaften: ■ ohne Enzymzusatz; ● mit Enzymzusatz; □, ○ Teigkneten erfolgte unter Stickstoffatmosphäre; ■, ● Teigkneten erfolgte unter Luftatmosphäre. Die größten Effekte wurden erzielt, wenn sowohl mit Enzymzusatz als auch unter Luftatmosphäre geknetet wurde. Ohne Luft gab es keine Effekte. Die Relaxationszeit ist ein rheologischer Parameter und der Energieeintrag entspricht der gesamten Energie, die im entsprechenden Zeitraum aufgewendet werden mußte (aus Frazier P. J., Leigh-Dunmore F., Daniels N. W., Egitt P. W., Coppock J. (1973) J. Sci. Food Agric. **24**, 421).

3.2.1.3). Intakte Stärkekörner sind bekanntermaßen gegen einen enzymatischen Angriff weitgehend stabil und die Fähigkeit der Amylase, die Stärke abzubauen, hängt davon ab, wie stark die Stärkekörner durch die mechanische Krafteinwirkung während des Mahlvorganges geschädigt wurden. Ein Getreidekorn minderer Qualität besitzt, vor allem, wenn es bereits angekeimt ist, wesentlich höhere Amylasegehalte als ein qualitativ hochwertiges Getreidekorn. Ein hoher Amylasegehalt ist für eine qualitativ schlechte Struktur des Brotinneren verantwortlich. Allerdings erhält man auch dann ein qualitativ minderwertiges Brotinneres, wenn das Mehl keine Amylase enthält oder wenn die Stärkekörner im Mehl intakt sind. Solche Brote fallen durch ihren geringen Feuchtigkeitsgehalt auf und werden schnell altbacken. Brot altert zum einen durch Austrocknen und zum anderen durch die Wirkung von Amylase auf die Stärkekörner.

Heute ist der Zusatz von Amylasen allgemeiner Standard. In den USA werden sie in Form gemälzter Gerste zugesetzt (0,2 % Massenanteil), in Großbritannien werden dagegen Amylasen aus Pilzen bevorzugt, denn Malz enthält neben den Amylasen noch weitere, unerwünschte Proteasen und Farbstoffe. Der Zusatz von Amylasen ist deshalb erforderlich, weil die Knetdauer wegen des Zusatzes von Disulfidreagenzien so verkürzt werden konnte, daß die endogenen Amylasen nicht mehr in ausreichendem Maße wirken können; folglich muß die Amylaseaktivität erhöht werden. Für Großbritannien gibt es allerdings noch einen speziellen Grund. Als Großbritannien der EU beitrat, wurde ein Referendum abgehalten, und einer der Gründe gegen einen Beitritt war, daß das britische Brot in Gefahr sei. Britische Brotfabriken verarbeiteten in großem Ausmaß Hartweizen, der hauptsächlich aus Nordamerika importiert wurde. Die Lagerfähigkeit des fertigen Brotes war außerordentlich gut, was auch notwendig war, denn die Brotproduktion in Großbritannien ist sehr stark zentralisiert und auf ein gut organisiertes Verteilersystem angewiesen. Angesichts der Agrarpolitik der EU befürchtete man, daß der importierte Hartweizen durch Weichweizensorten, die lokal angebaut werden, ersetzt werden sollte. Man wußte sehr wohl, daß Brot aus solchem Weizen über Nacht altbacken wird. Auf dem europäischen Festland mit seinem Netz örtlicher Bäcker, die täglich für frisches Brot sorgen, ist dies kein Nachteil. Hartweizen und Weichweizen unterscheiden sich hinsichtlich ihrer Gehalte an Glutenin und Gliadin – der Gluteningehalt von Hartweizen ist höher. Dementsprechend begannen intensive Untersuchungen, ob der Zusatz von Glutenin zu Weichweizen möglich ist.

Der erfolgreiche Lösungsweg zur Erzielung einer längeren Haltbarkeit von Weichweizenbrot machte sich jedoch einen anderen Sachverhalt zunutze. Während des Mahlvorganges werden die Stärkekörner im Hartweizen aus mechanischen Gründen sehr stark zerkleinert. Im anschließenden Schritt können die Amylasen beim Hartweizen wesentlich mehr Stärke abbauen als beim Weichweizen und daher kann Hartweizenmehl wesentlich mehr Feuchtigkeit zurückhalten als Weichweizenmehl. Zudem wird der Amylosegehalt beim Mehlmahlen abgesenkt. Daß Brot aus Hartweizen weniger schnell altbacken wird, liegt vermutlich an diesen beiden Gründen. Setzt man Weichweizenmehl Amylasen zu, läßt sich auch daraus lange lagerfähiges Brot backen. Bakterielle Amylasen erwiesen sich als problematisch, denn sie sind zu wärmestabil. Dagegen eignen sich Pilzamylasen, wie z. B. aus *Aspergillus*, denn sie werden beim Backen zerstört. Die Pilzamylasen entwickeln ihre größte Wirksamkeit bei etwa 55–60 °C, also in dem Temperaturbereich, in dem das Hartwerden, die Verkleisterung der Stärke und die thermische Inaktivierung gleichzeitig erfolgen.

Eine ähnliche Wirkung zum längeren Frischhalten von Brot wird einer Pentosanase (genauer gesagt einer Cellulase mit Pentosanase-Aktivität) aus *Trichoderma reesei* zugeschrieben. Sie wird jedoch noch nicht industriell verwendet. Weizen enthält etwa 4–5 % Pentosane, Roggen sogar noch mehr. In der Tierfütterung, insbesondere bei Geflügel, wird neuerdings mit Enzymzusätzen zu allen Getreidearten mit Ausnahme von Mais gearbeitet, nämlich mit einer Endo-1,4-β-xylanase aus *Aspergillus niger* zum Aufschluß von Pentosanen und einer Endo-β-glukanase aus *Trichoderma vivide*, die sowohl 1,4- als auch 1,3-β-Glukane spaltet. Dadurch wird eine Reihe verdauungsbedingter Probleme in der Tierhaltung vermieden.

Britischer Weizen enthält wegen des feuchten Klimas mit relativ hoher Wahrscheinlichkeit überschüssige Amylase. Es wäre sehr hilfreich, wenn Sorten zur Verfügung stünden, deren Amylaseaktivität bereits bei relativ niedrigen Temperaturen zerstört werden könnte. Dieses Ziel ist wohl mit einem modifizierten Gen erreichbar. Zunächst muß aber wohl die Struktur der Amylasen noch deutlich besser untersucht sein. Enzyme für Nahrungsmittel sollen wesentlich häufiger wärmelabiler sein, als sie es sind, während Enzyme für rein chemische Verfahren dagegen meist wärmestabiler sein sollen, als sie es sind.

Manchmal wird Mehl mit Chlor behandelt. Dadurch erhöht sich offensichtlich dessen Lipidbindungskapazität und es ist für Kuchenteige besser geeignet. Erhitzen hat eine ähnliche Wirkung. Aus elektronenmikroskopischen Aufnahmen unbehandelter Stärkekörner ist erkennbar, daß die Wirkung der Amyloglucosidasen im Laufe des Stärkeabbaus zu ausgeprägter Kraterbildung an der Oberfläche der Stärkekörner führt. Die Behandlung mit Chlor unterbindet dieses Verhalten, nicht jedoch die enzymatische Wirkung. Die Oberflächenproteine lassen sich auch auf andere Weise entfernen, wobei die Kraterbildung ebenfalls unterbunden wird. Es scheint, daß die Wirkung des Chlors in irgendeiner Weise mit der Anwesenheit von Oberflächenproteinen auf den Stärkekörnern zusammenhängt.

Der Gesamtproteingehalt sowie der Glutengehalt von Weichweizen aus britischer Produktion sind gering. Versuche, den Proteingehalt anzuheben, waren bis jetzt unbefriedigend.

4.2.7 Hefe als Teigtriebmittel

Nach dem Gehenlassen wird dem Teig Hefe zugesetzt. Wird Mehl mit Wasser versetzt, so enthält die freie Wasserphase 10–15 % an gelösten Feststoffen, u.a. Glucose aus der Wirkung der Amylase, vor allem jedoch Oligosaccharide. Diese Substrate kann Hefe verarbeiten. Backhefe kann Glucose, Fructose, Mannose und Galactose sowie die Disaccharide Saccharose, Maltose und Trehalose verstoffwechseln, Lactose und Pentosen jedoch nahezu gar nicht. ‚Milchlaibe‘ enthalten zusätzlich noch Feststoffe aus der Milch. Damit die Lactose abgebaut werden kann, wird diesen Teigen Galactosidase aus *Aspergillus niger* zugesetzt. Dieses Enzym kann zusätzlich Trisaccharide verstoffwechseln, wie beispielsweise Raffinose zu Melibiose, die dann nicht mehr weiter abgebaut wird. Unter aeroben Bedingungen kann Hefe viele verschiedene Kohlenstoffquellen verarbeiten, u.a. auch Ethanol. Für ihren Stoffwechsel ist sie auf Biotin angewiesen, das ihr aus dem Teig zur Verfügung steht. Von den B-Vitaminen ist für Menschen Biotin nur in so kleinen Mengen notwendig, daß auch der vollständige Verbrauch von Biotin durch die Hefe für den Nährwert keine Auswirkungen hat. Andere Stämme sind für ihr optimales Wachstum auch auf weitere B-Vitamine angewiesen. Der Gehalt an freiem Ethanol kann während des Gehens bis zu 4 % der wäßrigen Phase erreichen. Beim Backen wird das Ethanol ausgetrieben. Das beim Gärprozeß gebildete Kohlendioxid ist für die schwammartige Textur des Teiges verantwortlich. Wieviel Kohlendioxid gebildet wird, hängt natürlich damit zusammen, wieviel fermentierbarer Zucker anfänglich verfügbar ist und wie lange die Hefe gehen kann. Wenn aus irgendeinem Grund, wie beispielsweise wegen einer zu geringen Amylaseaktivität, der Gehalt an fermentierbarem Zucker im Teig zu gering ist, kann vor dem Gärprozeß fermentierbarer Zucker, wie z. B. Saccharose, zugesetzt werden.

Zum Backen von Mehlen, die reich an Pentosanen sind (Roggen- und Mischbrote), verwendet man sog. Sauerteig, eine gemischte Kultur aus Hefen und Lactobazillen. Sie produzieren neben Ethanol und Kohlensäure auch Milch- und Essigsäure, Mannit sowie Aromastoffe. Anstelle von sog. Spontansauer, einem gärenden Teig, der sich beim Stehenlassen einer Mischung von Roggenmehl und Wasser an einem warmen Ort bildet, arbeitet man heute zunehmend mit „Reinzuchtsauer". Durch ein- oder mehrstufige Führung des T eiges kann man die verschiedenen Mikroorganismen der Mischflora individuell fördern. Wichtig ist die Absenkung des pH-Wertes im Teig auf 4,0 bis 4,3, also eine pH-Einheit tiefer als bei reinem Hefeteig, weil Roggenmehl nur bei tiefem pH-Wert backfähig ist. Im Geschmack sind gesäuertes und ungesäuertes Brot eindeutig unterscheidbar. Das gilt auch für Brot aus einem Teig, dessen Kohlendioxidgehalt nicht aus der Hefegärung stammt, sondern aus dem Zusatz von Backpulvern, d.h. Carbonaten, beispielsweise Sojabrot, das eine ähnlich offenporige Struktur besitzt wie Brot aus Hefeteig. Die Aroma- und Geschmacksstoffe von Brot ähneln stark den Aroma- und Geschmacksstoffen aus alkoholischen Getränken. Vor allem das Aroma von Pentan-2-ol und Furfural erinnert recht deutlich an frisches Brot. Wie es sich für großtechnische Verfahren gehört, sind kontinuierlich Anstrengungen im Gange, die Zeitspanne für das Aufgehen des Teiges zu verkürzen. Erreicht wird dieses Ziel zum einen durch Temperaturregulierung des Teigs und zum anderen durch Zugabe fermentierbarer Zucker. Dabei wird jedoch die Entwicklung der Geschmacksstoffe beeinträchtigt und zwar möglicherweise so stark, daß vor dem eigentlichen Backen sogar Geschmacksstoffe zugesetzt werden müssen.

Auch für tiefgefrorene Teigzubereitungen gibt es einen Markt. Manchmal sind tiefgefrorene Teige für die Produktion bequemer. Manche Gebäcksorten gelingen am besten, wenn der Teig über einen längeren Zeitraum zwischen 5 und 6 °C reifen kann. Hier spielt vor allem die Kontrolle der Amylaseaktivität eine Rolle und weniger die Hefeaktivität.

Teig enthält auch Lipasen, die jedoch auch von der Hefe gebildet werden. Für einen qualitativ guten Teig soll eine gewisse, jedoch sehr kleine Lipasekonzentration vorteilhaft sein. In einem Fall ist bekannt, daß der Teig durch Pilzlipasen aus einem kontaminierenden Pilz ranzig geworden ist. Zweifellos setzen die Lipasen Fettsäuren frei, die anschließend oxidiert werden (d. h. der Teig wird ranzig). Auch Phytasen spielen eine wichtige Rolle. Die Phytasen sind im Mehl enthalten und hydrolysieren die Phytinsäure zu Inosit und Phosphat. Bei Vollkornbrot kann bis zu 50 % der Phytinsäure in den fertigen Brotlaib gelangen und auch die Hefe spielt hinsichtlich der Phytaseaktivität eine Rolle. Ungesäuertes Brot aus Vollkornmehl soll relativ hohe Konzentrationen an Phytinsäure enthalten, wodurch die Calciumresorption erschwert sein kann.

4.2.8 Schlußfolgerungen

Der geformte Laib wird im letzten Schritt erhitzt (gebacken), wodurch die gesamte Enzymaktivität zerstört wird. Insgesamt ergibt sich der Eindruck, daß beim Backen Enzyme zwar weitverbreitet sind und manche davon in industriellem Maßstab auch sehr wichtig geworden sind, daß bislang jedoch die genetische Manipulation kaum Auswirkungen gezeigt hat, in dem Sinne, daß sich so die Zahl der Rohstoffe ausweiten läßt. Möglicherweise hilft die Genmanipulation zunächst bei der Produktion von Backhefe – selbst ein größeres Unterfangen. Sicherlich sind verbesserte Proteasen und Amylasen auf Gebieten, wo sie bereits heute verwendet werden, interessant. Allerdings ist eher an Einheitlichkeit und Lagerfähigkeit, d. h. Konsistenz und Lagerungseigenschaften gedacht als an die genaue Wirkungsweise der Enzyme. So lange, wie die genaue Wirkung der Proteasen auf den Teig noch unbekannt ist, lassen sich auch nur schwer Kriterien formulieren, wie bessere Proteasen spezifiziert werden könnten. Manche Trypsin- und Papaininhibitoren im Mehl ließen sich durch geeignete Züchtungsmethoden eliminieren, allerdings sind sie von untergeordneter Bedeutung.

Es ist immer denkbar, daß neuartige Enzyme, wie z. B. eine Disulfid-Isomerase oder auch Pentosanasen, entdeckt werden. Von den Enzymen eignen sich wohl Pentosanasen am besten zur Modifizierung von Teigeigenschaften und auch bei der Verarbeitung von Gemüse wären sie sehr nützlich.

4.3 Bier und Essig

4.3.1 Brauen

Bier wird größtenteils aus Gerste (*Hordeum* spp.) hergestellt. Zunächst wird die Stärke zu Maltose abgebaut und anschließend fermentiert. Dabei bildet sich Ethanol. Zwei weitere Produktionszweige der Nahrungsmittelindustrie sind in Großbritannien auf Bier angewiesen: die Produktion von Essigsäure über die Oxidation von Ethanol und letztlich Essig, sowie die Destillation von Bier zu Whisky (genaugenommen muß ‚Bier' (engl. beer) Hopfen enthalten, ohne Hopfen spricht man von ‚ale'. Diese Unterscheidung ist aber im täglichen Leben nahezu vergessen).

In Großbritannien werden jährlich etwa 5 Millionen Tonnen Gerste verfüttert und weitere 2 Millionen Tonnen gemälzt, wovon wiederum ein

Großteil in die Whiskyproduktion geht. Mehrere Millionen Tonnen Gerste werden exportiert und zwar vorwiegend nach dem europäischen Festland, wo sie zur Bierproduktion verwendet wird. In den USA werden vorwiegend zur Bierproduktion etwa 2 Millionen Tonnen Weizen pro Jahr zu Malz verarbeitet. Der größte Teil des Biers wird konsumiert. Bier gibt es in vielen Geschmacks- und Alkoholgehaltsvarianten. Es wird in Fässern, Flaschen oder Dosen gelagert und sowohl bei Raumtemperatur als auch gekühlt getrunken.

Letztlich gehen alle Biersorten auf die Stärkekörner in der Gerste zurück, die etwa 85 % Massenanteil der Gerste ausmachen. Der Stärkeabbau wurde im Zusammenhang mit der Herstellung von Glucose bereits in Kap. 2 diskutiert sowie im vorangegangenen Abschnitt. Der Brauvorgang ist dadurch charakterisiert, daß ein möglichst großer Teil der Stärke von den gersteeigenen Enzymen abgebaut wird. Zur Aktivierung der Enzyme wird die Gerste zunächst angekeimt. Die Keimung wird vor dem Zusatz der Hefe durch Erhitzen vollständig unterbrochen. Beim Backen und bei der Produktion einiger Whiskysorten werden die Enzyme nicht gestoppt und nach dem Hefezusatz laufen Stärkeabbau sowie Fermentation gleichzeitig ab.

Stärkekörner.   Die *in vivo* Synthesewege von Stärke sind bekannt, wenig bekannt ist jedoch über die beteiligten Enzyme – dieses Dilemma ist häufig. An der Stärkesynthese sind die Synthasen beteiligt, die für die Bildung von $(1\rightarrow4)$-Bindungen verantwortlich sind und damit zum Aufbau von Amylose. Andere Enzyme katalysieren die Bildung von $(1\rightarrow6)$-Bindungen. Sie wirken also verzweigend und durch ihre Mithilfe entsteht Amylopektin. Einige beteiligte Enzyme sind membranassoziiert, einige nicht. Die Amylose wird vermutlich vorrangig von membranassoziierten Enzymen aufgebaut, die in mehreren Formen vorkommen. Das Wissen über stärkebildende Enzyme stammt vorwiegend aus Forschungsarbeiten an Mais, die Erkenntnisse sind aber nicht notwendigerweise auf Gerste übertragbar. Einer amylosereichen Gerstensorte soll eines der drei verzweigend wirkenden Enzyme fehlen. Eine erhöhte Aktivität der verzweigend wirkenden Enzyme führt zur Bildung von Phytoglykogen, das noch stärker verzweigt ist als Amylopektin und zudem wasserlöslich ist. Die Forschungsarbeiten haben zum Ziel, das Verhältnis zwischen Amylose und Amylopektin beeinflussen zu können. Von eventuellen Ergebnissen werden wohl eher die Produktionen von Isosirups und chemischen Stärkeprodukten profitieren als das Brauereiwesen.

Das Stärkekorn selbst ist hoch strukturiert. Abbildung 4.3 gibt den gegenwärtigen Wissensstand wieder. Entsprechende Strukturkenntnisse sind wichtig, denn beim Brauen wird, im Gegensatz zu anderen Verfahren, wenigstens zu Beginn der Abbaureaktion der normale Mechanismus zur Stärkemobilisierung (Angriff auf das *in vivo* intakte Stärkekorn) benutzt.

Gerste enthält zwei unterschiedliche Arten von Stärkekörnern. Die meisten Stärkekörner besitzen einen Durchmesser von maximal 5 μm, nur ein

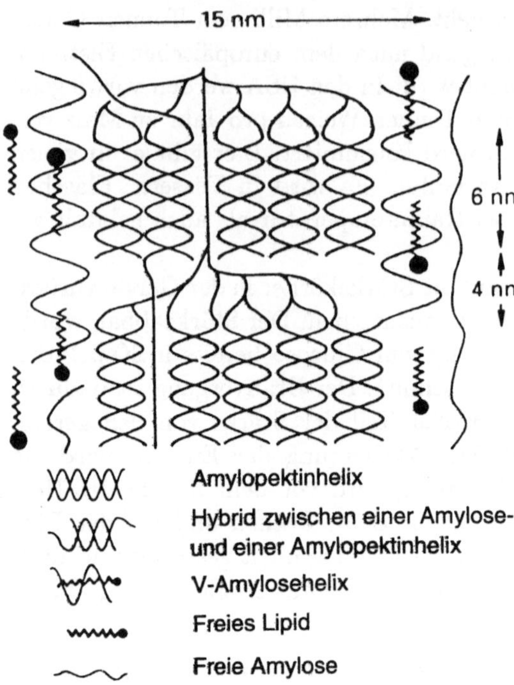

Abb. 4.3. Schematische Darstellung der Struktur eines Stärkekorns. In Taschen auf der Oberfläche des Stärkekorns liegen zusätzlich geringe Proteinmengen vor (entnommen aus Blanshard J. (1986). In: Blanshard J., Frazier P. J., Galliard T. (Hrsg.) Chemistry and Physics of Baking. Royal Society of Chemistry, London).

kleiner Teil der Stärkekörner, die insgesamt jedoch bis zu 90 % der Gesamtmasse der Stärke enthalten können, besitzt einen durchschnittlichen Durchmesser von 25 μm. Die beiden Arten unterscheiden sich in ihrer Zusammensetzung geringfügig und zwar enthalten die größeren mehr Amylopektin, die kleineren mehr Protein. Außerdem gelieren die kleineren Körner bei etwas höherer Temperatur (54 °C gegenüber 52 °C). Es ist eine Gerstensorte verfügbar, die nur Amylopektin enthält, und eine weitere, die einen stark erhöhten Amylosegehalt besitzt (43 % gegenüber den üblichen 20 %). Die meisten Arbeiten zu Mutationen bei der Stärkesynthese wurden an Mais durchgeführt. Gentransfertechniken fanden bislang allerdings noch keine Anwendung. Es ist sicherlich möglich, Quellen für Gerstenstärke aufzutun, die eine gewisse Regulierungsmöglichkeit beim Mengenverhältnis von Amylose und Amylopektin erlauben. Sie werden aber wohl eher im Hinblick auf die Mais- und Kartoffelstärke verarbeitende chemische Industrie entwickelt als zur Verwendung auf dem Nahrungsmittelsektor.

Über die Bildung der Stärkekörner aus Stärke ist wenig bekannt. Da das Stärkekorn hoch strukturiert ist, wird ein räumlich organisierter Synthesemechanismus vermutet, wobei die entsprechenden Mengenverhältnisse an Amylose und Amylopektin zur Verfügung gestellt werden. Andere Arbeiten lassen vermuten, daß bei der Synthese sehr wahrscheinlich membranassoziierte Enzyme eine Rolle spielen. Die Tatsache, daß manche der an der

Strukturbildung beteiligten Enzyme bei ihrer Isolierung an Membranen gebunden vorliegen, stützt diese Vermutung.

Zeitweise wurde spekuliert, daß im Zentrum des Stärkekorns ein ‚Kristallisationskeim' für Glykoproteine vorliegt. Ähnliches wurde auch bei Proteingranula postuliert. Die Meinung konnte sich allerdings nicht durchsetzen, da sich kein solcher Kern nachweisen ließ. Interessant wäre, ob sich der Synthesemechanismus so beeinflussen läßt, daß ein relativ ungeordnetes Korn ausgebildet wird. Auf diese Weise ließe sich die Wirkung der abbauenden Enzyme unterstützen.

Amylaseinhibitoren.   Amylaseinhibitoren sind von Weizen und Roggen bekannt und entsprechen in gewisser Weise den Proteaseinhibitoren. Sie bilden stabile 1:1-Komplexe mit den Enzymen, sind in den meisten Fällen Proteine oder Peptide, manchmal auch Oligosaccharide, und sind in Mikroorganismen weit verbreitet. Einige der Amylaseinhibitoren aus Pilzen sind hitzeunempfindlich. Ihre Funktion ist weitgehend unbekannt, denkbar wäre eine gewisse Regulierungsfunktion auf die *in vivo* Amylaseaktivität. Möglicherweise spielen die Amylaseinhibitoren beim Mälzvorgang eine Rolle, entsprechend vertiefte Untersuchungen wurden allerdings noch nicht durchgeführt. Was bereits über die denkbaren Anwendungsmöglichkeiten maßgeschneiderter Proteasen mit hoher spezifischer Wirkung gegenüber Proteaseinhibitoren gesagt wurde, gilt auch für Amylaseinhibitoren.

In entsprechenden Versuchen wurde Phaseolamin, der Amyloseinhibitor von *Phaseolus vulgaris*, als Inhibitor gegen die Verdauungsamylase von Säugern verwendet. Genauer gesagt, sollten auf diese Weise fettleibige Menschen beim Abnehmen unterstützt werden. Leider jedoch verursacht das Enzym Blähungen, eine Nebenwirkung, die immer dann auftritt, wenn größere Mengen unverdauter Kohlenhydrate in den menschlichen Darm gelangen. Auch unbehandelte Kohlenhydrate aus Gemüse verursachen ähnliche Schwierigkeiten. Die Verwendung von Phaseolamin wurde von der US-amerikanischen Food and Drug Administration (FDA) untersagt.

Abbau von Stärkekörnern: Mälzen.   Der Mälzvorgang beim Brauen läuft in zwei Stufen ab. Im ersten Schritt wird die Gerste auf Mälzböden bis zu einem Feuchtigkeitsgehalt von etwa 40 % angefeuchtet, um den Keimvorgang auszulösen. Je nach Temperatur wird drei bis sechs Tage angekeimt. Die Amylaseaktivität entwickelt sich schnell, wobei sowohl die $\alpha(1{\rightarrow}4)$- (EC 3.2.1.1) als auch die $\beta(1{\rightarrow}4)$-Amylasen (EC 3.2.1.2) entstehen, sowie in geringem Umfang die $(1{\rightarrow}6)$-Pullulanase (EC 3.2.1.41). Anschließend wird das Malz luftgetrocknet, und zwar so, daß der größte Teil der Aktivität erhalten bleibt. Im Prinzip kann der erste Trocknungsschritt übergangen und das Malz direkt eingesetzt werden. Man verfährt so, wenn das Malz bereits eine hohe Enzymaktivität besitzt. Im nächsten Schritt wird das gemahlene Malz mit etwa 60 °C warmem Wasser extrahiert. Die vorhandenen Enzyme

Tabelle 4.2. Zusammensetzung von vermaischter Würze in Abhängigkeit von der Temperatur, bei der der enzymatische Abbau der Stärke stattfindet. Der Dextringehalt, der den Biercharakter beeinflußt, hängt in empfindlicher Weise von dieser Temperatur ab (Daten aus MacWilliam I. (1968) J. Inst. Brew. 65, 38–54)

| | Temperatur, °C | | |
Komponente Zucker/100 ml	62,2	65,5	68,8
Glucose + Fructose	1,12	0,98	0,81
Saccharose	0,40	0,40	0,45
Maltose	4,30	4,19	3,92
Maltotriose	1,49	1,55	1,63
Dextrine	2,03	2,24	2,52
Summe	9,34	9,36	9,33

bauen dabei die Stärke noch weiter ab. Tabelle 4.2 zeigt einige typische Zusammensetzungen der so erhaltenen Würzen in Abhängigkeit von der Extraktionstemperatur. Die Arbeitstemperaturen sind bereits so hoch, daß die Stärke etwas geliert, wodurch deren Abbau zweifellos erleichtert wird. Es ist wenig darüber bekannt, wie die Amylasen mit den Stärkekörnern im Rahmen der üblichen Mobilisierung wechselwirken. Eine kürzlich durchgeführte Studie brachte neue Erkenntnisse über den Mechanismus, wie β-Amylase mit Stärkegelen in Wechselwirkung tritt. Die Beweglichkeit der Enzyme wurde mit einer neuen Fluoreszenzmethode verfolgt.

Bei dieser neuen Technik, der sog. ‚Fluoreszenzanalyse nach Fotobleichen‘ (fluorescence recovery after photobleaching, FRAP), wird das Enzym mit einer fluoreszierenden Gruppe, meist Fluorescein, markiert. Anschließend wird ein kleines Gebiet durch intensive Bestrahlung mit einem geeigneten Laser entfärbt und anschließend mit einer geringeren Strahlungsintensität bestrahlt, um Fluoreszenz anzuregen. Nachfolgend wird beobachtet, wie schnell die fluoreszierenden Gruppen aufgrund der Diffusion aus den umliegenden Gebieten wieder im entfärbten Gebiet erscheinen. Daraus läßt sich die Diffusionsgeschwindigkeit ableiten, die wiederum Rückschlüsse auf die Art der Oberflächenwechselwirkungen zuläßt. Die FRAP-Methode wurde zunächst zur Untersuchung der Fluidität von Membranen verwendet, mittlerweile werden damit jedoch Proteine auf Oberflächen untersucht. Bei der Verarbeitung von Lebensmitteln hat man mit vielen, ähnlich gelagerten Problemstellungen zu tun. Beispielsweise wurde bereits die Lipasemobilität (Kap. 5) mit der FRAP-Methode untersucht. Noch nicht untersucht wurden allerdings Proteingranula. Die FRAP-Methode baut auf der Oberflächendiffusion auf und spezielle Wechselwirkungen wirken sich auf die Oberflächendiffusion aus. Beispielsweise vermindert sich die Beweglichkeit der β-Amylase durch ein Gel hindurch drastisch, nachdem sie mit Iodacet-

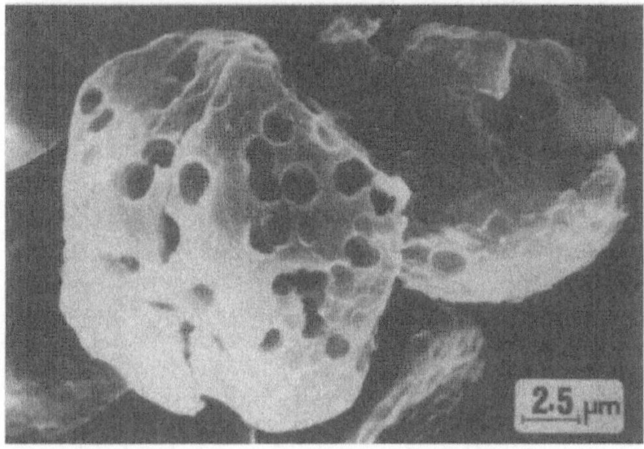

Abb. 4.4. Oben: rasterelektronenmikroskopische Aufnahme intakter Stärkekörner aus Mais. Unten: die gleichen Körner nach 60 %igem Abbau durch Pancreatin, einer Enzymmischung aus der Bauchspeicheldrüse von Ratten. Der Abbau erfolgt eindeutig heterogen. (Aus Fuwa H., Takaya T., Sugimoto Y. (1980) In: Marshall J. (Hrsg.) Mechanism of Saccharide Polymerisation and Depolymerisation. Academic Press, London).

amid inaktiviert worden ist. Wenn dieses Phänomen verallgemeinert werden kann, muß hier ein Ansatzpunkt für Enzymmodifikationstechniken liegen. Abbildung 4.4 zeigt am Beispiel von Maisstärke, wie komplex der enzymatische Angriff in geordneten heterogenen Systemen offensichtlich ist.

Auf der Stufe des Mälzens können entweder zusätzliche Substrate, d. h. andere Stärke als Gerstenstärke, oder auch weitere Enzyme zugesetzt werden. Beim Mälzen werden wenigstens 60 % der Speicherproteine abgebaut und liefern dadurch der Hefe einen Teil des Stickstoffbedarfs. Werden große Mengen reiner Stärke zugesetzt, sind auch zusätzliche Stickstoffquellen erforderlich. Es gibt kein statistisches Material darüber, inwieweit bei normalen Brauverfahren der Zusatz von anderen Stärkequellen bereits üblich ist. In Staaten wie Deutschland ist ein solches Vorgehen sicherlich verboten. Glucane aus Zellwänden werden ebenfalls extrahierbar.

Bei den ‚Dextrinen' aus Tabelle 4.2 handelt es sich um das restliche Dextrin. Die Amylasen können nämlich im Amylopektin keine $(1{\to}6)$- bzw. $(1{\to}4)$-Bindungen in der Nähe von $(1{\to}6)$-Bindungen angreifen. Der restliche Dextringehalt wirkt sich auf die Bierqualität aus. Leichtbiere enthalten weniger Restdextrin als andere Biersorten. Durch Zusatz von Glucoamylase – sie kann die entsprechenden Bindungen aufbrechen – läßt sich die Dextrinkonzentration einstellen. Nach der entsprechenden Standzeit wird die Würze gekocht. Dadurch wird einerseits die gesamte Enzymaktivität wirkungsvoll inaktiviert und andererseits die Würze steril. Nach dem Abkühlen wird Hefe zugesetzt, und der Bioprozeß läuft anschließend so lange, bis der Kohlenhydratvorrat aufgebraucht ist. Sowohl die gebildete Hefe, als auch das Kohlendioxid sind Nebenprodukte des Brauvorganges.

Eine große Brauerei versucht derzeit, mit Hilfe von genetisch modifizierten Hefen pharmazeutisch interessante Proteine herzustellen, und mittlerweile steht eine Hefe zur Verfügung, die humanes Serumalbumin exprimiert. Hinter dem Vorhaben steckt die Idee, daß die Hefe nach dem eigentlichen Brauvorgang durch eine pH-Änderung oder Behandlung mit Natriumchlorid so umgeschaltet wird, daß sie das entsprechende Protein ausscheidet. Es wird sich noch zeigen, ob ein solches Vorhaben mit der Bierherstellung vereinbar ist. An die Arzneimittelproduktion werden im allgemeinen wesentlich höhere Anforderungen bezüglich der Sterilität gestellt, als in Brauereien üblich.

Bereits in Kap. 3 wurde erwähnt, daß Papain zur Entfernung der Kühltrübung im Bier verwendet wird. Es wäre hervorragend, wenn Brauhefe zum entsprechenden Zeitpunkt ein Enzym ausscheiden würde, das in seinem Wirkungsspektrum dem Papain ähnelt. Die Stabilität von Bierschaum ist für den Verbraucher ein wichtiges Qualitätskriterium. Sie hängt mit der Anwesenheit kleiner Mengen oberflächenaktiver Proteine zusammen. Die Proteasen zur Beseitigung des Kühltrubes sollten also nicht gleichzeitig auch diese Proteine abbauen. Papain erfüllt diese Anforderungen, die Gründe sind jedoch unklar. Denkbar wäre auch, daß die Hefe die entsprechenden, schaumstabilisierenden Proteine ausscheiden könnte. Eine japanische Brauerei nimmt für sich in Anspruch, sie habe in Hefe ein Amyloglucosidasegen insertiert, wodurch die Hefe in die Lage versetzt wird, die Gerste direkt, ohne vorhergehende Mälzung, zu fermentierten.

Vor der Lagerung wird Bier üblicherweise pasteurisiert. Manche Biersorten enthalten allerdings noch lebende Hefe.

Während der Bierreifung wird u.a. die Acetessigsäure durch Reductasen aus der Hefe über Diacetyl als Zwischenprodukt zu Acetoin abgebaut. Die Reaktion vom Diacetyl zum Acetoin ist dabei meistens der geschwindigkeitsbestimmende Schritt und wie in vielen anderen Fällen auch ist die Beschleunigung des Reifungsprozesses wirtschaftlich interessant. Das Enzym

Acetolactat-Decarboxylase (EC 4.1.1.5) kann Acetolactat direkt in Acetoin umwandeln, und vermutlich wird man dieses Enzym bereits bald als Brauhilfsmittel verwenden. Derzeit bereitet die Suche nach einer geeigneten Quelle für ein passendes Enzym noch Schwierigkeiten.

Der Würze wird Hopfen oder ein Hopfenextrakt zugesetzt. Ursprünglich sollte das Bier dadurch wahrscheinlich besser haltbar werden, mittlerweile ist der Hopfen jedoch fester Geschmacksbestandteil von Bier. Alternative Quellen für Hopfeninhaltsstoffe wären zwar interessant, die Realisierung eines solchen Vorhabens liegt aber noch in weiter Zukunft.

Champagner und Schaumwein entstehen durch eine zweite Hefegärung in der Flasche. Dabei wird Kohlendioxid produziert, das sich im Wein löst. Die Hefe muß anschließend aus der Flasche entfernt werden. Bei der Herstellung von echtem Champagner wird die Flasche auf den Kopf gestellt und gedreht. Dies geschieht heute zwar maschinell, ist aber immer noch eine zeit- und kostenintensive Methode. Nachdem sich die gesamte Hefe auf dem Korken abgesetzt hat, wird sie aus der Flasche entfernt. Häufig geschieht dies so, daß nur der Flaschenhals gekühlt wird, bis dort ein Eispfropfen entsteht. Dann läßt sich der Korken (mit der abgesetzten Hefe) entfernen und die Flasche erneut verschließen. Manche Hersteller testen derzeit ein Verfahren, das mit verkapselter Hefe arbeitet, die sich wesentlich leichter entfernen läßt. Ähnliches wäre wahrscheinlich auch für die Brauereien interessant. Manche Brauereien arbeiten zwar bereits mehr oder weniger erfolgreich mit kontinuierlichen Brauverfahren, immobilisierte Hefe ist jedoch noch nicht in Verwendung.

4.3.2 Produktion von Wein- und Apfelessig

Im Gegensatz zu Wein- und Apfelessig, die aus Wein bzw. Apfelwein hergestellt werden, wird der aus Bier hergestellte Essig als Malz- oder Bieressig bezeichnet. Malzessig ist in Großbritannien und Nordeuropa weit verbreitet und in den USA wird er gerne zur Herstellung von sauer eingelegtem Gemüse verwendet. In manchen Landstrichen, wie beispielsweise den West Midlands in England, wird sehr gerne sauer eingelegtes Gemüse oder anderes Saures, wie z. B. Worcestersoße, verzehrt. Fleisch wird in Südeuropa überall durch Milchsäuregärung haltbar gemacht. Die Wirkung wird durch das Zusammenwirken eines niedrigen pH-Wertes und eines niedrigen Wassergehaltes hervorgerufen. In England wurde eine solche Konservierungsmethode niemals entwickelt, was vermutlich daran liegt, daß hochkonzentrierter Essig schon immer leicht erhältlich war.

Essig wurde bereits aus den verschiedensten fermentierbaren Substraten gewonnen, wie z. B. Kokosnußextrakt oder Pfirsichsaft. In der Praxis wird Essig jedoch meist aus Bier oder Wein hergestellt. In den meisten Staaten dient die lokal am leichtesten zugängliche Ethanolquelle als Ausgangsbasis für die jeweilige Essigproduktion, u.a. auch Ethanol aus Mineralölerzeugnissen. In Großbritannien wird Essig durch aerobe Oxidation aus Bier hergestellt und zwar von alters her durch *Acetobacter*-Spezies (früher: *Mycoderma acetii*), die auf Birkenzweigen gezüchtet werden. Die Biotechnologie wirkt sich bislang auf die Essigproduktion nicht aus. Der meist farblose Malzessig wird durch Zugabe von Zuckercouleur braun gefärbt.

4.3.3 Schlußfolgerungen

Es ist kaum vorstellbar, daß ein so großer und mannigfaltiger Industriezweig wie das Gärungsgewerbe keine Anwendungsmöglichkeit für die Biotechnologie haben sollte. Es werden zwar bereits seit einigen Jahren Enzyme zum Brauen verwendet, aber es gibt keinerlei Anzeichen, daß die Gentechnik Fuß greifen könnte – mit Ausnahme einer gentechnisch modifzierten Hefe, die eine Art neues Nebenprodukt herstellt. Die wenigen Möglichkeiten für Enzyme beim Brauen, die sich heute auftun, sind möglicherweise die Folge des sehr langen Zeitraums, über den sich die empirische Brauerfahrung entwickeln konnte. Außerdem liegen die Investitionen der Brauindustrie bereits seit etwa 100 Jahren wesentlich über dem Durchschnitt der restlichen Lebensmittelbranche.

5 Lipasen, Emulgatoren, Stabilisatoren und Geschmacksstoffe

5.1 Einleitung

Eine typische Zutatenliste auf einem Flaschenetikett könnte folgendermaßen lauten:

- Zucker
- Magermilchpulver
- Molkepulver
- Milchschokolade
- Kakao
- pflanzliches Fett
- Glucosesiruppulver
- Geschmacksstoffe
- Stabilisatoren
- Kaliumbicarbonat
- Natriumbicarbonat
- Säurecasein, eßbar
- Emulgator – Glycerinmonostearat

Die einzelnen Bestandteile sind nach fallender Konzentration angeordnet. Das zitierte Etikett stammt von einem Schokoladengetränk, ist jedoch typisch für viele weitere Beispiele.

Die Hauptbestandteile, also die erstgenannten Zutaten auf der Zutatenliste, wurden im großen und ganzen in den Kapiteln 1–4 behandelt. Das vorliegende Kapitel beschäftigt sich mit den Bestandteilen, die nur in geringeren Mengen vorliegen, beispielsweise Emulgatoren, Stabilisatoren und Geschmacksstoffe.

Zur gesteuerten Ausbildung von Geschmacksstoffen und Emulgatoren werden die Lipasen von allen Enzymen bei weitem am häufigsten hergenommen. Zufälligerweise spielen Lipasen auch bei einem neu entwickelten, großtechnischen Verfahren zur Kakaobutterherstellung eine Rolle.

5.2 Eigenschaften der Lipasen

Glyceridesterhydrolasen (EC 3.1.1.3) sind ebenso universell vertreten wie ihre Substrate, die Triacylglyceride. In Pilzen, Bakterien und beim Menschen wirken die Glyceridesterhydrolasen bei der Verdauung mit und niemals bei anabolen Prozessen. Der Mensch sekretiert die Glyceridesterhydrolasen in der Bauchspeicheldrüse. Diese Enzyme werden hauptsächlich dadurch charakterisiert, daß sie an der Grenzfläche zwischen einer wäßrigen und einer nichtwäßrigen Phase wirken können. Die nicht wäßrige Phase kann ein Tropfen des Triglycerids selbst oder auch eine Lösung des Triglycerids in Kohlenwasserstoffen, beispielsweise Hexan, sein. Gerade darin unterscheiden sich die Glyceridesterhydrolasen von den Esterasen, die zwar ähnliche Bindungen spalten, aber nur von wasserlöslichen Estern, wie z. B. Triacetylglycerid oder Glycerintributyrat. Zwar können die Lipasen ebenfalls wasserlösliche Ester spalten, jedoch wesentlich langsamer als die in Grenzflächen wirkenden Enzyme.

Die Aktivität der Lipasen hängt mit der verfügbaren Oberfläche zusammen. Die Aktivitätsbestimmungen werden auch in Emulsionen mit wesentlich größeren Oberflächen durchgeführt, als das vorhandene Enzym überhaupt bedecken kann. Die Meßergebnisse zu den Reaktionsgeschwindigkeiten der Lipasen lassen sich nicht wie entsprechende Ergebnisse aus Messungen mit löslichen Substraten interpretieren. Entsprechende Daten aus der klassischen Enzymologie liefern entweder nur beschränkt verwertbare Ergebnisse oder sogar falsche. So ist z. B. die Substratspezifität nur schwer interpretierbar, wenn die Unterscheidung zwischen zwei Triglyceriden eher anhand ihrer Emulgierfähigkeit erfolgt als anhand der Art und Weise, wie die einzelnen Fettsäuren der entsprechenden Triglyceride mit dem aktiven Zentrum des Enzyms wechselwirken. Durch die Wirkung der Glyceridesterhydrolasen werden u. a. einige Monoglyceride gebildet, die ebenfalls emulgierend wirken. Dadurch kann sich die Hydrolysegeschwindigkeit während der laufenden Reaktion plötzlich erhöhen, was aber nur darauf zurückzuführen ist, daß die zugängliche Oberfläche durch die emulgierende Wirkung vergrößert wird.

Die Lipasen wurden gerne als hydrophobe Enzyme bezeichnet, weil sie sehr gut mit Lipiden reagieren. Bei einem früher angewendeten Herstellungsverfahren für Lipasen wurden sie u. a. auf Wachse adsorbiert. Lipasen sind aber keineswegs hydrophobe Enzyme. Die aus der Aminosäurezusammensetzung ermittelten Hydrophobizitätskoeffizienten (s. Kap. 3) zeigen eindeutig, daß viele der Lipasen am hydrophilen Ende des Gesamtspektrums der globulären Proteine liegen. Lipasen sind zudem oft Glykoproteine mit höchstens 10 % Kohlenhydratanteil. Die Lipase aus *Aspergillus niger* enthält z. B. Galactose, N-Acetylglucosamin und Mannose im Verhältnis 1:1:4. Die bekannten Aminosäuresequenzen enthalten mehrere Glykosylierungsstellen (TGN) und der Kohlenhydratanteil verteilt sich auf einige abgegrenzte Regionen. Vor kurzem wurde die Glykanstruktur der Lipase aus Schweinepankreas bestimmt. Sie enthält zusätzlich Fucose, liegt jedoch als einmal verzweigte Kette vor. Vermutlich unterscheidet die Kette von verschiedenen Lipasemolekülen.

Die Funktion des Kohlenhydratanteils ist nicht bekannt. Wird ein Teil der Kohlenhydrate mit Hilfe von Mannosidasen entfernt, verändert sich die Aktivität der Lipasen nicht. Lange Zeit war man der Meinung, daß die Glykosylierung in irgendeiner Weise als Markierung der Proteine zur Sekretion diente, jedoch sprechen mittlerweile wenig Gründe dafür, seit man weiß, daß die Lipasen bei ihrer Synthese eine vorgeschaltete Sequenz enthalten (pre-form), die beim Durchtreten durch die Membran abgeschnitten wird. Die plausibelste Erklärung im Zusammenhang mit der Glykosylierung ist wohl, daß das Enzym so gegen den Angriff von Proteasen geschützt ist. Man weiß nämlich, daß sekretierte Enzyme, wie z. B. Lipasen aus Pilzen, als Teil des Verdauungsapparates zusammen mit einer wirkungsvollen Proteasemischung auftreten, und die Lipase aus *A. niger* wurde auch von hohen Konzentrationen an Trypsin oder Chymotrypsin nicht angegriffen. Andererseits konnten aus Kulturmedien viele Proteine mit Lipaseaktivität erhalten werden, die eindeutig als proteolytische Fragmente einer speziellen, sekretierten Lipase identifiziert werden konnten. Die Frage nach der Funktion der Kohlenhydratanteile in Lipasen ist also immer noch ungelöst, hat aber dennoch eine gewisse Bedeutung, denn wenn die derzeitigen Versuche, Lipasen durch Expression aus *E. coli* zugänglich zu machen, erfolgreich sind, verfügt man über Moleküle, die nicht glykosyliert sind. Andererseits sind zwar die Lipasen aus Menschen und Schweinen glykosyliert, nicht jedoch die Lipasen aus Pferden, Schafen und Rindern, und sicherlich fehlt auch den Enzymen von Bakterien der Kohlenhydratanteil.

In den letzten Jahren waren die Lipasen sehr interessant, weil sie als Zusatz zu Detergentien verwendet werden sollten. Dafür werden Lipasen benötigt, die im alkalischen Milieu stabil sind. Entsprechende Lipasen wurden bei *Pseudomonas*-Spezies entdeckt, die aber für industrielle Einsätze inakzeptabel sind. So wurde das Gen in *Aspergillus* sowie *Bacillus subtilis* transferiert. Beide Organismen sind bereits gut untersucht und bereits heute Quellen für Proteasen in Detergentien. Verfahren mit Lipasen sind im Nahrungsmittelbereich bereits entwickelt, aber auch für die Produktion organischer Feinchemikalien sind Lipasen interessant, weil sie auf gelöste Stoffe in nicht-wäßrigen Lösungsmitteln einwirken können und weil sie chirale Spezifität besitzen. Weiterhin sind die Lipasen offensichtlich zur Synthese einiger Geschmacks- und Aromastoffe interessant.

Hochaufgelöste kristallografische Strukturen von Lipasen sind noch nicht veröffentlicht. Von *Geotrichum candidum*-Lipase und von der Pferdelipase sind jedoch gering aufgelöste kristallografische Strukturen bekannt. Aus diesen Strukturen läßt sich schließen, daß sich das aktive Zentrum am Grunde einer Spalte befindet. So könnten auch die unterschiedlichen Spezifitäten des Enzyms erklärt werden. Wie in Abb. 5.1 angedeutet, kann die Position ‚1'

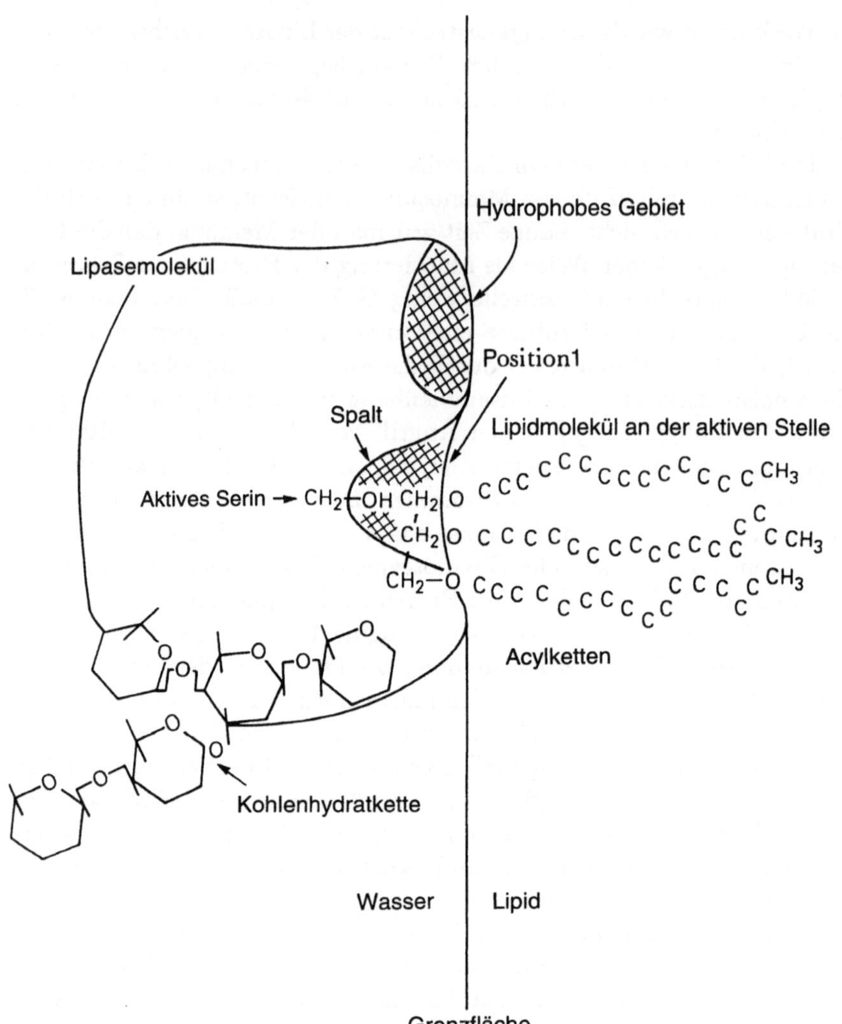

Abb. 5.1. Die wichtigsten Charakteristika des Lipasemoleküls. Die Reaktion der Lipase mit Triacetylglyceriden läuft wie folgt ab: in nahezu wirklichkeitsgetreuen Größenverhältnissen ist angedeutet, wie das aktive Serin am Grund der Spalte für eine (1→3)-Spezifität sorgt. Das Substrat kann nicht in die Tasche eintreten, was Voraussetzung dafür wäre, daß die 2-Position das aktive Zentrum erreicht. In der schematischen Darstellung ist auch eine hydrophobe Region zur Substratbindung angedeutet sowie eine Kohlenhydratkette, wie sie manche Lipasen besitzen.

oder die Position ,3' zwar, entsprechend den stereochemischen Gegebenheiten, das aktive Zentrum erreichen, die Position ,2' wird dies jedoch nur mit sehr geringer Wahrscheinlichkeit können. Die meisten Lipasen greifen die ,1'- bzw. die ,3'-Bindungen an, einige wenige können alle drei Bindungen hydrolysieren. Die Frage ist möglicherweise von untergeordneter Bedeutung, denn

die Acylgruppen können spontan von einem C-Atom zum anderen wandern,
so daß mit beiden Lipasen eine vollständige Hydrolyse erreicht werden kann.
In einer Publikation wurde berichtet, daß eine Lipase aus *Geotrichum* bevorzugt Δ^9- ungesättigte Fettsäuren freisetzt. Das aktive Zentrum enthält
ein Serin, das während der Reaktion acyliert wird. Insgesamt zeigt sich eine
gewisse Homologie zu den Serinproteasen. Eine Cutinase aus *Pseudomonas*
putida, die eine hohe Lipaseaktivität bei einem pH-Optimum zwischen 7
und 11 besitzt, wurde mit gentechnologischen Methoden modifiziert. Die
Sequenz ihres aktiven Zentrums ist

$$- Ser - Gly - His - Ser - Gln - Gly - Gly - Gly - Ser -$$
$$126$$

Wird das Ser-126 durch einen Alaninrest ersetzt, verschwindet die Aktivität
vollständig. Serinesterasen – Lipasen sind ein Beispiel für Serinesterasen
– besitzen als katalytisch wirksame Triade immer die Reste His-Ser-Asp.
Beim systematischen Ersatz nacheinander aller sechs His-Reste durch Gln-
Reste geht die Aktivität nur beim Ersatz von His-206 verloren. Derzeit wird
auf analoge Weise nach der essentiellen der insgesamt 12 Asp-Gruppen geforscht. Auch andere Veränderungen sind denkbar. Der Ersatz von Gln-127
durch Threonin soll die relative Umesterungsgeschwindigkeit im Vergleich
zur Hydrolyse beeinflussen.

Obwohl der Weg zur industriellen Verwendung noch weit ist, ist diese
Cutinase ein gutes Beispiel dafür, wie sich durch die Möglichkeiten des
‚protein-engineering‘ gezielte Veränderungen von Enzymaktivitäten eröffnen. Lipasen mit einer Spezifität gegenüber individuellen Fettsäuren wären
vermutlich hochinteressant.

Mit sehr großer Wahrscheinlichkeit gibt es auf der Oberfläche des Enzyms eine hydrophobe Region, die fest an die Lipidoberfläche binden kann.
Proteine, die in Lösung über solche hydrophoben Regionen verfügen, sollten dimerisieren, und einige Lipasen zeigen genau dieses Verhalten. Der
Sedimentationskoeffizient (S) nicht-assoziierender Systeme nimmt mit zunehmender Konzentration ab. Grob gesagt sollte also der Zahlenwert von S
mit zunehmender Viskosität kleiner werden. Für einige Lipasen, wie z. B. der
Lipase aus *Geotrichum candidum*, gilt jedoch, daß der Zahlenwert von S mit
zunehmender Konzentration ebenfalls ansteigt. Dieses Verhalten wird durch
einen Assoziationsprozeß hervorgerufen. Andere Lipasen, beispielsweise die
Lipasen aus *Chromobacter* und *Pseudomonas*, zeigen keine Veränderung von
S. Möglicherweise verfügen sie in Lösung nur über wenige zugängliche hydrophobe Regionen (Simkin N., Harding S., Tombs M., unveröffentlicht).
Damit ließe sich möglicherweise eine sonst rätselhafte Beobachtung bei der
Inhibitorwirkung erklären. Lipasen werden durch Isopropylfluorophosphat
und ähnliche Serinesteraseinhibitoren gehemmt, jedoch nur dann, wenn im
System eine Grenzfläche verfügbar ist. Denkbar ist, daß das aktive Zentrum
durch Dimerisation der Lipase oder auch durch die Enzymstruktur selbst so

unzugänglich gemacht wird, daß der Inhibitor normalerweise nicht bzw. erst
dann wirken kann, wenn das Monomer an eine Oberfläche absorbiert ist und
dabei aufgrund von Konformationsänderungen sowohl das aktive Zentrum
als auch die Bindungsstelle zugänglich sind.

Wirbeltiere verwenden als Lipidemulgatoren im Darm Salze von Gal-
lensäuren. Natürlich besetzen alle oberflächenaktiven Stoffe die Grenzfläche,
wodurch der Zutritt für die Lipasen erfolgreich blockiert wird. Säugetiere
und Fische bilden in der Bauchspeicheldrüse ein weiteres Peptid, das die
Lipase beim Durchtreten von Oberflächenschichten unterstützt. Diese sogenannte ‚Co-Lipase' hat in Pilzen und bakteriellen Organismen kein Ge-
genstück. Möglicherweise ist sie ein Teil eines entwicklungsgeschichtlich alten Lipasemoleküls, das beim Processing im Pankreas abgetrennt wird. Anhand der Aminosäuresequenz von gerade entstehenden Lipasen sollte die
entsprechende Region, die in ihrer Funktion der Funktion der Co-Lipase entspricht, in Pilzlipasen ermittelt werden können. Eine Lipase wird aber immer
mit anderen oberflächenaktiven Stoffen um Plätze in der Grenzschicht konkurrieren müssen und man weiß heute noch nicht, ob sie für diesen Konkur-
renzkampf speziell konzipiert ist. Eine Studie mit fluoreszierend markierten
Lipasen (zum Nachweis ihrer Anwesenheit in Grenzflächen) konnte zeigen,
daß Lipasen in heptanhaltigen Oberflächen durch andere Proteine leicht
verdrängt werden, die Anwesenheit von Triglyceriden die Verdrängung jedoch erschwert. Die Bevorzugung der Lipasen für Grenzflächen macht sie
für gewisse Verfahren interessant.

5.2.1 Umesterungen

Das wichtigste Verfahren mit Lipasen auf dem nahrungsmittelproduzieren-
den Sektor ist ein Verfahren zur Produktion von Ersatzstoffen für Kakaobutter, das in Kürze im großen Maßstab starten wird. Die Lipasen katalysieren bei diesem Prozeß Umesterungen. Schokolade wird bei 35 °C weich und
schmilzt bei 37 °C. Dafür sind das Stearyl-oleoyl-stearyl-glycerid (SOS) und
Palmitoyl-oleoyl-stearyl-glycerid (POS) im Fettanteil verantwortlich. SOS
und POS sind die vorherrschenden Triglyceride der leider teuren Kakaobutter. Mit einem schon länger bekannten Verfahren (s. Abb. 5.2) lassen sich in
einer Mischung aus der preiswerten Stearinsäure und dem ebenfalls leicht
erhältlichen Tripalmitoyl-Glycerid (mittlere Fraktion bei der Palmölproduk-
tion) die Fettsäurereste katalytisch vertauschen. Dabei entstehen u. a. auch
die wertvollen POS- und SOS-Triglyceride, die mit konventionellen Trigly-
ceridfraktionierungen aus der Mischung abgetrennt werden können. Nach
Umesterung und Entfernen von PPP und SSS durch Kristallisation aus
der Mischung ähnelt die Zusammensetzung der verbleibenden Mischung bemerkenswert der Zusammensetzung von Kakaobutter. Als Triglycerid eignet sich alternativ auch Sonnenblumenöl. Sonnenblumenöl enthält nämlich

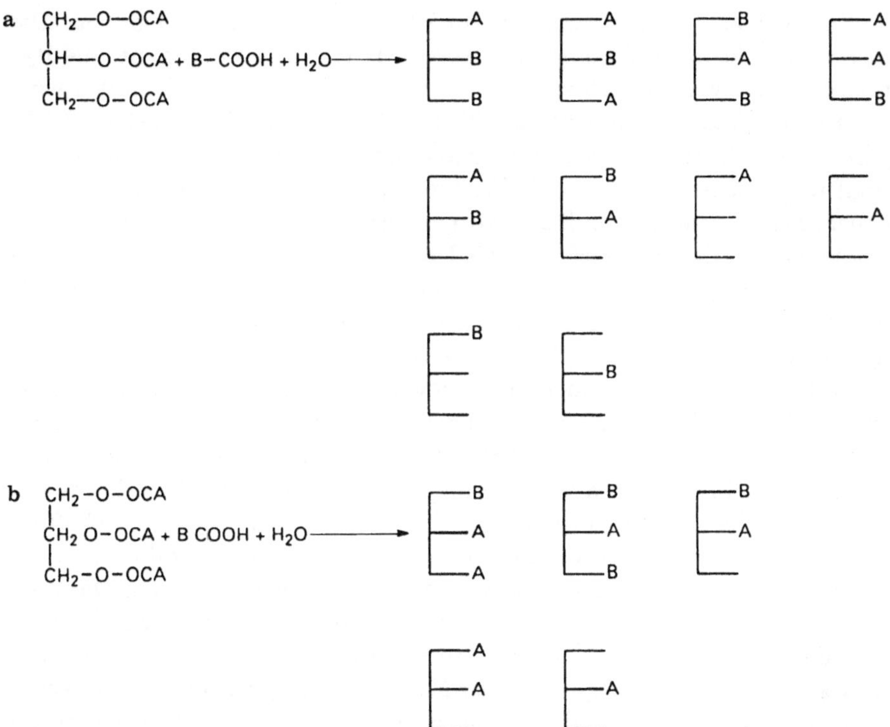

Abb. 5.2. Umesterung (A und B stehen für Acylketten). (1) Schematische Darstellung aller Produkte aus der enzymatischen Reaktion, wenn das Enzym jede der denkbaren Positionen im verwendeten Triacylglycerid angreifen kann. (2) Ein Enzym mit einer (1→3)-Spezifität schränkt die Zahl der möglichen Produkte wesentlich ein. Weil Wasser immer in gewissem Ausmaß vorhanden ist, bilden sich bei Umesterungen in geringfügigen Mengen Di- und Monoglyceride. Da ein Triacylglycerid drei unterschiedliche Acylketten besitzen kann, stellt obiges Beispiel den einfachsten Fall dar, und die Komplexität würde sich noch weiter vergrößern, wenn drei unterschiedliche Acylketten beteiligt wären.

einen hohen Oleat-Anteil. Enzymatisch katalysierte Umesterungen leiden wegen der wesentlich milderen Reaktionsbedingungen nicht, wie die chemischen Umesterungen, unter unerwünschten Nebenreaktionen. Auch die (1→3)-Spezifität der Enzyme bringt Vorteile. Weiterhin ist bei dem heutigen schlechten Ansehen von Verfahrenshilfsstoffen in der Öffentlichkeit ein enzymkatalysiertes Verfahren prinzipiell attraktiv.

Die Lipase für die Umesterung von Stearinsäure und Tripalmitoylglycerid wird aus einem ungereinigten Lipasepräparat aus *M. miehei* (enthält nur zu etwa 1 % das aktive Enzym) mit Aceton auf einen Träger ausgefällt. Nach dem Trocknen werden mit dem erhaltenen Pulver konventionelle Säulen gepackt und die in Heptan gelösten Reagenzien durchgepumpt. Das Verfahren ist auf eine geringe Konzentration an Wasser in der Reaktionsmischung angewiesen. Offensichtlich wird die Lipase auf diese Weise angeregt, in die

Grenzschicht zu wandern und die Umesterungsreaktion zu beginnen. Die Wasseraktivität muß allerdings sehr sorgfältig reguliert werden, um die Hydrolyse so weit wie möglich zu unterbinden. Bei Versuchsdurchgängen wurden etwa 14 % des Triglycerids zu Di- und Monogloceriden abgebaut (d. h. hydrolysiert). Die Lipaseaktivität blieb einigermaßen stabil, jedoch führten Vergiftungserscheinungen durch Verunreinigungen im Einsatzgut zu Problemen. Das Einsatzgut muß also vorgereinigt werden. Die Umesterung erfolgt so schnell, daß das Verfahren als Durchflußverfahren konzipiert werden kann, das in ein Fließgleichgewicht mündet. Der Säuleninhalt wird auf 40 °C erwärmt, die Verweilzeit beträgt 10 min. Die Anlage konnte über mehrere Monate ohne Unterbrechung betrieben werden und pro Kilogramm Enzym-Träger Präparat konnten mehrere Tonnen Lipid produziert werden. Eine ganze Reihe verschiedener Lipase-Trägerpräparate aus ungereinigter Lipase funktionieren hinsichtlich ihrer katalytischen Reaktionswirkung sehr gut. Wesentlich mehr Einfluß auf den erfolgreichen Verlauf des Verfahrens haben offensichtlich das Trägermaterial selbst sowie dessen Fließeigenschaften. Eine weitere Entwicklung könnte dahin gehen, daß thermostabile Lipasen auf einem Substrat aus geschmolzenen Fetten verwendet werden. Dadurch könnten die Kohlenwasserstoffe als Lösungsmittel umgangen werden. Denkbar wäre die Verwendung von Fettsäuremethylestern, wobei vor allem wegen des niedrigen Schmelzpunktes an Methylstearat gedacht ist. Weiterhin wären Lipasen interessant, die auf spezifische Fettsäuren wirken. Derartige Lipasen sind heute zwar noch nicht verfügbar, jedoch ist zu erwarten, daß das ‚protein-engineering' auch auf Lipasen angewendet werden kann und damit die Entwicklung solcher Lipasen möglich wird.

5.2.2 Weitere Anwendungen für Lipasen

Über die einfache Hydrolyse und Umesterung hinaus können Lipasen auch die nachfolgenden Reaktionen katalysieren und zwar mit Geschwindigkeiten, die sie auch für industrielle Anwendungen interessant machen:

- *Alkoholyse* z. B.
  Methylpalmitat + Octanol → Octylpalmitat + Methanol
- *Acidolyse* z. B.
  Triolein + Laurinsäure → Tridodecylglycerid + Oleinsäure
- *Veresterung* z. B.
  Oleinsäure + Octanol → Octyloleat + Wasser
- *Aminolyse* z. B.
  Heptylamin + Methylpalmitat → Palmitoylheptylamid + Methanol

Darüber hinaus lassen sich auch Wachsester sowie viele weitere, ähnliche Ester (u. a. auch Galactoseester von Fettsäuren) mit Lipasen herstellen, vor allem dann, wenn das entstehende Wasser unter Vakuum abdestilliert wird.

Großtechnisch werden Lipasen heute nur bei Umesterungen eingesetzt, aber auch zur Randomisierung von Fettsäuremustern wäre ihre Mitwirkung

denkbar. Zur Bildung von Geschmacksstoffkomponenten werden ebenfalls
Lipasen verwendet. Das Aroma der meisten Käsesorten stammt von kürzerkettigen Fettsäuren. Der typische Schweizer Hartkäse enthält Propionsäure,
die aus Lactose mit Hilfe von *Propiobacterium* fermentativ entsteht. Einige
US-amerikanische Käsesorten, u. a. der Romano, enthalten als Aromastoff
Buttersäure. Manche Käsesorten werden bereits bei Herstellung mit partiell
hydrolysierter Sahne (Hydrolyse erfolgt durch Lipasen) versetzt. Sie dient
als Quelle für kurzkettige Fettsäuren. Nach der gleichen Methode werden
dem Käse manchmal ungereinigte Lipasen zugesetzt, um dadurch ein intensiveres Aroma zu erhalten.

Eine Lipase der Milch selbst ist mit der Lipoproteinlipase aus Blut identisch. Sie enthält auch ein ‚Aktivator'-Peptid, das den Angriff der Lipase
auf das Milchfett erleichtert. Dieses Aktivatorpeptid ähnelt offenbar der
Co-Lipase aus dem Darm und steht unter dem Verdacht, an der Ausbildung eines unerwünschten, fruchtartigen Beigeschmacks von Milchprodukten beteiligt zu sein. Andererseits spielt sie aber bei der Ausbildung von Geschmacksstoffen in Käse und Joghurt eine Rolle. Wie dem auch sei, Lipasen
werden zukünftig wohl vor allem zu Estersynthesen verwendet werden. Die
Ethylester kurzkettiger Fettsäuren, bis hinauf zur Capronsäure (C_8) sind
wichtige Geschmackskomponenten. Unter weitgehendem Wasserausschluß
können Lipasen in Umkehrung ihrer üblichen hydrolytischen Wirkung die
Estersynthese katalysieren. Zum Erhalt der Lipasestruktur ist eine gewisse,
minimale Wasserkonzentration unbedingt Voraussetzung. Die erforderliche
Wasserkonzentration liegt jedoch nur wenig über der Konzentration, die
zum Erhalt einer partiellen Hydratschicht erforderlich ist. Bei etwa gleichen
molaren Konzentrationen von Wasser und Enzym im System besteht das
hauptsächliche Problem darin, daß das Enzym bei der Bildung des Glycerins geschädigt wird. In der Praxis behalten Lipasen ihre Wirksamkeit
in Gegenwart von bis zu 80 % Glycerin und Temperaturen bis zu 50 °C.
Ein noch höherer Glyceringehalt (90 %) führt jedoch zu Konformationsänderungen und infolge davon zum Aktivitätsverlust. Bei einigen Verfahren
tolerieren die Lipasen Reaktionsprodukte, wie z. B. Methanol, nur in wesentlich geringeren Konzentrationen. Im allgemeinen besteht die Kunst darin,
die Lipasen mit den im nicht-wäßrigen Lösungsmittel gelösten Substraten
wirkungsvoll in Kontakt zu bringen. Mit dieser Zielsetzung sind zwei Methoden, die unterschiedliche Wege beschreiten, näher untersucht. Die eine
Methode verwendet zur Dispergierung der Lipase im Lösungsmittel reverse
Micellen. Eine reverse Micelle ist im wesentlichen ein einziges Polymermolekül, das von einer Monoschicht, bzw. etwas mehr als einer Monoschicht von
Wassermolekülen und darüber hinaus von einer Schicht oberflächenaktiver
Moleküle umgeben ist. Die weitaus wirksamste oberflächenaktive Substanz
ist das kationische Detergens Bis-2-ethylhexylsulfosuccinat (AOT). Auch
Lecithin wird verwendet. Lipasen, die auf diese Weise dispergiert sind, zeigen gegenüber Substraten, die in der organischen Phase gelöst sind, eine

gewisse Aktivität. Und dies ist überraschend, denn das Substrat muß die oberflächenaktive Schicht durchtreten: es besteht durchaus die Gefahr, daß das Enzym ein verkapseltes, inaktives Dimer ausbildet. Die Methode der reversen Micellen gelingt mit einem gereinigten Enzympräparat besser als mit einem ungereinigten Enzympräparat. Gereinigte Lipasen sind immer häufiger kommerziell zu beziehen, denn sie werden für diagnostische Zwecke zur Bestimmung der Serumlipoprotein-Konzentration verwendet, auf dem Lebensmittelsektor sind sie allerdings nicht vertreten. Lipasen lassen sich relativ leicht isolieren, indem man eine charakteristische Eigenschaft ausnutzt. Sie können mit Alkylketten, die an entsprechende Säulenmaterialen verankert sind (z. B. Octyldextrane), reagieren. Für die kohlenhydrathaltigen Lipasen eignen sich Lectine. Schwieriger gestaltet sich die Suche nach Organismen, die keine teilhydrolysierten Enzyme aussondern.

Eine andere Methode, das Enzym in der organischen Phase entsprechend zu dispergieren, verwendet Derivate des Enzyms selbst. Lipasen, die mit Polyethylenglykolketten kovalent verbunden sind, dispergieren bereitwillig in Kohlenwasserstoffen und bleiben darüber hinaus aktiv. Diese Art der Dispergierung erfordert jedoch gereinigte Enzyme, und leider sind nicht von allen Lipasen die entsprechenden Polyethylenglykol-Derivate zugänglich. Die Zahl der Lysinreste an der Oberfläche ist begrenzt – in einem erfolgreichen Beispiel waren vier Reste zugänglich, aber in anderen Beispielen reagierte nur ein einziger Rest. Möglicherweise eignen sich die kohlenhydratfreien Lipasen aus bakteriellen Wirtsorganismen für solche Anwendungen besser, und beim Blick in die fernere Zukunft wäre auch die Einführung von Lysinresten an vorab bestimmten Stellen denkbar und zwar mit Hilfe des ‚protein-engineering'. Auch Chymotrypsin, Catalase und Meerrettich-Peroxidase konnten bereits erfolgreich über die Reaktion mit Polyethylenglykol in organischen Lösungsmitteln solubilisiert werden. Diese Methode bietet gegenüber der Methode mit den reversen Micellen Vorteile, die Dispersionen aus der Polyethylenglykol-Methode sind stabiler als die Dispersionen aus reversen Micellen.

Denkbar und möglich ist auch, die Lipase in hydrophob gemachte Membranen zu lokalisieren. Damit könnte sich in der Membran selbst eine Grenzfläche ausbilden. Derartige Systeme sind zur Synthese von Saccharose-Fettsäureestern untersucht worden und eignen sich möglicherweise als Emulgatoren. Über die Wirksamkeit solcher Anordnungen sind die Meinungen geteilt.

Bis Lipasen wirklich bei der Nahrungsmittelindustrie Verwendung finden, wird noch einige Zeit vergehen, auch auf dem Sektor der sehr teuren Geschmacksstoffkomponenten. Zunächst werden die Lipasen wohl bei chiralen Synthesen zur Produktion von Arzneistoffen verwendet werden. Vor kurzem wurde entdeckt, daß Dispersionen von trockenen Lipasen in Kohlenwasserstoffen ihre Aktivität bei 100 °C über einen langen Zeitraum beibehalten. Diese interessante Beobachtung dürfte jedoch eher für organische Synthesereaktionen als für die Nahrungsmittelindustrie von Bedeutung sein.

5.3 Emulgatoren

Die Struktur vieler Nahrungsmittel hängt in grundsätzlicher Weise mit Emulsionen zusammen. Die bekanntesten Beispiele sind wohl die Fett-in-Wasser Emulsionen Milch, Sahne, Eiskrem, Mayonnaise und ähnliche Dressings sowie Schokolade und die Wasser-in-Fett Emulsionen Butter und Margarine.

In diesem Zusammenhang kennt die Nahrungsmittelindustrie zwei Typen an Additiven: Emulgatoren, die die Dispersion der Lipide unterstützen, und oberflächenaktive Stoffe sowie Stabilisatoren, die dazu beitragen, daß die gebildete Emulsion über einen entsprechenden Zeitraum stabil bleibt. Stabilisatoren sollen daneben auch für die erforderliche Viskosität des Produktes sorgen und werden später eingehender besprochen. Bei den Emulgatoren in Nahrungsmitteln handelt es sich typischerweise um Moleküle, die am einen Ende eine hydrophobe Region mit einer Affinität zu Neutralfett besitzen, und am anderen Ende hydrophile Gruppen mit einer Affinität für Wasser. In Kap. 3 wurde bereits die Rolle von strukturell geeigneten Proteinen und Peptiden als Emulgatoren behandelt, und auch ihre Herstellung mit Hilfe von Proteasen.

5.3.1 Phospholipide und Phospholipasen

Phospholipide sind wichtige Emulgatoren und kommen in vielen Nahrungsmitteln vor. Die Bildung der Emulsion in Mayonnaise und in Saucen wie der Sauce Hollandaise und ähnlichen beruht auf der Wirkung der Phospholipide sowie der Lipoproteine im Eigelb. Nahezu das gesamte Phospholipid der Milch ist zusammen mit Glykoproteinen und geringen Mengen an Sterolen in der Membran um die Fetttröpfchen lokalisiert. Das am weitesten verbreitete Phospholipid in der nahrungsmittelverarbeitenden Industrie ist allerdings Lecithin (Phosphatidylcholin). Es fällt beim Raffinieren von Sojabohnenölen als sogenannter ‚Gummi‘ an. Die Struktur des Phosphatidylcholins sowie die Angriffspunkte verschiedener Phospholipasen sind in Abb. 5.3 gezeigt. Für Laborzwecke werden Phospholipasen typischerweise aus Schlangengiften gewonnen. Sie sind bis heute noch nicht besser zugänglich, beispielsweise durch Gentransfer in einen geeigneten Wirtsorganismus. Dabei ist auch mit Schwierigkeiten zu rechnen, denn Phospholipasen können einen Organismus stark schädigen – sie sind nicht umsonst im Schlangengift enthalten! Die Schlangen selbst produzieren aber sehr wahrscheinlich inaktive Vorstufen und möglicherweise ist das Gen für diese Vorstufen transferierbar.

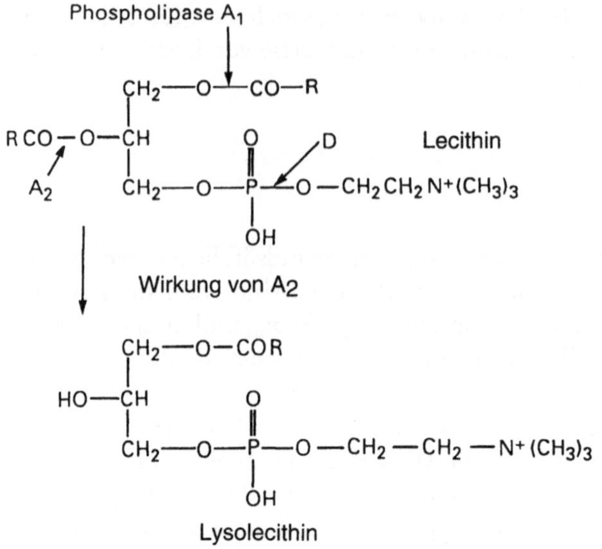

Phospholipase A$_1$

CH$_2$—O—CO—R

R CO—O—CH   O   D   Lecithin

A$_2$ CH$_2$—O—P—O —CH$_2$ CH$_2$ N$^+$(CH$_3$)$_3$

OH

Wirkung von A$_2$

CH$_2$—O—COR

HO—CH   O

CH$_2$—O—P—O —CH$_2$ —CH$_2$ —N$^+$ (CH$_3$)$_3$

OH

Lysolecithin

Abb. 5.3. Struktur von Lecithin. Die Angriffspunkte der Phospholipasen A1 (EC 3.1.1.31), A2 (EC 3.1.1.4), C (EC 3.1.4.3) sowie D (EC 3.1.4.4) sind angedeutet. R steht für einen Fettsäurerest, üblicherweise C$_{16}$ oder C$_{18}$.

Über die Phospholipasen ist einiges bekannt, sogar die kristallografische Struktur von A2. Interessanterweise sind die Phospholipasen keine Serinhydrolasen, sie gehören zu einer eigenständigen Lipaseklasse. Ihr Wirkmechanismus enthält keinen Acylierungsschritt.

Phospholipasen besitzen zwar gegenüber neutralen Triglyceriden eine gewisse, jedoch nicht näher untersuchte Aktivität. Die Entwicklung neuartiger Lipasen über mutagene Modifkationen ist durchaus denkbar. Die Phospholipasen spielen auch beim Aufbrechen von Membranen um die Proteingranula eine Rolle und könnten damit bei Proteinextraktionen aus Samenkörnern Hilfestellung leisten. Lysolecithin wird bereits bei Spezialverfahren als Emulgator verwendet und wird immer noch durch chemische Hydrolyse hergestellt. Die Lysolecithine stellen den größten Anteil der Lipide in den Stärkekörnern der verschiedenen Getreidesorten. Lysolecithine sollen auf spezielle Weise mit der Amylose reagieren und damit einen gewissen Effekt auf den Stärkeabbau haben.

5.3.2 Monoglyceride und Glykolipide

Die Oberflächenaktivität der Monoglyceride ist wesentlich höher als die der Di- oder der Triglyceride. Monoglyceride werden auch hauptsächlich wegen ihrer emulgierenden Wirkung produziert. Auch in der anfangs zitierten Zutatenliste dient Glycerinmonostearat als Emulgator. Das verwendete Glycerinmonostearat wurde höchstwahrscheinlich durch Hydrolyse von Tristearin hergestellt. Monoglyceride sind zwar prinzipiell auch über die Lipasekatalysierte Hydrolyse von Triglyceriden zugänglich, sie werden aber in der Praxis über chemische Hydrolyse und nachfolgende Fraktionierung herge-

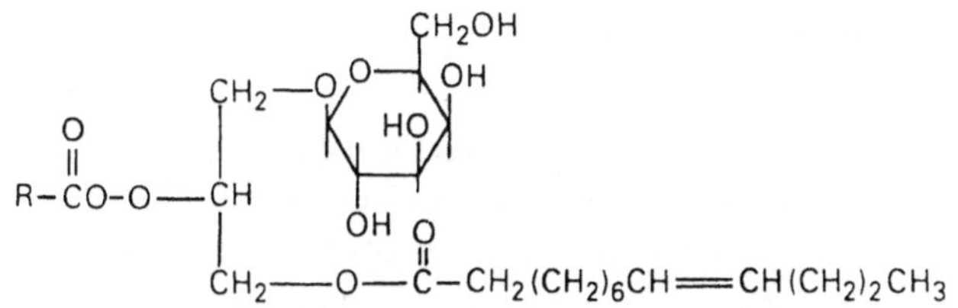

$$CH_2OH$$

Abb. 5.4. Monogalaktosyl-Glykolipid. Das Digalaktosylderivat ist ebenfalls weit verbreitet. R steht für eine gesättigte oder ungesättigte, üblicherweise langkettige Fettsäure (C_{16} oder C_{18}).

stellt und noch gibt es keinen Grund, das Verfahren umzustellen. Wenn sich die enzymkatalysierte Umesterung jedoch etabliert hat, werden als Nebenprodukt sicherlich auch Monoglyceride verfügbar sein. Zu den interessanteren Neuerungen unter den Emulgatoren zählen die Glykolipide. Bei den Glykolipiden handelt es sich um keine Neuheit im engeren Sinne. Sie kommen im Mehl vor und beteiligen sich zweifellos an der Entwicklung der Teigeigenschaften. Wenn sie besser zugänglich wären, stünde den Glykolipiden jedoch ein breiteres Anwendungsspektrum offen. Abbildung 5.4 zeigt die Struktur einiger Galaktosylmono- und Galaktosyldiglyceride. Über die Enzyme, die an der Synthese dieser Glyceride beteiligt sind, ist nahezu nichts bekannt. Die Galaktosylglyceride liegen im Endosperm von Getreide in einer Konzentration von etwa 0,3 g pro 100 g Substanz vor. Bakterien und Hefen produzieren vor allem dann, wenn sie auf Kohlenwasserstoffen kultiviert werden, ähnliche Verbindungen. Wahrscheinlich spielt dabei eine Rolle, daß die Paraffine emulgiert und absorbiert werden müssen. An *B. subtilis* wurden im Hinblick auf eine Produktionsoptimierung entsprechende Studien durchgeführt, jedoch werden wohl noch viele Jahre ins Land ziehen, bis eine Verwendung für Nahrungsmittel produktionsreif sein wird. Vermutlich wird in der Zwischenzeit eine pflanzliche Quelle, die durch entsprechende Modifizierungen größere Mengen an Glykolipid produziert, wirtschaftlich interessanter werden. Weiterhin wäre eine enzymatische *in vitro* Synthese von Galaktosyllipiden aus Galaktose, den entsprechenden Fettsäuren, Glycerin und den isolierten Enzymen denkbar. Solche Galaktosyllipide müssen nicht unbedingt identisch mit den natürlichen sein. Leider ist diese Synthese wohl auf ADP oder UDP angewiesen und daher muß nach Enzymen geforscht werden, die nicht auf diese Coenzyme als Energielieferanten für die Esterbildung angewiesen sind. Bei der Fructose-Isomerase lag das Problem anders und konnte deshalb erfolgreich gelöst werden. Die chemische Synthese der Glykolipide ist schwierig und wäre wohl unwirtschaftlich teuer. Der Emulgatormarkt ist klein und es besteht kein unbedingter Bedarf nach einem weiteren Mitkonkurrenten, es sei denn, der neue Emulgator wäre preiswerter, so daß sich die Entwicklungskosten rechnen könnten.

Auch Fettsäureester von Zuckeralkoholen, wie z. B. Sorbitmonooleat, werden als Emulgatoren verwendet. Diese Produktklasse ist potentiell Ziel einer enzymatischen Synthese.

5.4 Stabilisatoren und Gelbildner

Emulsionen sind prinzipiell instabil. Sie brechen nach zwei Mechanismen zusammen. Zum einen ‚rahmen' Emulsionen, ein beispielsweise bei der Milch bekanntes Phänomen, wenn die Sahne langsam nach oben steigt und sich in einer oben auf der Restmilch schwimmenden Schicht sammelt. Zum anderen flocken Emulsionen aus und es erfolgt Phasentrennung. Der Zusatz wasserlöslicher Polysaccharide kann diese Vorgänge verlangsamen oder sogar unterdrücken. Beim Zusammenbruch einer Emulsion spielen grob gesagt zwei Phänomene eine Rolle. Die Tröpfchen in einer Emulsion koaleszieren zunächst aufgrund von abstoßenden Kräften nicht. Wegen der thermischen Bewegung werden jedoch bei einigen Kontakten die abstoßenden Kräfte überwunden, worauf diese Tröpfchen koaleszieren – und die Emulsion langsam zusammenbricht. Manche Stabilisatoren werden auf der Oberfläche der Tröpfchen adsorbiert und erhöhen dadurch die zur Koaleszenz erforderliche Kontaktenergie erheblich. Diese Stabilisatoren sind im engeren Sinne die eigentlichen Emulgatoren. Andere Stabilisatoren erhöhen dagegen die Viskosität des Mediums, so daß die Kontakte mit geringerer Stoßenergie erfolgen und dadurch die Sedimentation verlangsamt wird. Im Extremfall gelieren solche Systeme und die Lipidtröpfchen werden in einem nahezu starren Netzwerk zurückgehalten, so daß sie einander nicht berühren können.

In Tabelle 5.1 sind die wichtigsten Polysaccharide, die bei der Herstellung von Nahrungsmitteln eine Rolle spielen, sowie deren Quellen und die Monosaccharide, aus denen sie bestehen, zusammengestellt. Die funktionalen Eigenschaften von Polysacchariden ähneln in vielerlei Hinsicht den Eigenschaften von Proteinen, was natürlich auch damit zusammenhängt, daß beide Molekültypen langkettige Polymere sind. Auf der anderen Seite unterscheiden sich Proteine und Polysaccharide grundlegend. Zum einen bestehen Polysaccharide aus wesentlich weniger unterschiedlichen Grundbausteinen als Proteine. So enthalten Polysaccharide meistens weniger als vier verschiedene Grundbausteine, und manche, wie z. B. die Dextrane, sind sogar Homopolymere, während jedes Protein jede der 20 Aminosäuren enthält. Weiterhin können Polysaccharide neutral sein, wenn auch viele Polysaccharide negative Carboxylgruppen oder sogar Sulfatgruppen besitzen, Proteine sind dagegen niemals neutral. Der wichtigste strukturelle Unterschied ist, daß Polysaccharide auf mehrere Art und Weisen verzweigt sein können, wodurch ihre rheologischen und gelbildenden Eigenschaften beeinflußt werden. Die Polymere können an Stellen, wo es die strukturellen Gegebenheiten erlauben, z. B. helikale Knotenpunkte ausbilden oder auch über ionische Wechselwirkungen, vor allem über Ca^{2+} miteinander in Wechselwirkung treten. Dann bilden sich oft schon bei geringen Polymerkonzentrationen Gele aus. Manchmal steigt mit zunehmender Polymerkonzentration auch nur die Viskosität der Lösung an, ohne daß sich ein Gel bildet. Die Wechselwirkungen in Polymergemischen aus unterschiedlichen Polymeren können

Tabelle 5.1. Kohlenhydratpolymere als Stabilisatoren, Emulgatoren und Gelbildner in Nahrungsmitteln

Bezeichnung	Monomer	Quelle
Pektin	D-Galacturonsäure (einige Monomere methyliert), L-Rhamnose, D-Galactose, D-Arabinose	Früchte
Gummi		
Akazin (Arabin)	D-Galactopyranose, L-Arabinose, L-Rhamnose, D-Glucuronsäure	*Acacia* Sp.
Johannisbrot	D-Mannose	*Ceratonica siliqua*
Taragummi	D-Galactopyranose	*Caesalpina spinosa*
Tragant	D-Galacturonsäure, D-Xylose, L-Fucose, D-Galactose	*Khaya* Sp.
Ghatti	D-Mannopyranose, D-Glucopyranose, D-Galactose, L-Arabinose	*Anogeissus latifolia*
Guarmehl	D-Mannose, D-Galactopyranose	*Cyamopsis tetragonoloba*
Algen		
Agar Agar	D-Galactopyranose, L-$(3 \rightarrow 6)$-anhydrogalactopyranose	Rote Meeresalge
Alginsäuren	D-Mannuronsäure, L-Guluronsäure	Braunalgen
Karragene		
Furcellaran	D-Galactose-$(2 \rightarrow 6)$-sulfat, D$(3 \rightarrow 6)$-anhydrogalactose	Rotalgen
Bakterien		
Xanthan	D-Glucose 6-Acetylmannose, Glucuronsäure, Pyruvylmannose	*Xanthomonas campestris*
Pullulan	Maltotrioseeinheiten	*Aureobasidium pullulans*
Curdlan	D-Glucose	*Alcaligines faecalis*
Dextrane	D-Glucose	*Leuconostoc mesenteroides*
Gellan	D-Glucose, D-Glucuronsäure, L-Fucose, einige Acetylgruppen	*Pseudomonas* Sp.
Bakterielle Alginate	Als Alginsäuren	Zahlreiche Mucoidbakterien

komplexer Natur sein und die Auswirkungen auf die Viskosität müssen sich nicht additiv verhalten.

Wegen der Fülle der genannten Gründe besteht ein großes Interesse an den Eigenschaften von Lösungen eßbarer Polysaccharide. In kleineren Mengen sind sie vielen Nahrungsmitteln zugesetzt und tragen in nicht unerheblichem Ausmaß zur Texturbildung bei. Auch wegen ihrer stabilisierenden

Eigenschaften auf Emulsionen sind die Polysaccharide gefragte Lebensmittelzusatzstoffe. Die Polysaccharide bieten viele Anwendungsmöglichkeiten für biotechnische Methoden.

5.4.1 Pektine

Pektine sind in den Zellwänden von Früchten enthalten. Sie fallen in großer Menge als Nebenprodukt bei der Herstellung von Apfelwein an (aus dem Apfeltrester) und in Staaten ohne Apfelweinindustrie werden sie aus Schalen von Zitrusfrüchten gewonnen. Pektine besitzen eine verzweigte Struktur und bilden über die Assoziation der langen, linearen Regionen bereitwillig Gele aus. Ca^{2+} unterstützt die Gelbildung, wie gut, hängt jedoch vom Methylierungsgrad ab, der wiederum von der Herkunft des Pektins abhängt. Die Beschaffenheit von Konfitüre und Konserven wird bekanntlich durch das Pektin hervorgerufen. Im industriellen Maßstab wird die gewünschte Beschaffenheit dieser Produkte, wenn erforderlich, durch Zusatz von reinem Pektin reguliert. Die Geschwindigkeit der Gelbildung läßt sich durch Verwendung von Pektinen mit höherem Methylierungsgrad (schnellere Gelbildung) oder geringerem Methylierungsgrad (langsamere Gelbildung) regeln. Die Pektinesterase (EC 3.1.1.11) ist weitverbreitet und entfernt die Methylgruppen aus den Pektinen. Sie kommt zwar in Früchten vor, wird aber interessanterweise durch hohe Saccharosegehalte inhibiert. Dieses Verhalten trägt zweifellos zur Stabilität von Konfitüren bei, denn diese besitzen einen hohen Saccharosegehalt. Ein Produkt bei der Einwirkung der Pektinesterase ist Methanol, da sie die Methylgruppen hydrolysiert. Bei Zitrusfrüchten gibt es dadurch manche Probleme. Viele weitere Enzyme können die glykosidischen Bindungen der Pektine lösen. Dadurch beeinflussen sie die Viskosität des Systems, was aus der Sicht von Verarbeitungsverfahren manchmal erwünscht und manchmal unerwünscht sein kann. Entsprechende Enzyme werden z. B. zum Klären von Fruchtsäften oder zur Verflüssigung von Tomatensaucen verwendet. Andererseits verursachen diese Enzyme in naturtrüben Fruchtsäften auch unerwünschte Ausflockungen. Aus *Aspergillus niger*-Kulturen werden technische Pektinasen (EC 3.2.1.15) gewonnen; sie gehören zu den meistverwendeten Enzymen bei Produktionsverfahren. Die Produktionsverfahren mit Pektinasen laufen diskontinuierlich. Obwohl bereits verfügbar, ist bis heute noch kein Verfahren mit immobilisierten Pektinasen installiert. Technische Präparationen enthalten die Esterase, die Pektinlyase (EC 4.2.2.10) sowie die Hydrolase und werden vor allem bei Heißpreßverfahren zur Extraktion von Fruchtsäften verwendet. Bei derartigen Verfahren wird der zerquetschte Fruchtbrei mit dem zugesetzten Enzym in einem Verfahrensgang erhitzt und gepreßt und der gefilterte Saft aufgefangen. Auch hier gilt, daß die Hitzestabilität der Enzyme sehr wichtig ist, denn ihre Aktivität muß zum richtigen Zeitpunkt gestoppt werden. Einiges deutet darauf hin, daß für gute Kläreigenschaften sowohl die Esterase als auch die Lyase erforderlich sind, jedoch kennt man ein Enzym, das methyliertes Pektin direkt hydrolysieren kann. Dies mag zwar vorteilhaft sein, alles in allem ist die vorhandene Technologie jedoch gut eingeführt und Verfahrensverbesserungen sind vor allem hinsichtlich einer besseren Steuerung der relativen und absoluten Enzymmengen wahrscheinlich und weniger hinsichtlich der Verwendung neuartiger Enzyme. Die Pektat-Lyase von *Erwinia carotovora*, einem Organismus, der die Karottenfäule hervorruft, wurde bereits in *E. coli* geklont, hat sich aber noch nicht als Produktionssystem hervorgetan. Die Pektat-Lyase wäre für die Teeindustrie interessant, und zwar als Hilfsstoff zur verbesserten Extraktion der Teeblätter.

5.4.2 Harze und Exsudate

Gummi Arabicum ist ein altbekannter Stoff, der aus *Acacia*-Arten gewonnen wird und bei der Herstellung von Konfekt beliebt ist. Gummi Arabicum geliert nicht. Als Ersatzstoffe bei schlechter Versorgungslage mit Gummi Arabicum eignen sich Ghatti und Tragant. Tragant besitzt eine hohe Säurestabilität und läßt sich als Emulgator in Salatsaucen verwenden. Mittlerweile ist Guarmehl sehr interessant. Guarmehl ist Vertreter einer Gruppe von Substanzen, zu der auch Johannisbrot-Kernmehl zählt, und die durch ein lineare Mannose-Hauptkette sowie einige Galaktose-Seitenketten entlang der Hauptkette charakterisiert sind. Vertreter dieser Gruppe gelieren im allgemeinen nicht und sind als Dickungsmittel sowie Stabilisatoren weitverbreitet. Werden einige der Galaktose-Seitenketten entfernt, so können diese Verbindungen gelieren. Wird aber eine gewisse Schwelle überschritten, so wird die Wechselwirkung so stark, daß die Verbindungen ausfallen. Guarmehl und Johannisbrot-Kernmehl können andere, noch sehr teure gelbindende Dickungsmittel ersetzen. Guarmehl wird aus Samen und Schoten der in Indien kultivierten Baumart *Cyamopsis tetragonoloba* gewonnen und ist in großen Mengen erhältlich. Während der Keimung enthalten die Schoten α-Galaktosidase (EC 3.2.1.22), ein Enzym, das die $(1\rightarrow6)$-α-D-Galaktose-Seitenketten entfernen kann. Derzeit wird versucht, das relevante Gen in einen geeigneten Produktionsorganismus, wahrscheinlich eine Hefe, zu überführen, um auf diese Weise die industriell erforderlichen Enzymmengen zugänglich zu machen.

5.4.3 Polysaccharide aus Seetang

Agar wird aus roten Seealgen extrahiert. Die kommerziellen Präparate enthalten Extrakte aus mehreren *Gelidium*- und *Gracilaria*-Arten. Agar ist stets eine Mischung aus Agaropektin, das als Strukturmerkmal verzweigte Ketten enthält, und der linear gebauten Agarose. Für die Gelbildung ist vor allem die Agarose verantwortlich. Die Extraktion der Seealgen erfolgt unter alkalischen Bedingungen, dabei werden offensichtlich die Sulfatgruppen entfernt und die Fähigkeit zur Gelbildung verstärkt. Die Agarqualität ist saisonabhängig und hängt vermutlich mit der durchschnittlichen relativen Molmasse zusammen. In Japan wird Agar häufig in Obstspeisen und in *Tokoroten* verarbeitet, einem Gebäck, das mit Sojasauce aromatisiert wird, und in gewisser Weise dem „laver bread" aus Wales gleicht, das ebenfalls aus Seetang hergestellt wird.

Carrageen (Irisch Moos) wird aus roten Algen gewonnen und häufig in kleinen Mengen Lebensmitteln zugesetzt. Ein Charakteristikum von Carrageen ist, daß es durch Zusatz von Ca^{2+} zum Gelieren gebracht werden kann und mit Guar zu einer Vielzahl unterschiedlicher Gele reagiert, wovon gerade Eiskrem und Joghurt profitieren. Carrageen hilft auch bei der Herstellung einer Nachahmung von Kaviar. Mit Fischrogenaroma aromatisierte und in Carrageen verkapselte Lipidtröpfchen sollen überzeugende Ergebnisse liefern. Weil erwartet wird, daß der Stör selten wird, wurden in der ehemaligen Sowjetunion viele Patente zu dieser Technologie angemeldet.

In ähnlicher Weise lassen sich durch Verkapselung des Fruchtsaftes Brombeeren imitieren und es sind bereits Fruchtstücke auf dem Markt, deren Textur mit Hilfe von Carragen und Xanthanmischungen wieder vervollständigt wurde. Diese Produkte waren ein Erfolg, denn bei der Verarbeitung von Früchten fallen immer kleine Stückchen und Fruchtmark an, also Produkte, die nicht mehr zum eigentlichen Fruchtprodukt mitverarbeitet werden können und dementsprechend wertlos sind. Die Wiederverwendung dieser Teilstücke erhöht den Wert des Rohproduktes erheblich.

Carrageen ist zwar ein Produkt aus Algen, aber nicht im Überfluß zu haben. Die geeignete Algensorte wächst nämlich nicht überall und die Ernte gestaltet sich schwierig. Carrageen wird in jeder einzelnen Formulierung zwar nur in geringen Mengen verwendet, dafür aber in vielen Produkten und ist folglich teuer. Der Preis wird auch dadurch beeinflußt, daß die verschiedenen Komponenten des Carrageens, die Carrageenane, sehr unterschiedliche Eigenschaften haben und eine Fraktionierung des Gesamtproduktes erfordern. In Erwartung, daß die Versorgun g mit Carrageen knapp werden könnte, hat eine Jagd nach weiteren Quellen für Stoffe mit ähnlichen Eigenschaften begonnen.

5.4.4 Alginate

Alginate werden aus Braunalgen, wie z. B. dem Birntang (*Macrocystis pyrifera*), gewonnen und sind Block-Copolymere aus Mannuron- und Guluronsäure. Ihre genaue Zusammensetzung variiert je nach Algen- bzw. Tangsorte. Hin und wieder wird die Versorgung mit Alginaten knapp und bald wird wohl ein gezielter Anbau dieser Algen ermöglicht werden, so daß auf die ungezielte Einsammlung verzichtet werden kann.

Eine bestimmte Epimerase kann die Mannuronsäure auch im Polymerverband in Guluronsäure umwandeln. Mit Hilfe dieses Enzyms könnte man also die relative Menge dieser Säuren sowie ihre Anordnung im Polymer kontrollieren. Die entsprechende Epimerase wurde allerdings noch nicht in diesem Sinne verwendet.

5.4.5 Xanthan und mikrobielle Dickungsmittel

Lieferant für Xanthan ist *Xanthomonas campestris*. Xanthane selbst gelieren zwar nicht, wohl aber in Mischungen mit ‚linearisiertem' Guarmehl oder Carobin. Das Verwendungsspektrum der Xanthane deckt sich im wesentlichen mit dem der traditionellen Dickungsmittel. Erst in neuerer Zeit wurden die Xanthane auf ihre toxikologische Wirksamkeit hin untersucht und sind von der US-amerikanischen Food and Drug Administration zur Verwendung in Nahrungsmitteln freigegeben.

Ermutigt durch den Erfolg der Xanthane wurden mehrere Projekte zur Verwendung anderer bakterieller Dickungsmittel gestartet. Viele der Forschungsarbeiten wurden auch von Einsatzmöglichkeiten veranlaßt, die nicht mit der Lebensmittelbranche zusammenhängen, beispielsweise die Verwendung von Xanthanen als Fließhilfsmittel bei der Erdölförderung. Pullulan, aus *Aureobasidium pullulans* wird zur Produktion von Folien verwendet, die im Verdauungstrakt nicht abgebaut werden, und in schichtförmige Produkte aus Kabeljaurogen inkorporiert werden. Curdlan, das aus *Agrobacterium* produziert wird, ist ein Gelbildner und wird in Japan für Nachspeisen und für brennwertverminderte Salatsaucen verwendet. Wie viele andere der bakteriellen Polysaccharide wird Curdlan von den Verdauungsenzymen nicht abgebaut und kann sogar der Darmflora widerstehen.

Konjak ist ein Glucomannan aus *Amorphophallus konjac* und ist in vielen japanischen Gerichten enthalten. Auch die Dextrane, wozu auch die cyclischen Dextrane zählen, sind bakteriellen Ursprungs, und zwar werden sie von *Leuconostoc*-Arten gebildet. Bei ihrer Synthese ist eine interessante Transferasereaktion beteiligt, und zwar wird der Glucose-Teil der Saccharose unter Freisetzung von Fructose an eine Polyglucosekette gebunden. Die Reaktion führt im Mund zur Bildung von Zahnbelag, der überwiegend aus Dextranen besteht.

5.4.6 Schlußfolgerungen

Schließt man in die Betrachtungen noch die chemisch modifizierten Stärken, wie z. B. die Carboxymethylcellulose, mit ein, so wird klar, daß von einer schier unermeßlichen Anzahl an Polysacchariden jede nur denkbare Textur für ein Nahrungsmittel erzielt werden kann, und zwar entweder durch ein einziges Polysaccharid oder durch eine geeignete Polysaccharidmischung. In den nächsten Jahren werden für diese Moleküle mit hoher Wahrscheinlichkeit die Zusammenhänge zwischen Struktur und funktionalen Eigenschaften entdeckt werden, wobei nicht so sehr die Ausweitung der möglichen Texturen im Vordergrund steht, sondern die Hoffnung, Probleme mit der Rohstoffversorgung zu mindern. Die Entwicklung neuer Dickungsmittel wird vor allem deshalb vorangetrieben, weil man für die heutigen Dickungsmittel Versorgungsengpässe und Preiserhöhungen fürchtet. Eines der derzeit laufenden Gentransfer-Forschungsvorhaben hat vorrangig die Erschließung preiswerterer Quellen für die Polysaccharide zum Ziel. Der Zugang zu neuartigen Materialen ist von untergeordneter Bedeutung, obwohl solche Materialien durchaus zufällig entdeckt werden können. Eine Tatsache, die nicht übersehen werden sollte, ist, daß zwar viele der neuartigen Materialien in Japan zugelassen sind, jedoch nirgendwo sonst. Gerade mikrobielle Produkte müssen diese Hürde immer überspringen.

5.5 Geschmacksstoffe und Geschmacksverstärker

Viele Geschmackszusätze in Nahrungsmitteln sind einfache Extrakte aus den natürlichen Quellen. So sind beispielsweise die Garnelen- und Hähnchengeschmacksstoffe Extrakte aus nicht verwendeten Stücken, letztlich also Nebenprodukte aus normalen Verfahren. Bei anderen Geschmacksstoffen handelt es sich um spezielle Substanzen, häufig relativ einfache organische Stoffe, die biotechnisch zugänglich sind. Geschmacksstoffe sind für vorgefertigte Nahrungsmittel sehr wichtig. Zu der anfälligsten Produktgruppe zählen wohl Nachspeisen, die Polysaccharide enthalten. Die Mehrheit der Nahrungsmittelproduzenten unterhält dementsprechend auch ein Labor, das sowohl die natürlichen Quellen der Geschmacksstoffe auf ihre Zusammensetzung im Hinblick auf Geschmacksstoffe analysieren kann als auch die Produkte der Mitbewerber. Die Zutaten zu den Fertigprodukten sind streng gehütete Geheimnisse. Der natürliche Geschmack ist das Ergebnis aus dem Zusammenwirken von vielen Hundert Einzelkomponenten, die oft nur in Spuren vorhanden sind, und von einigen wenigen dominierenden Komponenten. Ziel ist ein brauchbares Aroma, und zwar unter Wettbewerbsbedingungen. Durch ein neues, verbessertes Aroma kann der Marktanteil beträchtlich steigen, während andererseits bei nicht befriedigendem Aroma das Gegenteil eintreten kann. Gerade das Aroma gibt so direkt, wie sonst keine Variable bei der Nahrungsmittelproduktion, den Anstoß für eine Kaufentscheidung. Die Verbraucher in Großbritannien bevorzugen z. B. Zahncremes mit Pfefferminzgeschmack, während die Verbraucher außerhalb Großbritanniens Gaultheriaöl bevorzugen. Überall auf der Welt unterscheiden sich zwar die Geschmacksstoffe, die den Nahrungsmitteln zugesetzt werden, jedoch gibt es keine gesicherten Daten über bestimmte, regionale Eigenheiten. Unter den Geschmacksstoffen gibt es allerdings manche, die überall als erwünscht oder als unerwünscht eingeschätzt werden.

5.5.1 Lactone

Lactone sind wichtige Aromastoffkomponenten und werden auch von Mikroorganismen synthetisiert. Die Produktion von γ-Decalakton erfolgt mit *Can-*

dida. Wird *Candida* auf Ricinolsäure ((R)-(Z)-Hydroxyoctadec-9-ensäure) aus Castorbohnen gezüchtet, so bildet die Hefe 4-Hydroxydecansäure, die durch Kochen des Kulturmediums zum Lacton umgewandelt wird. Eine Reihe weiterer Pilze kann Lactone bzw. deren Vorstufen bilden, die im allgemeinen für das Fruchtaroma verantwortlich sind, das den Pilzen anhaftet. Manche Pilze bilden sogar Kokosnuß-Aromastoffe. Bislang wurden allerdings noch keine Produktionsmethoden für Lactone entwickelt, die mit entsprechenden Pilzkulturen arbeiten.

5.5.2 Ester

Vor allem in vergorenen Getränken spielen Ester, wie z. B. Ethylacetat oder -butyrat, eine wichtige Rolle. Sie werden von den bei der Gärung verwendeten Hefen selbst produziert. Die meisten Pilze bilden die aromatischen Ester nur in sehr geringen Konzentrationen. Höhere Esterkonzentrationen, die möglicherweise kommerziell interessant sind, bilden einige *Hansenula*- und *Candida*-Arten.

Es wurde bereits über die Möglichkeit gesprochen, Ester mit Hilfe von isolierten Lipasen zu synthetisieren. Zur Produktion von Geranyl- und Citronellylbutyrat existiert zwar ein entsprechendes Verfahren, allerdings ist nicht bekannt, ob es noch verwendet wird. Interessanterweise bilden Lipasen kaum Ethylpropionat und -acetat. Lipasen bevorzugen nämlich im allgemeinen langkettige Fettsäuren. Die Ausbeute an Estern kurzkettiger Fettsäuren läßt sich aber durch den Zusatz geringer Mengen langkettiger Fettsäuren erhöhen. Möglicherweise spielen dann Umesterungen eine Rolle.

5.5.3 Terpenoide

Zahlreiche mikrobielle Transformationen führen zu Terpenumlagerungen. So können beispielsweise α- oder β-Pinen zu L-Carvon umgelagert werden, das eine wichtige Komponente im Pfefferminzaroma ist. Menthol fällt als Minzextrakt an und kristallisiert in einer D,L Mischung aus. Die enzymatische Auftrennung solcher Mischungen in reine D- und L-Isomere wurde mit großem Interesse aufgenommen. Mikrobielle Esterasen hydrolysieren nämlich bevorzugt den L-Methylester und lassen das D-Isomer zurück. In den Aromen wird aber bevorzugt das L-Isomer verwendet. Eine Lipase aus *Candida lipolytica* bildet bevorzugt die L-Form des L-Laurylesters. Gerade die Fähigkeit von Enzymen, zwischen den einzelnen Isomeren unterscheiden zu können, läßt sie für chemische Reaktionen sehr interessant sein. In der Nahrungsmittelindustrie fand diese Eigenschaft jedoch noch kaum Anwendung, was sich aber voraussichtlich bald ändern dürfte.

5.6 Pflanzenzellkulturen

Als vor etwa 20 Jahren Pflanzenzellkulturen zugänglich wurden, sah man darin die Möglichkeit, Aroma- und Farbstoffe für Nahrungsmittel zu produzieren. Die Kultivierung der entsprechenden Pflanzenzellen sollte ohne Schwierigkeiten möglich sein, so dachte man. Eines der vielen, damals gestarteten Projekte veränderte über die Jahre seine ursprüngliche Zielsetzung hin auf die Produktion von klonalen Pinien zur Produktion von Pinen. Auf diese verschlungene Weise wurde wenigstens eines der ursprünglichen Ziele erreicht.

Die meisten anderen Projekte sind bis heute noch nicht erfolgreich abgeschlossen und zwar aus zwei prinzipiellen Gründen. Pflanzenzellen teilen sich wesentlich langsamer als Bakterienzellen (Pflanzen: 20 h, Bakterien 20 min), ihr Genom ist komplizierter. Die einzige Möglichkeit, die wirtschaftlichen Aussichten von Pflanzenzellkulturen zu verbessern, liegt wohl auch in der Erhöhung der Teilungsgeschwindigkeit. Weiterhin lassen sich Pflanzenzellen zwar in ähnlichen Kulturbehältern wie Bakterienzellen kultivieren, jedoch sind Fermentationen im großen Maßstab im Vergleich zu landwirtschaftlichen Methoden wesentlich teurer – und die Produkte stehen im direkten Marktwettbewerb. Zudem sondern Pflanzenzellen ihre Produkte nicht besonders bereitwillig ins Medium ab und daher ist die Produktaufarbeitung im Vergleich zu bakteriellen Produkten schwieriger.

Ähnliches trifft auch auf Algen zu. Zudem sind Algen auf hohe Beleuchtungsdichten angewiesen, die mit der natürlichen Sonnenstrahlung oft nicht befriedigt werden können. Algen liefern zwar hochwertige Farbstoffe und Polysaccharide, jedoch unter enormen Kosten. Die Kultivierung von Pflanzenzellen wird auch weiterhin seine Berechtigung haben, denn beispielsweise der Farbstoff Shikonin, die Rosmarinsäure sowie einige pharmazeutisch interessante Substanzen werden auf diese Weise produziert. Zudem gibt es Überlegungen zum Scale-Up für ein Produktionsverfahren für Capsaicin, der scharfen Komponente im Chilli, und Überlegungen zu einem Produktionsverfahren für Safrangelb. Eine interessante technische Möglichkeit ist die Entwicklung von Hybridomzellen analog zu den monoklonale Antikörper produzierenden Systemen. Ähnliche Entwicklungen, auch wenn man in diesem Beispiel nicht im engen Sinne von Pflanzenzellkulturen sprechen kann, gehen dahin, Hefen zu kultivieren, die Astaxanthin enthalten. Eines Tages findet sich hierfür sicher ein Markt, denn die Verfütterung von Astaxanthin stellt sicher, daß auch Lachs aus Zuchtbetrieben die typische rosa Lachsfärbung aufweist. Freilebende Lachse nehmen den rosa Farbstoff, im wesentlichen Astaxanthin, durch Shrimps und andere Krustentiere als Teil ihrer normalen Nahrung auf. Unter Zuchtbedingungen braucht der Farbstoff nur dem Futter untergemischt werden. Der Verbraucher besteht nämlich auf der ihm bekannten Färbung von Lachs und weist geräucherten grauen Lachs zurück.

5.6.1 Carbonsäuren

Carbonsäuren zählen zu den bedeutendsten Lebensmittelzusatzstoffen, die in mikrobiellen Bioreaktionen hergestellt werden. Der jährliche Bedarf liegt bei mehreren Zehntausend Tonnen, wird jedoch nicht ausschließlich in Lebensmitteln verarbeitet (s. Tabelle 5.2). Gluconolacton dient zwar auch als Lebensmittelzusatzstoff, wird aber hauptsächlich als Antiseptikum bei der industriellen Säuberung von Flaschen in Industrieanlagen eingesetzt.

Tabelle 5.2. Jahresproduktion von Carbon- und Aminosäuren durch Bioverfahren

Säure	Tonnen	Quelle
Citronensäure	300 000	*A. niger*
Gluconsäure	50 000	*A. niger*
L-Milchsäure	20 000	*L. delbruckii*
L-Glutaminsäure	220 000	Synthetisch oder *Aspergillus* Sp.
L-Weinsäure	40 000	Nebenprodukt bei der Herstellung von Wein

Die in Tabelle 5.2 aufgelisteten Säuren kommen mit Ausnahme der Weinsäure in allen Früchten vor. Weinsäure findet sich hauptsächlich in Trauben (und somit auch im Wein) und in Tamarinden. Die Säuren selbst haben kaum einen Eigengeschmack, sie unterstützen vielmehr durch die Ausbildung eines sauren, scharfen oder milden Beigeschmacks deutlich den jeweils charakteristischen Fruchtgeschmack. Die hohe geschmacksverstärkende Wirkung von Glutaminsäure, vor allem in Hähnchengerichten, ist allgemein bekannt.

Carbonsäuren werden auch zur pH-Einstellung von Fruchtsäften, Gelatinegelen, Fruchtkonserven, Wein und Apfelwein verwendet. Manchmal werden Lactone zu Trockenmischungen als latente Säurequellen zugesetzt. In Süßwaren sollen Carbonsäuren für zusätzlichen Geschmack, aber auch für die Saccharose-,Inversion' sorgen. Alle interessanten Carbonsäuren sind chemisch als D,L-Isomeren-Mischungen zugänglich. Die Äpfelsäure wird beispielsweise häufig als D,L-Mischung eingesetzt, weil sie in dieser Form in den meisten Staaten zugelassen und zudem preisgünstiger ist als die biosynthetisch hergestellte reine L-Form. Andererseits ist die L-Weinsäure besser löslich und preiswerter und wird daher auch der chemisch gewonnenen D,L-Weinsäure vorgezogen. Kommerzielle Milchsäure enthält bis zu 100 % an L-Milchsäure – die einzelnen Bakterien verfügen offensichtlich nicht alle über racemisierende Enzyme.

5.6.2 Industrielle Produktion ausgewählter Carbonsäuren

Citronensäure. Die großtechnische Produktion stützt sich auf *Aspergillus niger* und dessen Kultivierung in Glucose oder Saccharose. Die meisten europäischen und nordamerikanischen Staaten verfügen über Produktionsanlagen für Citronensäure. Anfänglich wurde der Pilz in Oberflächenkultur in verdünnter Melasse kultiviert. Interessanterweise können die Probleme mit dem Schwermetallgehalt der Melasse (Kupfer, Zink, Eisen und Mangan) durch Zusatz von Ferrocyanid gelöst werden. Ferrocyanid komplexiert die Ionen und entzieht sie so der Wirkung auf die Mikroorganismen. Um die höchstmögliche Citronensäurekonzentration in der Kultur zu erhalten, muß der pH-Wert des Mediums durch Zugabe von Calciumhydroxid konstant gehalten und die Aktivität des Enzyms Aconitase, das die Citronensäure zu Aconitsäure (Propen-1,2,3-tricarbonsäure) abbaut, möglichst niedrig gehalten werden. Gerade die oben aufgezählten Schwermetallionen aktivieren die Aconitase. Die *A. niger*-Produktionsstämme werden natürlich danach ausgewählt, daß sie große Mengen an Citronensäure akkumulieren können. Wahrscheinlich können diese Stämme gerade deswegen die Citronensäure akkumulieren, weil sie wenig Aconitase und Isocitratlyase besitzen (also gerade die Enzyme, die die Citronensäure abbauen).

Zur Citronensäureproduktion sind zwei unterschiedliche Bioreaktorarten gebräuchlich. Beim einen Typ werden die Organismen auf flachen Blechen kultiviert und beim anderen Typ, der erst später Verwendung fand, handelt es sich um einen herkömmlichen Rührreaktor. Aus beiden Reaktortypen erhält man ein Kulturmedium, aus dem die Citronensäure nach Fällung des Calciums mit Schwefelsäure als Gips und einem Klärverfahren in einem Kristallisationsschritt erhalten wird. Das Kulturmedium wird durch Zusatz von Calciumhydroxid und Aktivkohle (zur Adsorption von Farbstoffen) geklärt. Einige Hersteller gewinnen die Citronensäure aus der Kulturmaische über eine Lösungsmittelextraktion. Als Lösungsmittel werden z. B. Butanol oder langkettige Amine in Butanol verwendet. Die Wirtschaftlichkeit des Verfahrens leidet u.a. darunter, daß der aus der Neutralisation stammende Gips durch Eisenhexacyanoferrat blau gefärbt und nicht mehr verwertbar ist.

Citronensäure läßt sich auch aus Hefen gewinnen. Zur Kultivierung der Hefen wurden eine Reihe Monosaccharid-haltiger Substrate durchprobiert. Auch die Verwendung eingeschlossener und immobilisierter Zellen wurde getestet. Ein großmaßstäbliches Bioverfahren wie das Citronensäureverfahren wird immer an lokale Gegebenheiten angepaßt werden und es sind auch viele Variationen in Betrieb: daraus entwickeln sich auch häufig Entwicklungaufträge für das Labor. Wie dem auch sei, die derzeitigen Produktionsmethoden sind alle bereits einige Jahre in Betrieb und nichts deutet darauf hin, daß sich aus der Richtung der Genmanipulation Entscheidendes tun könnte.

Glutaminsäure.   Strenggenommen ist die Glutaminsäure eine Aminosäure, aber sie wird üblicherweise zu den Carbonsäuren gezählt. Die Glutaminsäure ist die am häufigsten verwendete geschmacksverstärkende Substanz und wird in großen Tonnagen, vor allem in Japan, produziert. Sie ist aus Speicherprotein-Hydrolysaten aus Samen zugänglich, beispielsweise aus dem an Glutaminsäure reichen Sojaprotein. In der Praxis ist jedoch die fermentative Produktion von Glutaminsäure preiswerter und zwar mit Melasse als Substrat, die mit Stickstoffquellen angereichert ist. Als Produktionsorganismus dient *Corynebacterium glutamicum*, das in der Lage ist, 40 gl^{-1} und mehr an Glutaminsäure ins Medium abzuscheiden. Die Isolierung der Glutaminsäure aus dem Medium erfolgt üblicherweise mit Hilfe von Ionenaustauschern und anschließender Kristallisation als Mononatriumsalz.

Milchsäure.   Milchsäure wird über eine anaerobe Fermentation von Saccharose oder Glucose (als Melasse) mit Hilfe des Bakteriums *Lactobacillus delbrueckii* hergestellt. Aber auch Molke bzw. bevorzugt die Lactose aus der Molke wird mit Hilfe von *L. bulgaricus* zu Milchsäure vergoren. Nach dem Fermentationsschritt wird das Medium zunächst durch Zusatz von Calciumhydroxid geklärt und anschließend filtriert. Auf diese Weise erhält man eine Lösung aus Calciumlactat, Monosacchariden und weiteren gelösten Komponenten. Die Aufarbeitung der Milchsäure gestaltet sich relativ schwierig, denn in konzentrierten Milchsäurelösungen neigen die Moleküle dazu, über Reaktionen zwischen den Hydroxyl- und Carbongruppen miteinander zu kondensieren, wodurch die Kristallisation verhindert wird. Die Kondensate lassen sich auch nur schwer von den Monosacchariden abtrennen. Die beste, allgemein anwendbare Methode ist wohl eine Lösungsmittelextraktion und für den letzten Reinigungsschritt eine Reinigung über Ionenaustauscher. Es wurden natürlich auch andere Methoden vorgeschlagen, wie z. B. Elektrodialyse oder eine Veresterung mit anschließender Destillation und Hydrolyse. Gerade die Produktion der Milchsäure ist ein Beispiel dafür, daß die Mehrkosten für ein qualitativ hochwertigeres Medium durch Einsparungen bei den Reinigungsschritten bei weitem wieder eingespielt werden.

Vor allem das L-Isomer der Milchsäure ist interessant und daher ist es wichtig, über Organismen zu verfügen, die die Brenztraubensäure stereospezifisch zur L-Milchsäure reduzieren können. Ein Mikroorganismus ist bekannt, der zwei Lactatdehydrogenasen besitzt, wovon die eine L- und die andere D-spezifisch reagiert. Dies ist bemerkenswert und es wäre sehr interessant, mehr über den Zusammenhang zwischen den beiden Enzymen zu wissen. Daraus ließen sich wichtige Hinweise erhalten, wie sich eine bestimmte Spezifität überhaupt entwickelt. Die Milchsäureproduktion bietet sicherlich die Möglichkeit, über die Genmanipulation weitere erwünschte Eigenschaften mit der am geeignetsten erscheinenden Dehydrogenase zu kombinieren.

Zahlreiche fermentierte Nahrungsmittel werden vor allem durch die Milchsäure konserviert. Am bekanntesten sind Sauerkraut sowie einige Wurstsorten. Diese Produkte enthalten im allgemeinen überlieferte Mischungen verschiedener *Lactobacillus*-Arten. Das Konservierungsverfahren wird anhand des pH-Verlaufes verfolgt, bzw. sollte anhand des pH-Verlaufes verfolgt werden.

Gluconsäure und Gluconolacton.   Gluconsäure wird in großen Stahl-Bioreaktoren aus *A. niger* erhalten, der auf Glucose gezüchtet wird. Der pH-Wert wird mit Natronlauge auf 6,5 eingestellt und letztlich erhält man durch Eindampfen eine Mischung aus dem Natriumsalz sowie der freien Säure.

Die Gluconsäure wird hauptsächlich in Form von Gluconolacton verwendet, das aus der freien Säure hergestellt wird. Aus dem Natriumsalz wird die freie Säure am einfachsten über Ionenaustauscher erhalten. Das Lacton wird in der Praxis durch spontane Umwandlung der Säure durch Einengen von konzentrierten Lösungen unter definierten Bedingungen erhalten.

5.7 Schlußfolgerungen

Alles spricht dafür, daß Lipasen und möglicherweise auch andere Esterasen beim Lipidprocessing ebenso gebräuchlich werden, wie es die Amylasen bei der Herstellung von Stärkederivaten bereits sind. Wahrscheinlich werden Lipasen und Esterasen auch bei Produktionsverfahren für Geschmacksstoffe und Emulgatoren eine bedeutende Rolle spielen, allerdings ist dieser Markt in seinem Volumen beschränkt. Dadurch könnte das weitere Entwicklungstempo gebremst werden. Wie in Kap. 1 bereits angemerkt, lassen sich die enormen Kosten der Gentransfer-Techniken nur dann rechtfertigen, wenn die Zielprodukte einen entsprechenden cash-flow erwarten lassen. Am Beispiel der Lipasen zeigt es sich als glücklicher Umstand, daß auch im Non-food Bereich nach gereinigten Enzymen gefragt wird. Dies muß nicht für andere Produkte gelten. Polysaccharide lassen sich zur Verwendung in Nahrungsmitteln sicher auf mehrere Art und Weisen modifizieren, jedoch ist der wirkliche Grund für die laufenden Forschungen wohl die Suche nach verläßlichen und preiswerteren Versorgungsquellen. Das Marktvolumen für viele der Produkte rechtfertigt wohl keinen großen Aufwand mit Genmanipulation und weitere Fortschritte hängen wahrscheinlich auch von zufällig neu entdeckten Enzymen ab.

6 Risikofaktor Nahrungsmittel

6.1 Einleitung

Wir wollen uns nun mit den Risiken im Zusammenhang mit Lebensmitteln befassen sowie mit biotechnologischen Möglichkeiten, diese Probleme in den Griff zu bekommen. Dabei sind drei Gesichtspunkte besonders zu beachten.

Zunächst, und dieser Aspekt erscheint sehr einleuchtend, muß sichergestellt sein, daß das Lebensmittel korrekt beschriftet ist sowie frei von gefährlichen Pilzen und Bakterien ist, also Organismen, die das Lebensmittel vergiften könnten. Die Nahrungsmittelindustrie wurde als ein Industriezweig angesehen, der sich vorrangig mit Verpacken und Konservieren beschäftigt – in dieser Behauptung mag immer noch ein wahrer Kern stecken. Die deutliche und korrekte Beschriftung von Lebensmitteln ist schon wegen der gesetzlichen Vorschriften erforderlich, jedoch auch im Hinblick auf eine gute Serviceleistung für den Kunden. Um den Anforderungen nachkommen zu können, müssen allerdings auch die geeigneten analytischen Möglichkeiten vorhanden sein. Einige Staaten führten einmal sehr strenge Gesetze zur ‚Reinheit‘ von Nahrungsmitteln ein, verfügten allerdings nicht über entsprechende Analysenmöglichkeiten innerhalb ihrer Grenzen. Dadurch, und weil sich die gängige Praxis sehr stark von den neuen Regelungen unterschied, stellten die Gesetze nur wenig mehr als Propaganda dar. Andererseits kam es auch schon vor, daß von der Regierung veranlaßte Laboruntersuchungen fehlerhaft waren. In diesem Zusammenhang überrascht es nicht, daß sich große Nahrungsmittelverarbeiter analytische Labors leisten und sowohl ihre laufende Produktion als auch die gelieferten Rohstoffe analytisch überwachen. Die Biotechnologie hat auch in den analytischen Methoden unübersehbar Einzug gehalten, betrachtet man nur die immunologischen Techniken oder den Nachweis von Bakterien.

Ein zweiter Problemkreis dreht sich um die außerordentlich vielen möglicherweise toxischen Stoffe, die in Nahrungsmitteln oder in potentiellen Nahrungsmitteln vorhanden sein können. Betrachtet man nur die vielen giftigen Hülsenfrüchte, so ist es ein Wunder, daß es darunter überhaupt eßbares Gemüse gibt. Die Biotechnologie kann zur Entwicklung von Entgiftungsmethoden einen Teil beitragen.

Der dritte, nicht auf den ersten Blick einleuchtende Aspekt, der für manche Risiken durch Lebensmittel verantwortlich ist, ist die Tatsache, daß sich jeder Mensch vom anderen unterscheidet. Diejenigen, die für die Einführung

irgendeines Standards verantwortlich sind, gehen gerne davon aus, daß die
Bevölkerung hinsichtlich ihres Ansprechens auf Nahrungsmittel homogen
reagiert, was aber mittlerweile eindeutig widerlegt ist. So fehlen beispielsweise manchen Bevölkerungsgruppen bestimmte Verdauungsenzyme, die andere Bevölkerungsgruppen besitzen. Mit zunehmender Reiselust, und weil
mittlerweile Nahrungsmittel und Gebräuche recht schnell von einem Kontinent zum anderen transferiert werden, entstehen plötzlich unvorherseh-
bare Risiken. Sehr wahrscheinlich haben sich die einzelnen Bevölkerun-
gen und ihre wichtigsten pflanzlichen Nahrungsmittelquellen miteinander
fortentwickelt, und Veränderungen in diesem Gleichgewicht führen zu un-
erwarteten Effekten. Bekannt ist beispielsweise die ‚Rache Montezumas‘,
eine besonders ansteckende Form von Nahrungsmittelvergiftung in Mexiko.
Diese Vergiftung macht sich schnell bemerkbar. Viele andere Gefahren, die
mit einer Umstellung des gewohnten Nahrungshintergrundes einhergehen,
sind weniger sichtbar. Früher wurden als Vorzeichen für ein bevorstehendes
Bevölkerungswachstum vor allem veränderte landwirtschaftliche Praktiken
sowie Veränderungen bei der Versorgung mit Nahrungsmitteln angesehen.
Mittlerweile hat sich die Situation, zumindestens zeitweise, ins Gegenteil
verändert. Die Menschheit ist heute unter dem Druck der enormen Bevölke-
rungsexplosion gefordert, neue Quellen für Nahrungsmittel zu erschließen.

6.2 Testmethoden und Risiken

Im Lauf der letzten 200 Jahre fanden viele neue ‚Zusatzstoffe‘ ihren Einzug zur Verwendung in Lebensmitteln, hauptsächlich über Versuche zur
Haltbarmachung von Nahrungsmitteln. Diese Zusatzstoffe decken ein breites Spektrum ab und reichen vom einfachen Haushaltssalz bis zu speziellen
Farbstoffen. Beim Einmachen werden Lebensmittel häufig blaß, und mittlerweile ist es üblich, um die Färbung in die Nähe des Frischproduktes zu
bringen, Farbstoffe zuzusetzen. Viele dieser bereits seit langem verwendeten Zusatzstoffe kamen in letzter Zeit in Verruf, und zwar, weil sie gewisse,
wenn auch nur ganz geringe, Risiken für die Verbraucher bergen können.
Wenn sich dieser Verdacht erhärtet, läßt sich ihre Verwendung nicht durch
irgendeinen größeren Vorteil für den Verbraucher rechtfertigen. Dies mag
für einige Farbstoffe stimmen, zumal in Staaten, die den Gebrauch von bestimmten Farbstoffen untersagt haben, der Marktanteil der entsprechenden
Waren keineswegs zurückgegangen ist. Bei Konservierungsstoffen stellt sich
eine andere Situation dar, denn hier besteht zwischen ihrer Verwendung und
dem Auftreten von Lebensmittelgiften ein realer Zusammenhang. So wird
sich wohl immer eine kontroverse Meinung in der Frage halten, ob der allgemein anerkannte Vorteil von bestimmten Substanzen, wie z.B. Nitrat zum
Pökeln von Fleisch, höher wiegt, als ein gewisses, nicht quantifizierbares
Minimalrisiko aus diesen Substanzen. Den Beweis, daß von einer Substanz

mit absoluter Sicherheit kein Risiko ausgeht, kann niemand führen, jedoch kann jeder das Gegenteil behaupten.

Heutzutage wird in den meisten Staaten wohl sicherlich jede Veränderung der Zusammensetzung eines Nahrungsmittels, sei es durch einen neuen Inhaltsstoff oder ein neues Verfahren, eingehend auf ein mögliches Risikopotential hin untersucht. Sowohl in den USA als auch in der EU werden genaue Anforderungen gestellt, vor allem bei Produkten aus rekombinanten Organismen. Hier ist ein Hauptanliegen des Forderungskataloges, daß die Ausbreitung des rekombinanten Organismus wirkungsvoll unterbunden sein muß. Mit zunehmender Erfahrung auf diesem Gebiet ist zwar die Liste der Organismen, die den höchsten Sicherheitsstufen zugeteilt werden, kürzer geworden, jedoch muß man als Unternehmer immer daran denken, daß mit dem Vorhaben, ein Enzym in einem Mikroorganismus zu produzieren, immer auch die Einhaltung regionaler Vorschriften verbunden ist, was mitunter zu unerwarteteten Szenarien führen kann. So war z.B. in manchen Staaten Europas jegliche Verwendung rekombinanter Organismen verboten, während über der Grenze im benachbarten Staat, womöglich räumlich nur einige Kilometer entfernt, eine andere Ansicht herrschte. Auch die Versuche, außerhalb hermetisch abgeschotteter Treibhäuser transformierte Pflanzen zu züchten, stießen auf starken Widerstand. Immer noch ist das Verhalten der Behörden beim Ansinnen, transformierte Pflanzen ohne die hohen Schutzmaßnahmen gegen eine mögliche Verbreitung zu züchten, eine der größten Unsicherheitsfaktoren. Angesichts dieser Problematik ging eine Arbeitsgruppe bereits so weit, daß sie einen speziellen *Pseudomonas*-Stamm gezüchtet hat, der fluoresziert und in Feldversuchen leicht zu orten war.

Die Arbeit mit Enzymen hat auch im industriellen Umfeld zu Schwierigkeiten geführt. Es stellte sich schnell heraus, daß große Mengen trockener Enzympulver für das Personal ein beträchtlicher Risikofaktor waren. Sogar im Labormaßstab sollten Personen, die mit Enzymen arbeiten, entsprechend überwacht werden. Ohne gewisse Vorsichtsmaßnahmen wird ein Großteil der Personen, die mit den Enzymen in Kontakt kommen, über die Atemwege gegen das Enzym sensibilisiert. In den Fabrikationsanlagen werden Enzyme heute als Flüssigsuspensionen verarbeitet, um die Staubbildung möglichst zu vermeiden.

Abgesehen von Verfahrensproblemen wurden Enzyme auch als potentielle ‚Additive' geprüft, denn sie werden entweder als Verfahrenskomponenten oder als Verfahrenshilfsstoffe gezählt. Das Hauptproblem bei der Aufstellung von Vorschriften ist die Tatsache, daß ‚Enzyme', wie sie in der Industrie Verwendung finden, in Wirklichkeit komplexe Mischungen sind, die weitgehend aus Mikroorganismen stammen. In Großbritannien wurden die Organismen in drei große Kategorien eingeteilt. Die erste Kategorie enthält Organismen, wie beispielsweise *B. subtilis*, *A. niger*, *Rhizopus* und *Mucor* sowie *Saccharomyces* und *Kluyveromyces*. Hier handelt es sich sämtlich um Organismen, mit denen man bereits seit langem Erfahrungen gesammelt hat und von denen man der Meinung ist, daß sie nicht mehr überprüft werden müssen. Eine zweite Kategorie besteht aus Organismen, von denen man weiß, daß sie zwar in Lebensmitteln vorkommen, jedoch nicht gefährlich sind. Über diese Organismen sollen aber noch weitere Erkenntnisse gesammelt werden. Die Organismen der dritten Kategorie zählen alle zu den in Lebensmitteln unerwünschten Organismen und jedes Produkt, das diesen Organismen entstammt, muß bezüglich seiner Gefährlichkeit genaue Untersuchungen über sich ergehen lassen. Bei der heutigen öffentlichen Meinung müssen wohl alle Organismen, über die nur wenig bekannt ist, sowie alle transformierten Organismen der dritten Kategorie (also der Kategorie mit dem höchsten Risikofaktor) zugeordnet werden.

Die Biotechnologie hat noch wenig zu den Toxizitätsnachweisen von Substanzen beigetragen. Die Molekularbiologie spielt hier eine immer größere Rolle. Die mutagene Wirkung eines Stoffes wird in einem Standardverfahren bestimmt und zwar wird die Geschwindigkeit der Rückmutation, die in einer *Salmonella*-Mutante durch den fraglichen Stoff induziert wird, verfolgt, es wird auch daran gearbeitet, den fraglichen Stoff mit der DNA in eine direkte Wechselwirkung treten zu lassen und mittlerweile können für den Test auf spezielle Wirkungen auf Enzyme transformierte Organismen verwendet werden. Nahezu alle toxikologischen Testverfahren werden aber an vollständigen Organismen, und zwar üblicherweise Säugetieren, durchgeführt.

6.2.1 Analysenmethoden mit Antikörpern

Antikörper werden vor allem dann eingesetzt, wenn bei Lieferungen Fälschungen vermutet werden. In den letzten Jahren war man beispielsweise sehr in Sorge darüber, daß in Fleischprodukten möglicherweise illegal pflanzliches Protein (z.B. Soja) enthalten sein könnte. Da viele Fleischprodukte tatsächlich Sojaprotein enthalten und dies auf den Etiketten auch deklariert ist, reicht es bei solchen Vermutungen nicht aus, nur Sojaprotein an sich nachweisen zu können. Vielmehr muß man auch in der Lage sein, den exakten Gehalt an Sojaprotein festzustellen. Ein Staat, der selbst ein großer Fleischproduzent ist, verbot tatsächlich die Verwendung und den Import von Soja. Die Begründung lautete, daß die Verfügbarkeit von Sojaprotein eine unwiderstehliche Versuchung für die Bürger darstellen würde und mit keiner der zur Verfügung stehenden Analysenmethode nachzuweisen sei. Dadurch erhöhte sich der Druck, eine quantitative Nachweismöglichkeit für Sojaprotein zu entwickeln.

Ein weiteres Feld für entsprechende Analysenmethoden ist beispielsweise der Nachweis, ob es sich bei fleischhaltigen Eintopfkonserven tatsächlich um die angegebene Fleischsorte handelt. Berühmt ist der Fall, als Känguruhfleisch als Rindfleisch verkauft wurde. Känguruhfleisch ist in Australien in relativ großen Mengen erhältlich und wird Tierfutter beigemischt, sollte aber natürlich nicht unter falscher Bezeichnung verkauft werden. Man könnte hier noch viele Beispiele aufzählen, angefangen von der Katze, die als Kaninchen verkauft wurde, bis zur nichtdeklarierten Verwendung von Hühnerfleisch, das heute relativ preiswert zu bekommen ist.

In Kap. 1 wurde die hohe Auflösungskraft der Elektrophorese angesprochen. Das Ergebnis eines Elektrophoreselaufes liefert buchstäblich eine Karte des Proteins und damit indirekt auch die Karte der aktiven DNA. Und sicherlich läßt sich mit der Elektrophorese zwischen Arten und Individuen unterscheiden. Allerdings hängt der Erfolg der Elektrophorese auf Gedeih und Verderb davon ab, daß die Probe vollständig gelöst werden kann, und die entsprechende Genauigkeit für quantitative Messungen zu erreichen, ist äußerst arbeitsintensiv. Viele Versuche wurden unternommen, die Elektrophorese praxistauglich zu machen, und sie waren durchaus nicht alle erfolglos, jedoch zeigten sich Antikörper in der Praxis als die problemlosere Variante. DNA-Sensoren können eindeutig zwischen jeder Spezies unterscheiden, ihre direkte Verwendung wird in den nächsten Jahren sehr wahrscheinlich nicht zu erwarten sein. Bei experimentellen Arbeiten zum Nachweis von Bakterien wurden sie bereits eingesetzt und es gibt Sensoren für *Salmonella* und *E. coli*. *Salmonella*-Stämme wurden bereits anhand der genauen Vergleiche ihrer Plasmidmuster identifiziert. Einmal konnte nachgewiesen werden, daß eine *Salmonella*-Infektion durch einen Sperling hervorgerufen worden war, der im Dach des Fabrikgebäudes nistete. Noch ist keineswegs geklärt, welche Methode unter praktischen Gesichtspunkten sich als die beste herausstellen wird; zur Zeit sind Nachweismethoden mit Antikörpern am weitesten verbreitet.

Alle Wirbeltiere produzieren Antikörper. Injiziert man einem geeigneten Tier (in der Praxis Mäuse, Kaninchen, Schafe, Ziegen und, zur industriellen Produktion von Antikörpern, vor allem Pferde) ein Protein, so produziert es Immunglobuline, die in charakteristischer Art und Weise mit dem Antigen komplexieren. Jedes der Immunglobuline verfügt über zwei Bindungsstellen, so daß sich lange Ketten ausbilden können, die irgendwann einen Niederschlag bilden. Und genau diese Ausbildung von Niederschlägen wird in Agargelen für analytische Zwecke verwendet, wenn nämlich Antikörper und Antigene durch das Gel hindurch aufeinander zu diffundieren, miteinander reagieren und einen Niederschlag bilden.

Ein solches Antiserum wird als ‚polyklonales Antiserum' bezeichnet, denn es enthält eine Mischung von Immunoglobulinen, die an verschiedenartige Stellen auf dem Antigen binden. Wegen dieser Eigenheit zeigen die Immunglobuline im allgemeinen das Phänomen der Kreuzreaktion (engl.: cross-reaction). Wird beispielsweise ein Antikörper gegen Glycinin, dem hauptsächlichen Speicherprotein der Sojabohne, mit Arachin, dem hauptsächlichen Speicherprotein aus der Erdnuß, in Berührung gebracht, so wird ein Teil der Antikörper mit Arachin komplexieren. Die beiden Speicherproteine sind sich also offensichtlich recht ähnlich. Alle Gemüsesorten zeigen eine gleichartige Kreuzreaktion bzw. Reaktion einer partiellen Ähn-

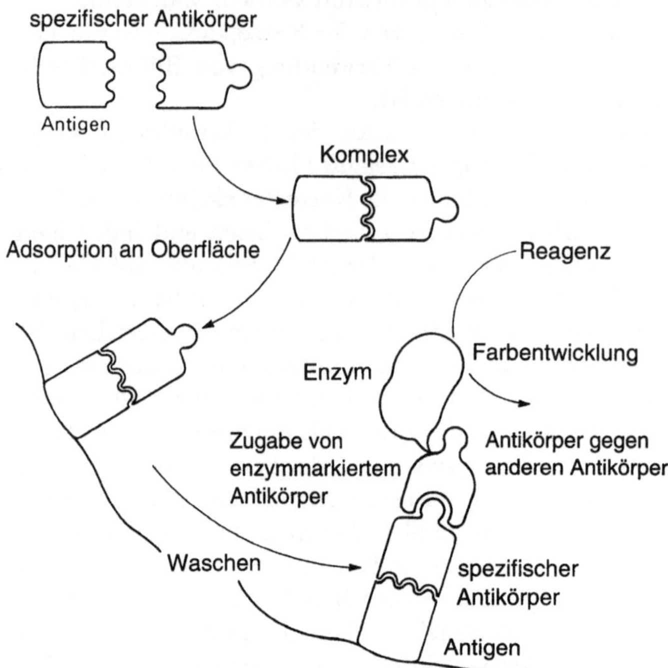

Abb. 6.1. ELISA-Verfahren (engl.: enzyme-linked immunosorbent assay). Die Reaktionsprodukte aus der Reaktion zwischen dem Antigen und einem spezifischen Antikörper werden über die Reaktion mit einem zweiten Antikörper, der allgemein gegen Immunoglobuline wirkt, nachgewiesen und quantitativ analysiert. Ein an diesen allgemeinen Antikörper kovalent gebundenes Enzym reagiert anschließend zu einem farbigen Produkt, das automatisiert spektrophotometrisch bestimmt werden kann. Als Enzyme eignen sich die basische Phosphatase, die Galactosidase oder die Peroxidase. Der zweite, allgemein wirkende Antikörper läßt sich auch mit ^{131}I markieren (man spricht dann von ‚radioimmunoassay'). Die nicht-radioaktive Nachweismethode wird allerdings bevorzugt verwendet.

lichkeit. Allerdings ließe sich mit einem derartigen Antikörper problemlos die Anwesenheit von Gemüseprotein in Fleisch nachweisen — Fleischprotein zeigt nämlich keinerlei Kreuzreaktion. Hier bringt also ein polyklonaler Antikörper Vorteile mit sich. Weil er mit vielen Bindungsstellen auf dem Protein reagiert, hat der Antikörper auch dann noch eine relativ gute Chance zur Reaktion, wenn das Protein in Gegenwart weiterer Verbindungen im Autoklav behandelt wurde.

Die Entwicklung quantitativer Antikörper-Antigen Analysen ist zwar nicht gerade einfach, jedoch konnten automatisierte Verfahren, wie z.B. das ELISA-Verfahren, entwickelt werden. Das Prinzip des ELISA-Verfahrens ist in Abb. 6.1 vorgestellt und läßt sich auf alle Antikörper-Testverfahren übertragen. Diese Art der Analytik ist wesentlich empfindlicher als die Fällungsmethode von Antigenen mit Antikörpern.

Polyklonale Antikörper wirken zwar nicht spezifisch, jedoch läßt sich ihre Spezifität mit Hilfe von Adsorptionstechniken verbessern. Bei dieser Methode werden die antigenen Proteine, die häufig an ein Säulenmaterial gebunden vorliegen, dazu verwendet, die entsprechenden Antikörper aus einem vollständigen Serum, das sowohl alle Serumproteine als auch alle Antikörper enthält, die das Tier im Laufe seine Lebens entwickelt hat, selektiv ‚herauszuziehen'. Die gebildeten Komplexe können dann eluiert werden und, falls notwendig, zur Entfernung unerwünschter Antikörper nochmals adsorbiert werden. So könnte beispielsweise ein Anti-Sojaprotein-Antikörper auf Erdnußprotein adsorbiert werden, so daß die anderen Antikörper das Erdnußprotein nicht mehr erkennen können. Die Fleischproteine sind in dieser Hinsicht problematisch. Actomysin ist entwicklungsgeschichtlich so alt (d.h. die verschiedenen Actomysinmoleküle aus allen Arten sind sich untereinander so ähnlich), daß eine Antigenantwort schwierig zu provozieren ist, denn üblicherweise bilden Tiere gegenüber ihrem eigenen Protein keine Antikörper aus. Auch wenn man Antikörper erhalten würde, müßte mit ausgeprägten Kreuzreaktionen gerechnet werden. Aus diesem Grund lassen sich Antikörper gegen Actomysin nicht für analytische Zwecke verwenden. Dagegen werden, weil sie im Fleisch vorhanden sind, sehr häufig die sarkoplasmatischen Proteine ebenso wie die Serumproteine zur Analyse verwendet. Mit den Möglichkeiten der Adsorption, dem Einsatz von Antikörpern gegen Antikörper sowie der Verwendung von Kreuzreaktionen lassen sich alle möglichen komplexen Nachweisschemata zusammenstellen und ein Großteil davon ist unter Laborbedingungen auch erfolgreich. Routineanalysen sind eine andere Sache. Der Erfolg der ELISA-Methode hängt damit zusammen, daß Antikörper an Kunststoffoberflächen anhaften können, eine Eigenschaft, die vor der Entwicklung der ELISA-Methode nicht bekannt war.

Monoklonale Antikörper. Monoklonale Antikörper haben wegen ihrer möglichen Verwendung in Arzneimitteln großes Interesse auf sich gezogen. Mittlerweile sind sie für einige Nahrungsmittelanalysen erhältlich.

Das Multiple Myelom ist relativ selten und wird dadurch charakterisiert, daß Tumore aus Plasmazellen Immunglobuline überproduzieren. Da der Tumor aus einer einzigen Zelle entstanden ist, wurde bei entsprechenden Versuchen nur ein einziger Antikörper produziert. Erste Arbeiten zur Sequenzierung von Immunglobulinen wiesen einerseits dieses Verhalten nach und waren andererseits auf diese zufällige Quelle für reine Antikörper angewiesen. Natürlich zeigten die Antikörper der einzelnen Individuen Unterschiede. Die gleichen Gegebenheiten konnten für Mäuse und für Ratten nachgewiesen werden. Abbildung 6.2 zeigt die prinzipiellen Verfahrensschritte zur Produktion monoklonaler Antikörper. Zunächst wird eine Maus immunisiert und anschließend werden die Antikörper-produzierenden Zellen mit Myelomzellen fusioniert. Die Zellen werden vermehrt und in einem nächsten Schritt selektiert. Jede der so erhaltenen Kulturen stammt also von einer einzigen,

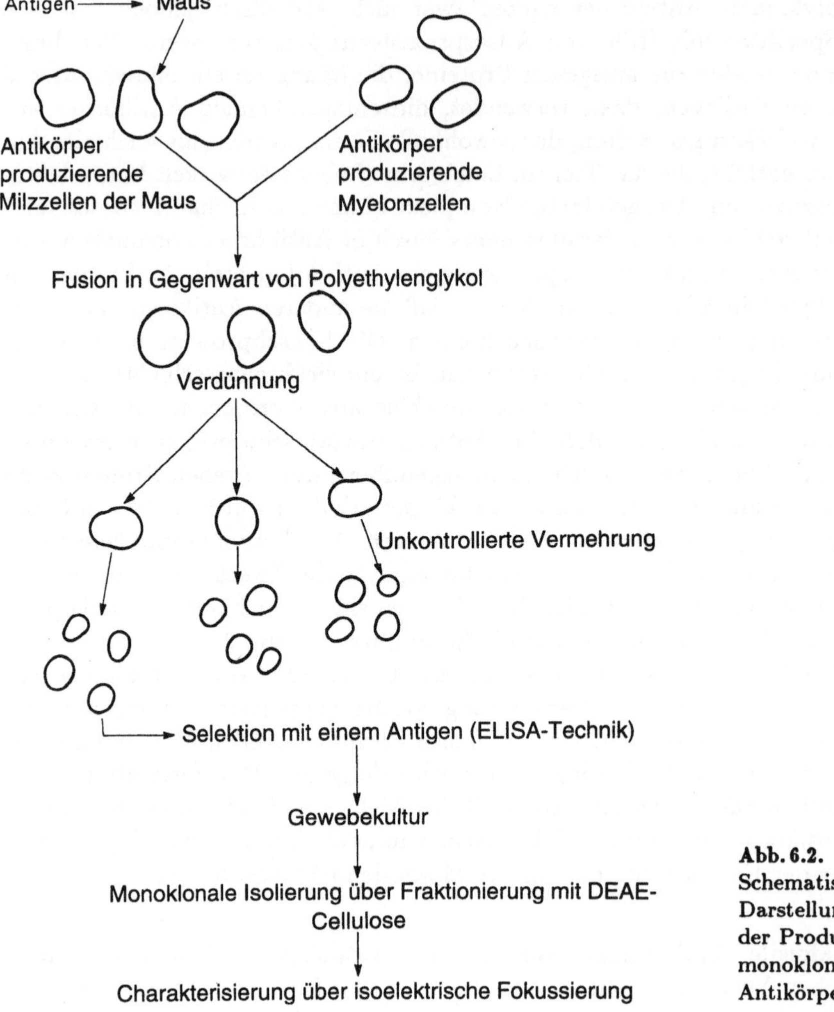

Abb. 6.2. Schematische Darstellung der Produktion monoklonaler Antikörper.

fusionierten Zelle ab und produziert aus diesem Grund nur einen einzigen Antikörper. Die Kulturen werden mit Hilfe des ursprünglichen Antigens einem Screening unterworfen. So werden die Kulturen herausgefiltert, die gegen das ursprüngliche Protein Antikörper produzieren. Aus der normalen Antikörperproduktion der Maus werden noch viele andere Antikörper vorhanden sein. Ursprünglich war die Zellkultivierung auf die Bauchhöhle einer Maus angewiesen, wodurch die zugänglichen Mengen sehr limitiert waren. Mittlerweile wurde diese Art der Kultivierung durch *in vitro*-Zellkultivierungsmethoden verdrängt und damit lassen sich die monoklonalen Antikörper im Kilo-Maßstab produzieren.

Es ist zwar relativ einfach, reagierende Antikörper zu finden, jedoch binden die Antikörper häufig zu schwach. Manchmal müssen mehrere Hundert monoklonale Linien ausprobiert werden, bis eine geeignete herausgefiltert ist. ‚Geeignet' bezieht sich auf die Kombination von Spezifität sowie Stärke der Wechselwirkung. Ist erst ein passender Antikörper gefunden, hat man ein wirkungsvolles Instrument zur Hand und kann den Antikörper zudem im ELISA-Verfahren verwenden. Allerdings sollte man sich vor Augen führen, daß viele Suchen nach geeigneten monoklonalen Antikörpern erfolglos geblieben sind und nicht veröffentlicht wurden. Da mittlerweile Gewebekultur-Methoden möglich sind, bieten die monoklonalen Antikörper den Vorteil, daß sie in unbegrenzten Mengen industriell zugänglich sind und vor allem, daß sie konsistent sind, was bei polyklonalen Antikörpern niemals der Fall war. Und gerade diese Eigenschaft bringt für Routineanwendungen solche Vorteile mit sich, daß sich die monoklonalen Antikörper durchsetzen werden, auch wenn sie sonst gegenüber den polyklonalen Antikörpern keine weiteren Vorteile mehr besitzen. Bei entsprechendem Nachdenken wird man darauf kommen, daß monoklonale Antikörper nur dann Antigene ausfällen können, wenn mindestens zwei unterschiedliche monoklonale Antikörper gemischt werden. Die Methoden der Genmanipulation lassen sich auf Immunglobuline ebenso anwenden wie auf jedes andere Protein auch. Auf diese Weise werden sich mit sehr hoher Wahrscheinlichkeit Quellen für analytische Zwecke erschließen lassen, die Voraussetzung ist aber wohl, daß zunächst die grundlegenden Prinzipien, die für die Antigen–Antikörper Spezifität verantwortlich sind, gefunden werden.

6.2.2 Aflatoxin-Nachweis

Der Nachweis von Aflatoxinen eignet sich gut zur Illustration von Antikörper-Methoden bei der Suche nach gefährlichen Kontaminationen. Nach dem Ausbruch einer Vergiftungswelle durch Aflatoxin im Jahre 1960 wird heute gewissenhaft auf Mycotoxine getestet. Damals kam es in Großbritannien zu einem Massensterben bei Truthähnen. Zunächst dachte man an eine neuartige Viruserkrankung. Dieser Verdacht konnte jedoch ausgeschlossen werden. Als Ursache stellte sich letztlich importiertes Erdnußmehl aus Brasilien heraus, das den britischen Futtermittelzubereitungen erst seit kurzem beigemischt worden war. Das Erdnußmehl enthielt mehrere, untereinander nahe verwandte Stoffe – die Aflatoxine – die von *Aspergillus flavus* (und ebenso von *A. parasiticus*) ausgeschieden werden. Bald konnte man nachweisen, daß diese Substanzen auch in vielen anderen Saaten und Getreiden vorkommen, und zwar dann, wenn sie verschimmelt sind. Als hauptsächliche Ursache für die Kontamination wurde eine unsachgemäße Lagerung unter tropischen Bedingungen festgestellt. Es gab Hinweise, daß die Aflatoxine über ihre akute Toxizität hinaus – gerade Geflügel reagiert hier besonders empfindlich –bei längerdauerndem Kontakt auch Leberkrebs verursachen. Leberkrebs ist in gemäßigten Klimazonen sehr selten, in den Tropen dagegen häufiger anzutreffen. Der mögliche Zusammenhang dieser Krebsart mit Aflatoxinen in der Nahrung wurde bald nachgewiesen. Für viele Regionen Afrikas besteht sicherlich ein enger Zusammenhang zwischen dem Auftreten von Leberkrebs und dem Aflatoxingehalt der Nahrung. In Afrika und Asien sind viele Ausbrüche von Aflatoxinvergiftungen bekannt und einige Studien konnten nachweisen, daß die Symptome einer Aflatoxinvergiftung mit den Symptomen des Kwashiorkor-Syndroms übereinstimmen. Es fehlen zwar noch die abschließenden Beweise, aber vermutlich handelt es sich beim Kwashiorkor-Syndrom um mehr als nur ein Protein-Mangel-Syndrom. Möglicherweise spiegelt es nur wieder, daß eine schlechte Lagerung von Nahrungsmitteln vor allem in Gebieten mit ungenügender Nahrungsmittelversorgung wahrscheinlich ist. Möglicherweise sind auch die Widerstandskräfte gegenüber geringen Aflatoxinkonzentrationen beim Zustand der Mangelernährung vermindert. In Thailand wurde als häufige Todesursache bei Kindern Mycotoxikose nachgewiesen. In Europa und in den USA besteht in der Hinsicht eine unterschiedliche Meinung, denn Aflatoxin wurde verdächtigt, das seltene Reye-Syndrom zu verursachen. Aber dieser Zusammenhang ist noch nicht abschließend nachgewiesen. Allerdings steht außer Frage, daß die Aflatoxine höchst unerwünschte Stoffe sind, die in Nahrungsmitteln nichts zu suchen haben. Hinsichtlich ihrer maximalen erlaubten Konzentrationen in Nahrungsmitteln gibt es internationale Richtlinien. Die Grenzwerte schwanken und in den USA gilt für Erdnüsse ein Grenzwert von 20 μg kg^{-1}. Die meisten Verarbeiter bestimmen den Aflatoxingehalt von Ölsaaten routinemäßig. Die Entdeckung der Aflatoxine hatte eine Reihe von Auswirkungen, u.a. wurden auch Pläne eingestellt, Fleischzubereitungen für den menschlichen Genuß Erdnußprotein zuzusetzen. Entsprechende Versuche hatten zum Ergebnis, daß durch sorgfältige Lagerung und Handhabung die Aspergillusinfektion sogar in den Tropen auf ein akzeptables Maß zurückgedrängt werden kann. Sojamehl als Rohstoff zur Extraktion von Proteinen für den menschlichen Genuß stammt weitgehend aus den USA, wo hervorragende Lagerbedingungen herrschen.

Heute gibt es viele Methoden zum Nachweis von Aflatoxin, u.a. eine Methode, die mit Antikörpern arbeitet. Antikörper für so kleine Moleküle wie das Aflatoxin werden hergestellt, indem diese mit der sogenannten ‚Hapten'-Methode an Proteine angefügt werden. Die Methode wurde speziell an die Aflatoxine angepaßt. Sie arbeitet mit einem immobilisierten Antikörper, der mit der Aflatoxin-haltigen Probe in Berührung gebracht wird. Das Aflatoxin in der Probe reagiert dann mit den Bindungsstellen und bei genügend hoher Verdünnung bleiben einige der immobilisierten Antikörper ‚frei'. Im anschließenden Arbeitsgang wird der Probe ein an Meerrettich-Peroxidase gebundenes Aflatoxin zugesetzt, wodurch die noch verfügbaren freien Antikörper besetzt werden. Überschüssiges Meerrettich-Peroxidase – Aflatoxin wird ausgewaschen. Anschließend wird mit 4-Chlornaphthol eine Farbreaktion durchgeführt. Das 4-Chlornaphthol bildet mit der Peroxidase ein unlösliches Präzipitat. Je mehr Farbstoff sich bildet, desto weniger Aflatoxin war in der Originalprobe enthalten.

6.2.3 Nachweis von Bakterien

Die Nachfrage nach schnell durchführbaren und empfindlichen Tests zur Identifizierung und zahlenmäßigen Bestimmung von Bakterien in Lebensmittelproben ist steigend. Seit einigen Jahren häufen sich in Industrieländern epidemieartig auftretende bakterielle Nahrungsmittelvergiftungen. Die heutigen Nachweismethoden sind zwar empfindlich, aber zeitaufwendig. Sie arbeiten im wesentlichen so, daß Bakterienkulturen in definierten Medien gezüchtet werden, und dabei liegt es in der Natur der Sache, daß einige Tage vergehen, bis sich die Kulturen genügend weit entwickelt haben. Im Extremfall kann eine Nahrungsmittellieferung bereits vor dem Abschluß der Tests verschickt oder verbraucht sein. Ein Problem besonderer Art sind jene Lebensmittelvergifter, die bakterielle Toxine höchster Gefährlichkeit in Lebensmittel abgeben, beispielsweise *Staphylococcus aureus*, *Bacillus cereus*, *Clostridium botulinum* sowie *C. perfringens*. Da deren Toxine Proteine sind, sind sie prinzipiell über Antikörper nachweisbar.

Phagen sind Viren, die Bakterien befallen: sie zeigen Spezifitäten gegenüber bestimmten Spezies und sogar gegenüber bestimmten Bakterienstämmen. Phagen lassen sich aber zum Transfer von genetischem Material einsetzen. Plasmide (s. Kap. 1) werden zwar häufiger verwendet, vor allem, weil sie leicht in einem passend modifzierten Status erhältlich sind, aber man kann auch mit Standardmethoden eine Fremd-DNA in eine Phagen-DNA inkorporieren. Dafür eignen sich hervorragend inaktivierte Viren, d.h. Viren, die zwar nicht mehr anstecken, sich aber noch vermehren können. Die auf diese Weise eingeschleuste DNA wird ins Genom inkorporiert und anschließend exprimiert.

In einer raffinierten Anwendung dieses Prinzips wurde eine schnell arbeitende Methode zum Nachweis von Bakterien vorgeschlagen: ein Stück der DNA, nämlich das Operon für das *lux*-Gen, wird in den Phagen überführt. Das *lux*-Gen ist für die Produktion der α- und β-Untereinheiten des Enzyms Luciferase (EC 1.14.99.21) verantwortlich. Zudem enthält sie den Teil der DNA, der die drei Untereinheiten einer Fettsäurereductase codiert, die Fettsäuren zu den entsprechenden Aldehyden umwandeln kann. Diese Fettsäurereductase ist allerdings auf NADH als Substrat angewiesen. Die Luciferase oxidiert den Aldehyd wieder zur entsprechenden Fettsäure und emittiert dabei Lichtwellen. Das in Frage kommende *lux*-Gen wurde aus *Vibrio fischeri*, einem lumineszierenden Meeresbakterium, erhalten und zwar durch Verdauung der DNA. Dadurch konnte eine Art Genom-‚Bibliothek‘ hergestellt werden. Anschließend wurden entsprechende Genomteile mit Hilfe von Plasmiden in *E. coli* geklont. Die Selektion erfolgt ganz einfach danach, ob die gebildeten Bakterienkulturen luminiszieren oder nicht. Das Gen wurde in einem weiteren Schritt in Phagen insertiert und die gebildeten Phagenkolonien nach demselben Prinzip selektiert.

Verwendet man beispielsweise einen *Salmonella*-Phagenstamm, sollte der spezifische Nachweis von *Salmonella* auch in Gegenwart anderer Bakterien-

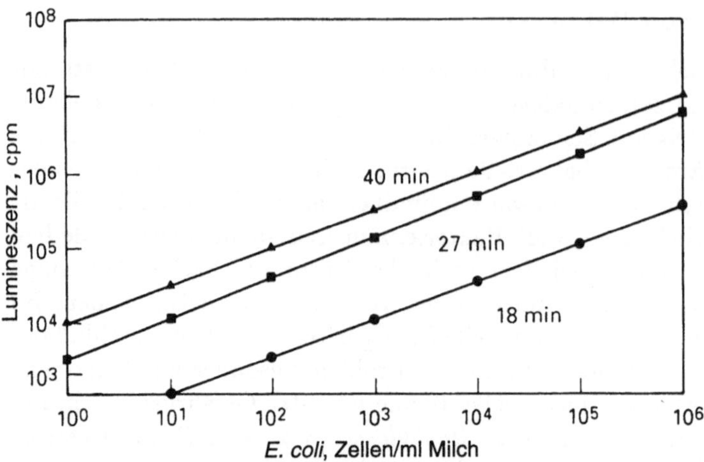

Abb. 6.3. Lumineszenz von *E. coli* in Milch nach einer Infektion mit dem L28-Phagen, der das *lux*-Gen enthält. Die drei Kurvenzüge geben die Lumineszenz zum angegebenen Zeitpunkt nach der Inkubation. Die Intensität der Lumineszenz läßt sich zur quantitativen Bestimmung der Anzahl der vorhandenen *E. coli*-Bakterien heranziehen. (Entnommen aus: Ulitzer S., Kuhn J. (1987). In: Scholmerich J., Andresen R., Kapp A., Ernst M., Woods W. G. (Hrsg.) Bioluminescence and Chemiluminescence. New perspectives. Wiley, Chichester.).

arten möglich sein, und zwar sollte der Nachweis spezifisch auf zum Testzeitpunkt lebende *Salmonella*-Bakterien gelingen, denn es muß NADH zugesetzt werden. Es konnte gezeigt werden, daß sich die Intensität des emittierten Lichts proportional zur Anzahl an lebenden Bakterien verhält. In Abb. 6.3 sind einige Beispiele zum quantitativen Nachweis von *E. coli* in Milch graphisch dargestellt.

Bis diese Methode als Routinenachweis verwendbar ist, werden noch einige Jahre vergehen. Die entsprechende Technologie zum Lichtnachweis hat mittlerweile Fortschritte gemacht und ist nun ebenfalls verfügbar. Technisch ist man sogar ohne Schwierigkeiten in der Lage, die Emission nur weniger Photonen nachweisen zu können. Vermutlich ist es schwierig, stabile Phagenkulturen der entsprechenden Varietät zu züchten, und die Kosten sind ebenfalls nicht zu vernachlässigen. Sehr wahrscheinlich wird sich diese Nachweistätigkeit aber überall dort etablieren, wo eine entsprechende Nachweisgeschwindigkeit verlangt ist. Es sei noch darauf hingewiesen, daß sich mit Phagen zwar auf elegante Weise spezifisch eine bestimmte Spezies nachweisen läßt, daß sich aber Material mit dem *lux*-Gen ebenso mit Plasmiden insertieren läßt. Im Non-food Bereich läßt sich das *lux*-Gen in einem ganz anderen Zusammenhang verwenden, und zwar läßt sich so erkennen, ob bei der Transformation eines *lux*-Gen haltigen Bakteriums möglicherweise eine Antibiotikaresistenz entwickelt wurde, denn abgestorbene Bakterien emittieren kein Licht. Kurz vor dem Abschluß stehen dagegen die Entwicklungsarbeiten für wenigstens zwei untereinander konkurrierende Nachweismethoden für

Salmonella. Die eine Methode stützt sich auf ELISA-Methoden und arbeitet mit Antikörpern. Dabei arbeitet eine Variante mit einem extra entwickelten Antikörper gegen eine der von *Salmonella* ausgeschiedenen Proteasen. Die andere Methode benutzt die direkte DNA-Hybridisierung. Hierfür sind bereits marktreife Sensoren entwickelt. Vorteil beider Methoden ist, daß sie schnell arbeiten, nachteilig ist, daß sie auch abgestorbene Bakterien oder Überreste erfassen. Für *Listeria monocytogenes*, einem weiteren Organismus, der für Lebensmittelvergiftungen verantwortlich ist, steht ein ähnlicher DNA-Sensor zur Verfügung.

Die Techniken konkurrieren zwar miteinander, aber für jede einzelne von ihnen wird sich wohl ein entsprechendes Nahrungsmittel finden, für das sie optimal geeignet ist.

6.3 Toxische Verbindungen in Pflanzen

In diesem Kontext interessieren nicht die akuten Toxizitäten. Viele Pflanzen enthalten Alkaloide, wie z.B. Atropin oder Strychnin, und sind akut neurotoxisch. Solche Pflanzen dienen aber niemals zur Ernährung. Allerdings können sie den Menschen auf verschlungenen Pfaden doch erreichen. Die Grünwachtel kann beispielsweise ohne Schaden Schierling fressen; wird sie aber kurz darauf gefangen, geschlachtet und zubereitet, so wird derjenige, der die Wachtel ißt, eine Schierling-Vergiftung davontragen. Viele der heute konsumierten sowie der potentiell zum Verzehr geeigneten Pflanzen enthalten Substanzen, die bei langdauernder Exposition schädlich sein können. Eine Langzeitwirkung kann entweder durch stetig zugeführte, kleine Mengen der toxischen Stoffe hervorgerufen werden, oder aber auch, wenn durch die Exposition immer wieder kleine Schäden hervorgerufen werden. Manche Nahrungsmittel werden überraschenderweise trotz ihrer bekannten Gefährlichkeit angesichts drohender Unterernährung verzehrt. Hier werden also, um einen direkten Schaden abzuwehren, drohende Langzeitschäden in Kauf genommen. Mit anderen Worten: Menschen, deren Lebenserwartung bei etwa 40 Jahren liegt, kümmern sich nicht um Langzeitschäden, die durch ein Nahrungsmittel bei längerem Konsum im Alter von etwa 70 Jahren zu erwarten sind.

6.3.1 Glykoside

Glykoside, die bei der Hydrolyse Blausäure freisetzen, sind die bekanntesten Beispiele für Verursacher von Langzeitschäden. Fragt man die Menschen nach einem Gift, würden viele ‚Cyanid' als Beispiel angeben, jedoch wenige wären sich darüber klar, wie weit Cyanid in ganz normalen Nahrungspflanzen verbreitet ist, und wie wirksam einige Enzyme für ihre Sicherheit sorgen.

6.3.1.1 Kassawe und Zamia. Kassawe (auch Maniok bzw. *Manihot escu-lenta*) ist in den Tropen ein wichtiger Stärkelieferant und enthält Linamarin, ein Blausäure-generierendes Glykosid. Die Pflanze stammte ursprünglich aus dem Norden Südamerikas oder Mexikos und wurde dort vor der spanischen Eroberung verwendet. Durch die Art des Anbaus war es möglich, den Strauch bei Bedarf einfach aus dem Boden zu ziehen und aus diesem Grund war keine Lagerhaltung erforderlich. Die Knollen wurden zunächst geschält und anschließend gemahlen. Nach einem Tag wurde das Mahlgut gepreßt, um den Saft zu entfernen. Der Saft ist hochgiftig und wurde für Ritualselbstmorde verwendet. Nach dem Kochen kann er allerdings als Sauce verzehrt werden. Der gepreßte Brei – er besteht nahezu aus reiner Stärke – erfreute sich breiter Verwendung und wird heute noch als Weizenersatz zum Brotbacken hergenommen. Für die Stärke, die als Tapioka vermarktet wird, wurde ein Naßmahlverfahren in industrieller Größenordnung entwickelt. Auch die Blätter des Kassawe-Strauches werden verwendet, jedoch müssen sie zuvor sorgfältig zerstampft und gewaschen werden.

Abbildung 6.4 zeigt die Struktur von Linamarin sowie dessen Abbaumechanismus bei der Hydrolyse. In Nigeria wird Maniok mit Hilfe von *Corynebacterium manihot* zu Gari fermentiert. Das Bakterium produziert eine spezielle Linamarinase, die für die Entgiftung sorgt. Das Verfahren birgt ein nicht unerhebliches Risikopotential, denn es ist keineswegs ‚pannensicher‘. Wenn sich das Bakterium beispielsweise nicht gut genug entwickelt oder wenn sich ein falscher Bakterienstamm einschleicht, ist der Restgehalt an Glykosid möglicherweise zu hoch. Aus diesem Grund wurde untersucht, inwieweit sich kontrollierte Mengen Fremdenzym zusetzen lassen. Derzeit bereitet es allerdings noch Probleme, daß die einzige bekannte Quelle für Linamarinase ein Mikroorganismus ist, dessen Eigenschaften ebenfalls nicht bekannt sind. Diese Problemstellung gibt wohl die Indikation, eine entsprechend transformierte Quelle einzusetzen, um die Linamarinase oder ein äquivalent wirkendes Enzym produzieren zu können. Es besteht immer die Gefahr, daß bei der Herstellung von Gari die Hydrolyse unterbleibt, obwohl lediglich Cyanid freigesetzt wird, das beim Kochen ausgetrieben wird. Die Gefahr liegt nämlich im nicht hydrolysierten Glykosid. Im Darm wird dieses durch die Darmbakterien abgebaut, wodurch Cyanid am falschen Ort entsteht. Der Kassawe-Strauch selbst verfügt augenscheinlich nicht über dieses Enzym. Der Gehalt an Linamarin schwankt zwischen den einzelnen Kassawe-Sorten und möglicherweise lassen sich Sorten mit nur geringen Glykosidkonzentrationen züchten. Die Funktion der Glykoside ist nicht bekannt, möglicherweise spielen sie beim Schutz der Pflanze gegenüber Insektenschädlingen eine Rolle. Wenn dies so ist, dann ist die vollständige Entfernung der Glykoside gar nicht wünschenswert, wie das Beispiel der Lupinenzüchter in Westaustralien zeigt. Dort wurden Lupinen großflächig als Tierfutter angebaut und die Samen dienten als Nahrungsmittel für den Mensch. Lupinen enthalten viele unerwünschte Alkaloide. Nachdem diese

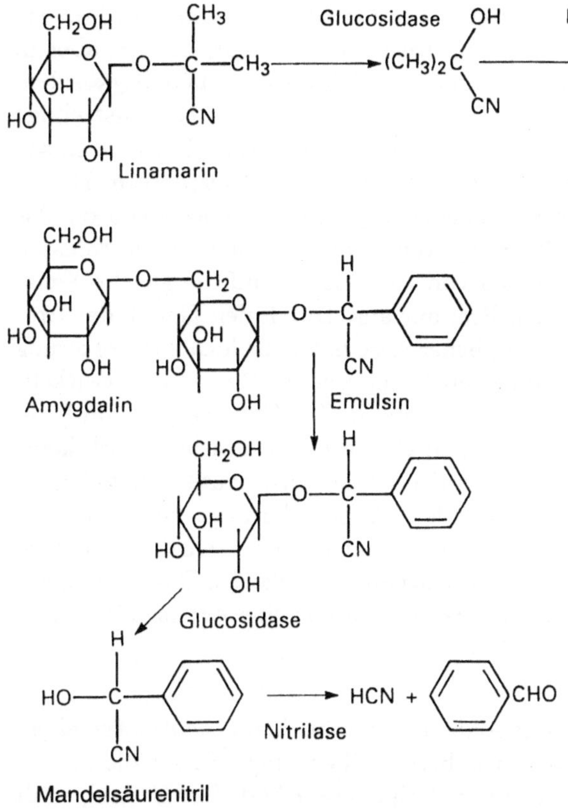

Abb. 6.4. Cyanogene Glykoside von Kassawe, *Zamia* und *Phaseolus* (Linamarin) sowie von Mandeln, Pfirsichen und Aprikosen (Amygdalin). Der Abbauweg ist angedeutet.

durch selektive Züchtungen eliminiert werden konnten, wurden die Lupinen durch Insekten geschädigt, und zwar in einem nicht mehr zu vertretendem Ausmaß.

Wie gut sind die heutigen Verarbeitungsverfahren? Offensichtlich noch nicht gut genug, denn in den Gebieten Afrikas, wo Kassawe verzehrt wird, treten gewisse Schädigungen des Sehnervs und eine Kropfform auf, die beide mit Linamarin in der Nahrung in Zusammenhang gebracht werden. Daß Cyanid der verursachende Stoff für die Leiden ist, wird dadurch erhärtet, daß bei den erkrankten Menschen erhöhte Thiocyanat-Konzentrationen im Blut nachzuweisen sind. Cyanid wird vom Menschen durch die Bildung von Thiocyanat entgiftet.

Pfeilwurz wurde ursprünglich wohl als Gegengift bei Verwundungen durch Giftpfeile eingesetzt. Er wird auf die gleiche Weise wie der Kassawe-Strauch zu Stärke verarbeitet, allerdings nicht so häufig. Pfeilwurz enthält offensichtlich keine Glykoside. *Zamia* ist ein tropischer Baumfarn, der wie der Kassawa-Strauch knollenartige, stärkehaltige Wurzeln besitzt. Die lokale

Bezeichnung für diese Pflanze lautet übersetzt ‚Brot des armen Mannes'. Zamia wurde zwar üblicherweise in der freien Natur eingesammelt, aber in Jamaica wird sie auch gezüchtet. Zamia ist reich an toxischen Glykosiden. In der Praxis wird der stärkehaltige Brei vor dem Backen zunächst einige Tage stehen gelassen, bis er schwarz ist. Im Unterschied zu Kassawe lassen sich die toxischen Komponenten nicht aus dem Brei herauspressen. Diesen Nachweis führte unglücklicherweise eine Gruppe französischer Soldaten. Als sie im Jahre 1802 bei der Belagerung von Santo Domingo eingeschlossen waren, behandelten sie zum Backen von Brot Zamia auf die gleiche Weise wie Kassawe, sie preßten also den Brei nur aus. Durch den Genuß des Brotes traten einige Todesfälle auf. Möglicherweise hatte die lokale Bevölkerung gegenüber den toxischen Substanzen auch eine gewisse Resistenz entwickelt, die die Soldaten natürlich nicht haben konnten. Zur Entwicklung von Resistenzen gegen diese Art von pflanzlichen Giften wurden bislang noch keine Untersuchungen durchgeführt. Die Zamia-Stärke wird heute hauptsächlich für Appreturen von Kleidung verwendet. Wenn allerdings keine anderen Nahrungsmittel verfügbar sind, wird sie immer noch verzehrt. Heute wird der Brei vor dem Verzehr ausgiebig gewaschen und gekocht. Das mehrtägige Stehenlassen aus früheren Zeiten ist vermutlich nur eine Art primitive Fermentation.

6.3.1.2 Weitere Glykoside.   Limabohnen *Phaseolus lunatus* enthalten ebenso wie Kassawe Linamarin. Es wurde bereits über einige Todesfälle im Zusammenhang mit dem Verzehr von Limabohnen berichtet. Der Cyanidgehalt der farbigen Sorten soll besonders hoch sein. Damit läßt sich leicht die toxische Dosis von etwa 50 mg Blausäure aufnehmen. Die Glykoside selbst sind nicht toxisch, aber in der Limabohne und wahrscheinlich im Darmtrakt von Säugetieren gibt es entsprechende Hydrolasen, durch deren Wirkung Cyanid freigesetzt wird. Zur Entgiftung der Limabohnen ist es also nicht unbedingt erforderlich, entsprechende Enzyme zuzusetzen, sondern es reicht aus, den eigenen Enzymen Zeit zum Wirken zu lassen, wofür beispielsweise längeres Einweichen in Wasser bereits ausreicht.

Mandel-, Aprikosen- und Pfirsichkerne enthalten Amygdalin (Struktur und Abbau, s. Abb. 6.4). Das typische Mandelaroma ist in Wirklichkeit der Geschmack und der Geruch von Cyanid. Marzipan wird aus Mandelsorten mit geringem Amygdalingehalt hergestellt. Zudem werden die Mandeln vor der Verarbeitung mit Wasser extrahiert. Durch versehentliche Verwendung von Sorten mit extrem hohem Amygdalingehalt wurden sogar Todesfälle verursacht. Zur Freisetzung der Blausäure sind drei unterschiedliche Enzyme erforderlich und einiges deutet darauf hin, daß sie hochspezifisch wirken und in Mandeln vorkommen. Ebenfalls freigesetzter Benzaldehyd ist auch nicht unbedenklich, er kann nämlich zur Benzoesäure oxidiert werden. Auch die in wesentlich größeren Mengen verbrauchten Grundnahrungsmittel Sorghum und Leinsaat *Linum usitatissimum* können in ihren Samen cyanogene Glykoside besitzen. Unter den europäischen Nahrungsmitteln enthalten die gewöhnliche Erbse (*Pisum sativum*) sowie die schwarz gefleckte Erbse (*Vigna sinensis*) geringe Mengen an Glykosiden. Der Gehalt von etwa 2 mg / 100 g ist allerdings wesentlich geringer als der Glykosidgehalt von Kassawe (bis zu 110 mg / 100 g), und man muß schon sehr große Mengen Erbsen verzehren, um in die Gefahrenzone zu kommen.

Geringe Mengen Cyanid in der Nahrung werden zu Thiocyanat umgesetzt. Thiocyanat blockiert die Iodaufnahme in die Schilddrüse und wirkt auf diese Weise kropffördernd. Wie bereits angesprochen, kann eine erhöhte Kropfrate in der Bevölkerung auf eine zu hohe Cyanidaufnahme mit der Nahrung hindeuten. Allerdings sind für die Kropfbildung auch andere Ursachen möglich, und in den meisten Staaten kann als Ursache für die vermehrte Kropfbildung eine erhöhte Cyanidaufnahme ausgeschlossen werden. Der wichtigste Grund ist Jodmangel.

Kartoffeln. Kartoffeln enthalten die sehr wirkungsvollen Cholinesterase-Hemmer Solanin und Chalconin. In den Staaten mit sehr hohem Kartoffelverbrauch (Großbritannien, USA, Deutschland) werden die Sorten mittlerweile auf ihren Solaningehalt hin untersucht, und einige Sorten wurden bereits vom Markt genommen, weil sie mehr als 200 mg Solanin pro 100 g enthalten, ein Gehalt, der als zu hoch angesehen wird. Das Alkaloid befindet sich hauptsächlich in den grünen Teilen der Pflanze und es ist überliefert, daß kurz nach der Einführung der Kartoffel in Europa einige Todesfälle auf den Verzehr von Kartoffelschößlingen zurückzuführen waren. Heute werden die grünen Schößlinge und Augen vor dem Kochen von jedermann sorgfältig entfernt, vielleicht ohne ganz genau zu wissen, warum.

Kohlarten. Rapssamen (*Brassica napus*) und der dazu nahe verwandte Senf enthalten Glykoside, die als ,Glucosinolate' bezeichnet werden und zudem noch die Hydrolase Myrosinase, die die Glucosinolate abbauen kann. In den verschiedenen Sorten wurden bereits mindestens acht unterschiedliche Glucosinolate nachgewiesen (Abb. 6.5). Am weitesten verbreitet sind Gluconapin und Porgoitrin. Tabelle 6.1 gibt einen Hinweis darauf, wie verbreitet diese Glykoside sind. In letzter Zeit ist das Interesse an Rapssamen stark gestiegen, und Raps wird mittlerweile wegen seines Lipidgehalts extensiv angebaut. Die Glucosinolate verhindern jedoch bis heute alle Versuche, das Mehl aus den Rapssamen als Tierfutter zu verwenden. Es sind Entwicklungen für entsprechende Entgiftungsverfahren im Gange. Unter anderem arbeitet ein Verfahren mit zugesetzter endogener Myrosinase als Extraktionshilfsmittel bei der Extraktion mit verdünntem Ethanol. Daraus könnte sich eines Tages eine entsprechende Nachfrage für dieses Enzym ergeben. Mittlerweile verfügt man über Rapssorten, die sowohl geringe Konzentrationen an Glucosinolaten als auch geringe Konzentrationen an Erucasäure (sog. ,double-low'-Sorten) enthalten. Sie werden wohl bald angebaut werden.

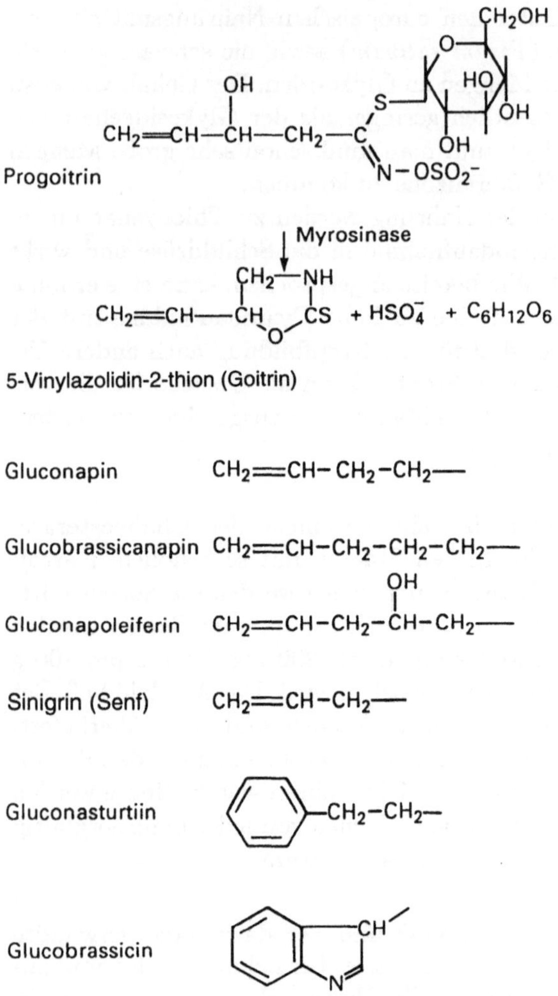

Progoitrin

Myrosinase

5-Vinylazolidin-2-thion (Goitrin)

Gluconapin

Glucobrassicanapin

Gluconapoleiferin

Sinigrin (Senf)

Gluconasturtiin

Glucobrassicin

Abb. 6.5. Eine Auswahl der Glucosinolate aus *Brassicus*-Arten.

Die kropffördernde Wirkung von Raps ist wahrscheinlich dem Isothiocyanat zuzuschreiben, das bei der Hydrolyse der Glucosinolate entsteht. Trotz langjähriger Versuche bleibt es unwahrscheinlich, daß Protein aus Rapssamen auch für die menschliche Ernährung verwendet wird; die Verwendung wird wohl auf Senf beschränkt bleiben. Glucosinolate sind in *Brassica* weit verbreitet. Sie sind z.B. in Chinakohl-Sorten, wie *pak-choi* und *petsai* (*Brassica chinensis*) nachzuweisen. Die in Großbritannien angebauten Sorten enthalten allerdings verhältnismäßig geringe Mengen an Glucosinolaten. In erster Näherung korreliert die Geschmacksintensität mit dem Gehalt an Glucosinolaten, ist also in Rosenkohl und den üblichen Kohlarten am höchsten. Offensichtlich stellen die Glucosinolate in diesen Konzentrationen keine Ge-

Tabelle 6.1. Gehalt einzelner Glucosinolate in ausgewählten Rapssamen-Stämmen (entnommen aus: Sang J. P., Salisbury P. (1988) J. Sci. Food. Agric. **45**, 255–261).

Glucosinolate		Spezies	Konzentrationsbereich	
			Gehalt in μmol g^{-1} luftgetrocknetes ölfreies Mehl	% des Gesamtgehalts
Gluconapin	I	*B campestris*	13–157	29–94
		B napus	3–48	12–47
Progoitrin	II	*B campestris*	1–85	1–59
		B napus	3–91	13–68
Glucobrassicanapin	III	*B campestris*	1–29	1–31
		B napus	1–30	3–30
Gluconapoleiferin	IV	*B campestris*	0–5	0–6
		B napus	0–6	2–5
Glucobrassicin	V	*B campestris*	0–1	0–1
		B napus	1–2	1–4
4-Hydroxyglucobrassicin	VI	*B campestris*	2–5	1–7
		B napus	3–8	3–27
Sinigrin	VII	*B campestris*	0–4	0–3
		B napus	0–3	0–3
Gluconasturtiin	VIII	*B campestris*	1–3	1–6
		B napus	0–5	0–7

fahr dar und weil von ihnen der Geschmack abhängt, will man sie überhaupt nicht entfernen. Die vielen verschiedenen Kohlarten, die es gibt, lassen eine komplizierte Enzymologie vermuten und eines Tages werden die Möglichkeiten der Biotechnologie so weit gediehen sein, daß sich genau festlegen läßt, welches Glucosinolat in welcher Kohlart vorkommt. Manche Glucosinolate sind nämlich mehr erwünscht als andere.

Die Färberdistel enthält zwei phenolhaltige Glykoside, die sich aber durch Zusatz von Glykosidasen abbauen lassen. So eignet sich die Färberdistel besser als Tierfutter und vielleicht sogar zur menschlichen Ernährung. Ähnliche Glykoside im Jojobamehl (*Simmondsia california*) können durch eine Vergärung mit *Lactobacillus acidophilus* so abgebaut werden, daß sie offensichtlich ihre Gefährlichkeit verlieren und sich das derart behandelte Jojobamehl als Tierfutter eignet. Baumwollsamen-Mehl zeigt ähnliches Verhalten. Die Toxizität des im Baumwollsamen-Mehl enthaltenen Gossypol läßt sich durch eine *Aspergillus*-Fermentation vermindern. In diesem Fall läßt sich die Wirkung jedoch eher mit Veränderungen im physikalischen Bereich erklären (beispielsweise ob ein Protein gebunden oder frei vorliegt) als mit einer enzymatischen Strukturveränderung des Glykosids.

Farnkraut. Farnkraut (*Pteridium aquilinum*) ist in gemäßigten Klimazonen ein weitverbreitetes Unkraut. Es breitet sich immer weiter aus. Allein in Großbritannien bedeckt das Farnkraut 700 000 Hektar. Seit langem ist schon bekannt, daß Tiere nach dem Verzehr von Farnkraut Symptome zeigen, die den Symptomen eines Thiaminmangels ähneln. Mittlerweile nimmt man an, daß die Thiaminmangelsymptome sowie die carcinogene Wirkung des Farnkrauts, die bei Fütterungsversuchen an Tieren festgestellt wurde, den Pterosinen und Pterosiden im Farnkraut anzulasten sind. Einer dieser Inhaltsstoffe, das Ptaquilosid (Abb. 6.6), ist offensichtlich die Vorstufe für eine der Verbindungen mit der stärksten carcinogenen Wirkung im Farnkraut. Weiterhin kommen im Farnkraut auch eine Thiaminase und einige Antithiamin-Glykoside vor. Shikimisäure konnte in Farnkraut ebenfalls nachgewiesen werden, sie wirkt auf Mäuse bekanntlich carcinogen. Das Problem am Farnkraut ist weniger die Schwierigkeit, potentielle Carcinogene nachzuweisen, als vielmehr unter den vielen verschiedenen Glykosiden die gefährlichsten herauszufinden.

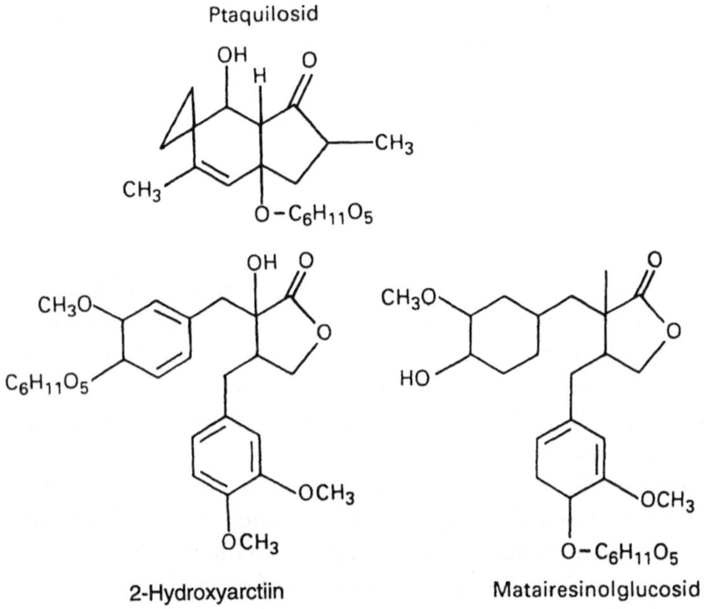

Ptaquilosid

2-Hydroxyarctiin

Matairesinolglucosid

Abb. 6.6. Glykoside aus der Färberdistel und aus Farnkraut.

Im Hinblick auf das eben Gesagte ist es um so erstaunlicher, daß Farnkraut tatsächlich verzehrt wird. Es gibt Hinweise, daß Farnkraut in der Antike in Europa verzehrt wurde, aber in Japan werden auch heute mindestens 13000 Tonnen des Rhizoms konsumiert und in Kanada wird Farn als Salatgemüse angeboten. Verarbeitungsverfahren, wie saures Einlegen, Kochen oder Salzen tragen viel dazu bei, den Glykosidgehalt abzusenken. Die aus dem Rhizom erhaltene Stärke wird üblicherweise vor der weiteren Ver-

arbeitung klar gewaschen. Die Farnwedel werden wahrscheinlich überall auf
der Welt bei zahlenmäßig kleinen und isolierten Bevölkerungsgruppen auf
irgendeine Weise verwendet. Problematisch ist, daß die Glykoside aus dem
Farn in die Milch der Tiere gelangen können. Speziell Ziegen, die oft auf
kargem Land gehalten werden, sind hier anfällig. Die Vermutung, daß die
Glykoside auch über das Trinkwasser in die Tiere und in die Milch gelangen könnten, konnte anhand einer in Wales durchgeführten Studie widerlegt
werden. Diese Studie ergab, daß zwischen dem mit Farnkraut-Inhaltsstoffen
verseuchten Trinkwasser, wie es in der Nähe von Farnkolonien vorkommt,
und dem Auftreten von Magencarcinomen keinerlei Korrelation gibt. So
lange Farnkraut nur aus wildem Vorkommen gesammelt und konsumiert
wird, läßt sich in bezug auf die Glykoside nichts machen. Erst wenn Farnkraut kultiviert wird, ist daran zu denken, den Glykosidgehalt zu regulieren
und auch, welche Glykoside im Farn enthalten sein sollen. In nächster Zukunft wird damit aber noch nicht zu rechnen sein. Ein kontrolliertes Entgiftungsverfahren wird wohl eher entwickelt werden.

6.3.2 Toxische Aminosäuren

Außer den 20 Aminosäuren der Proteine und einigen weiteren Aminosäuren,
wie beispielsweise Citrullin und Ornithin, die bei einigen Metabolismen eine
Rolle spielen, enthalten Pflanzen bis zu 200 weitere Aminosäuren, von denen
einige auf Tiere toxisch wirken. Die meisten dieser Aminosäuren wurden
über die Symptome entdeckt, die nach ihrer Aufnahme durch Tiere ausgelöst
wurden. In der menschlichen Ernährung sind diese Aminosäuren mit einigen
Ausnahmen offensichtlich nicht enthalten.

Durch den Verzehr der Samen von Hülsenfrüchten, von *Lathyrus (L. odo-
natus)* und von *Vicia* wird Lathyrismus hervorgerufen. Die Samen werden
in Indien häufig verzehrt und unglücklicherweise sind die vergleichsweise
harmlosen Varietäten von den gefährlichen Varietäten nur schwer zu unterscheiden. Daß die Unterscheidung offensichtlich möglich ist, legt die Tatsache nahe, daß der Lathyrismus in Zeiten mit Nahrungsmangel häufiger ist
als in Zeiten mit guter Ernährungslage. Wenn sonst nichts mehr da ist, werden wohl auch zweifelhafte Samen verzehrt. Der Osteolathyrismus, der auch
mit Knochendeformationen einhergeht, wird durch β-Aminopropionitril hervorgerufen, während der Neurolathyrismus durch einige Verbindungen (u.a.
auch α,γ-Diaminobuttersäure) hervorgerufen wird, die bekannterweise eine
neurologische Wirkung zeigen (s. Abb. 6.7).

Die Frucht der Akee-Pflanze wird in Jamaika verzehrt. Die Bezeichnung
der Akee-Pflanze wurde zu Ehren des Kapitäns der Bounty, Kapitän Blighs,
(*Blighia sapida*) genannt. Mittlerweile wird sie auch in London vertrieben.
Aus Unerfahrenheit über die richtige Zubereitung traten bereits Vergiftun-
gen auf. Die Akee-Frucht enthält Cyclopropyl-Aminosäuren, die eine dra-
matische Absenkung des Blutzuckerspiegels hervorrufen. Auch in Jamaica

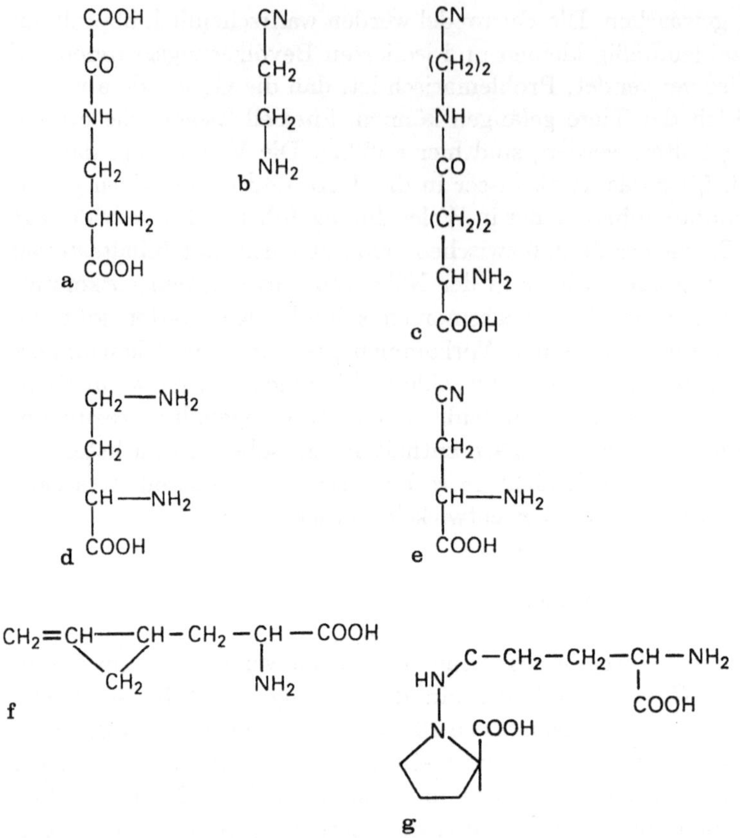

Abb. 6.7. Toxische Aminosäuren in Pflanzen: (a) β-N-Oxalyl-L-α,β-diaminopropionsäure; (b) β-Aminopropionitril; (c) β-N-γ-Glutamylaminopropionitril; (d) α,γ-Diaminobuttersäure; (e) β-Cyanoalanin (a–e) aus *Lathyrus*-Spezies); (f) Hypoglycin A (aus Akee); (g) Linatin (aus Flachs).

treten nach dem Genuß von Akee-Früchten immer wieder Schwierigkeiten auf, so vermutet man, daß ein auf Jamaica verbreitetes Brechsyndrom eine Wirkung der Akee-Frucht ist.

Eine ähnliche Aminosäure enthält die kalifornische Roßkastanie. Sie wurde nach den Berichten von Sir Francis Drake damals verzehrt, heute jedoch nicht mehr. Bananenfrüchte enthalten Serotonin. Dort, wo sie in Afrika zu großer Zahl verzehrt werden, können Probleme auftreten.

Flachssamen enthält den Pyridoxin-Inhibitor Linatin, ein Glutamylderivat von Aminoprolin. Bevor der Flachssamen an Küken verfüttert werden kann, muß er mit Wasser extrahiert werden.

Es ist schwer einzuschätzen, inwieweit die Biotechnologie bei diesen Problemen eingreifen kann. In manchen Fällen verfügt man bereits über entsprechende Informationen über sichere Stämme und das Problem besteht eher darin, das bereits vorhandene Wissen umzusetzen, als noch neues Wissen anzusammeln. Vermutlich werden zur Herstellung von Tierfutter endogene Enzyme verwendet werden. Ein analoges Vorgehen für menschliche Nahrungsmittel ist nicht relevant, weil hier andere Kriterien angelegt werden.

6.3.3 Phytohämagglutinine

Die Phytohämagglutinine sind auch unter der Bezeichnung ‚Lectine' bekannt. Sie sind Glykoproteine und in Gemüse weit verbreitet. Die Phytohämagglutinine sind wegen ihrer selektiven Bindung an Hexosereste von Glykoproteinen sehr nützlich und eben wegen dieser Eigenschaft auch intensiv untersucht. Eine spezielle Anwendung der Phytohämagglutinine ist die Blutgruppenbestimmung, denn sie können zwischen verschiedenen Kohlenhydratresten auf der Oberfläche von Erythrocyten unterscheiden, einem Unterscheidungsmerkmal der drei großen Blutgruppen. Hier liegt auch das Problem, denn die *in vivo* Reaktion der Phytohämagglutinine mit den Erythrocyten zieht Hämolyse nach sich. Phytohämagglutinine wirken bei Injektion zwar tödlich, bei oraler Zuführung beeinflussen sie den Absorptionsmechanismus extrem stark, und zwar vermutlich, indem sie an die Oberfläche der Mucosazellen adsorbieren. Dadurch ist die Hämolyse nicht so ausgeprägt. Der nach dem Genuß von Bohnen meßbare Anstieg von zirkulierenden Gallenpigmenten könnte mit einem geringfügig erhöhtem Hämabbau in der Leber in Zusammenhang gebracht werden, setzt aber voraus, daß durch den Darm intaktes Hämagglutinin resorbiert werden müßte. Bei Ratten wurde kürzlich nachgewiesen, daß die Lectine der Weißen Bohnen gegenüber der Proteolyse sehr widerstandsfähig sind und tatsächlich an die Bürstenzellen im Darmtrakt binden. Wenigsten 5 % des oral aufgenommenen Lectins sind nach kurzer Zeit im Blut nachzuweisen, offensichtlich intakt und noch aktiv. Unter sonst gleichen Bedingungen werden die Lectine aus der Tomate allerdings nicht absorbiert. Möglicherweise ist gerade die Restistenz gegenüber Proteasen ein Charakteristikum für die relativ toxischeren Lectine.

Das Problem der Toxizität spielt vor allem bei der gewöhnlichen Bohne (*Phaseolus vulgaris*) eine wichtige Rolle. Die Sachlage ist unübersichtlich, weil diese Bohnenart in mehreren Hundert Sorten verbreitet ist, die unterschiedlich spezifische Hämagglutinine enthalten. Limabohnen wirken beispielsweise spezifisch auf Blutgruppe A. In Kombination mit der natürlichen Schwankungsbreite bei den Blutgruppen und anderen Zelltypen ist klar, daß manche Bevölkerungsgruppen mehr gefährdet sind als andere oder sogar Einzelpersonen. Auch die Gartenerbse enthält Lectine, wenn auch nur etwa ein Zehntel des Gehalts von *Phaseolus*. Ricin, das Lectin der Kastorbohne, ist so extrem toxisch, daß auch im Labor sehr hohe Vorsichtsmaßnahmen erforderlich sind.

Hämagglutinine werden im allgemeinen durch Hitze inaktiviert. Die Bedingungen beim normalen Kochen reichen allerdings nur gerade eben aus, daß die Hämagglutinine zerstört werden, und der Sicherheitsspielraum ist dementsprechend klein. Es sind Berichte bekannt, daß bereits der niedrigere Siedepunkt von Wasser in großer Höhe ausreichen kann, daß die Hämagglutinine beim Kochen nicht mehr inaktiviert werden. Die Meldungen über Krankheitsfälle, die auf ungenügend inaktivierte Hämagglutinine zurückzuführen waren, sind zahlreich.

Die Entwicklung von *Phaseolus*-Sorten mit destabilisierten Hämagglutininen (sei es gegen Wärmeeinwirkung oder gegen Proteolyse) ist zweifellos gerechtfertigt. Die Phytohämagglutinine spielen auch beim steigenden Verbrauch von Sojaprotein zur menschlichen Ernährung eine Rolle. Wie bereits in anderem Zusammenhang angesprochen, wäre die Veränderung der Sojabohnen wesentlich einfacher und ohne schädliche Auswirkungen auf ihre Kultivierung durchzuführen, wenn über die Funktion der Hämagglutinine im Samen mehr bekannt wäre.

Die Lectine sind entwicklungsgeschichtlich sehr alte Metallo-Proteine, sie sind sehr weit verbreitet, woraus sich schließen läßt, daß sie eine wichtige Funktion ausüben. Mittlerweile glaubt man, daß die Lectine an der Erkennung von Kohlenhydraten an der Oberfläche von Bakterien und Pilzen beteiligt sind. Sie sollen bei der Bildung von Wurzelknöllchen durch Rhizobien eine Rolle spielen und zwar, indem sie die Haftung der Bakterien fördern. Die zweite Aufgabe der Lectine vermutet man bei der allgemeinen Abwehr von Pilzen und Bakterien. Lectine können eindeutig an Pilze binden; allerdings ist unklar, wie dadurch ein Pilzbefall des Organismus verhindert wird. Möglicherweise sind die Lectine eine Art Abwehrmechanismus gegen Tiere, die die Pflanze fressen, denn manche Lectine sind ausgesprochen toxisch. Ihre Wirkung auf die Darmmucosa von Ratten wurde bereits erwähnt. Die Lectine wirken auch gegen Schädlinge. *Phaseolus* wird von zwei Schädlingen bedroht, vom Bohnensamenkäfer *Acanthoscelides obtectus* und vom dazu verwandten *Callosobruchis maculatus*, der Langbohnen befällt. *C. maculatus* wird durch das *Phaseolus*-Lectin getötet, wogegen *A. obtectus* wesentlich weniger stark geschädigt wird. Das Lectin wird an das Darmepithel von *C. maculatus*, nicht aber an das Darmepithel von *A. obtectus* gebunden, während das Ausmaß der Proteolyse des Lectins bei beiden Schädlingen vergleichbar groß ist. Daraus ließe sich schließen, daß, ebenso wie bei experimentellen Arbeiten auch, die Fähigkeit der Lectine, an Kohlenhydrate an der Oberfläche binden zu können, auch die Grundlage ihrer biologischen Funktion bildet. Eindeutige Schlußfolgerungen lassen sich schwerlich ziehen, denn es müssen auch die Lernfähigkeit der Tiere, die die Pflanzen fressen, sowie sehr komplexe ökologische Gleichgewichte mit ins Kalkül gezogen werden.

Molekularbiologie.   Die Lectine lassen sich in zwei Gruppen aufteilen, und zwar in die Gruppe der Lectine, die aus identischen Untereinheiten bestehen und in die Gruppe mit zwei unterschiedlichen Untereinheiten. Alle Lectine enthalten vier Untereinheiten mit ausgeprägten Sequenzhomologien. Von Soja, von Erbsen und von vielen weiteren Pflanzen konnte die cDNA mit Hilfe der direkten Aminosäurenanalytik sequenziert werden. Im Weizenlectin ist Pyroglutamat die N-terminale Aminosäure, was sehr ungewöhnlich ist. Jede Untereinheit verfügt über mindestens eine Hexose-bindende Stelle (manchmal über zwei). Man sollte sich vor Augen führen, daß die in Frage kommende Hexose auch Teil eines größeren Oligosaccharides sein kann und daß die Bindungsstelle offensichtlich bei der Bestimmung der Spezifität die Form des Oligosaccharides mit berücksichtigt. Einige der Mono- und Oligosaccharide, an die Lectine binden, sind in Abb. 6.8 vorgestellt.

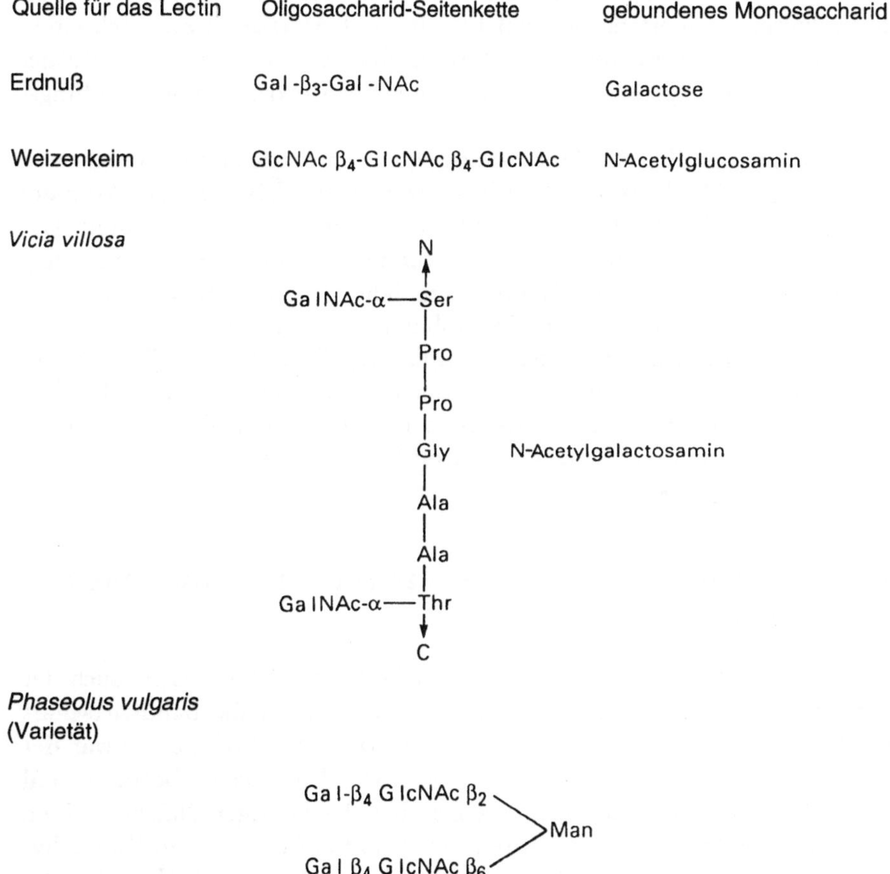

Abb. 6.8. Auswahl pflanzlicher Mono- und Oligosaccharide, die von Lectinen gebunden werden.

Soja enthält mindestens zwei untereinander verwandte Gene für Lectine. Das Lectin im Samen wird nur von einem der beiden Gene exprimiert. Es gibt Sorten ohne Lectin. Deren Gene können nicht transscribiert werden. Die Produktion der mRNA scheint aber nach denselben Gesetzmäßigkeiten abzulaufen wie für die anderen Saatproteine auch.

Bei Lectinen mit zwei verschiedenen Untereinheiten, wie z.B. Ricin, gibt es Hinweise darauf, daß sie zunächst als eine einzige Kette gebildet werden, die erst später, wahrscheinlich im Proteingranula, entsprechend gespalten werden. Ein derartiges Verhalten ist bei Samenglobulinen allgemein bekannt (s. Kap. 3). Vorübergehend kann das N-Acetylglucosamin auch zwischen dem endoplasmatischen Reticulum (dem Ort der Synthese) und der Proteingranula angelagert sein.

Eine der interessanten Eigenschaften der Bindung zwischen dem Sojaglutinin und dem N-Acetylgalactosamin ist, daß die Bindung wesentlich schneller erfolgt, als von einer diffusionsbestimmten Reaktion erwartet würde. Das Verhalten erinnert daran, daß Enzyme mit Matrizes wesentlich effektiver reagieren als erwartet, und ist wohl eine Auswirkung der ‚Güte der Übereinstimmung' (goodness of fit) zwischen der Hexose und der Bindungsstelle.

Die Kenntnisse über die Aminosäuresequenzen werden immer größer und damit auch die Möglichkeiten von Modifizierungen. Über die Struktur der Bindungsstellen für die Oligosaccharide ist wesentlich weniger bekannt. Gerade dieser wird aber im funktionalen Sinne eine hohe Bedeutung zugesprochen. Mit den heutigen Kenntnissen läßt sich die Auswirkung einer Modifizierung auf den Nährwert der Bohne nicht vorhersagen.

Die enzymatischen Verfahren der Zukunft, die mit kontrollierten Enzymmischungen arbeiten und die heutigen Fermentationen mit Mikroorganismen verdrängen werden, müssen so konzipiert sein, daß kein aktives Hämagglutinin erhalten bleibt. Ein Vorteil Verfahren ist, daß sie dies leisten können.

6.4 Populationspolymorphismus im Zusammenhang mit der Nahrung

Der heutige Mensch ist offensichtlich ein Allesfresser, aber war es auch der Mensch vor etwa zwei Millionen Jahren, noch bevor er die Landwirtschaft entwickelt hatte? Nach dem gegenwärtigen Stand der Archäologie war der Mensch auch damals ein Allesfresser. Der größte Unterschied bestand wohl darin, daß die Nahrung des Jägers gegenüber der heutigen Nahrung einen relativ hohen Fett- und Proteinanteil besaß und dafür ärmer an Kohlenhydraten war. Vor etwa 9000 Jahren begann die Landwirtschaft ihren Siegeszug, was bedeutete, daß der Kohlenhydratanteil der Nahrung beträchtlich anstieg und die Zahl der Menschen zunahm. Die Jagd als primäre Nahrungsquelle war nicht mehr möglich. Interessanterweise nimmt der Proteinan-

teil in der Nahrung sofort zu, wenn es der Lebensstandard erlaubt und
zwar unabhängig vom jeweiligen kulturellen Hintergrund oder von der ursprünglichen Zusammensetzung der Nahrung. Yudkin veröffentlichte diese
Ergebnisse 1969. Er würde wahrscheinlich die Meinung vertreten, daß die
Menschheit, wann immer ihr dazu die Möglichkeit gegeben wird, wieder
zu den Nahrungsgewohnheiten der Vorfahren zurückkehren will. Es wurde
auch darauf hingewiesen, daß sich ,wilde' und domestizierte Tiere anhand
der relativen Mengen der einzelnen Fettsäuren unterscheiden. Außerdem
soll der Nährwert der ,wilden' Tiere höher sein als der von domestizierten
Tieren. Hier kommt eine andere, kontrovers diskutierte Ansicht ins Spiel.
Möglicherweise veränderte sich die Zusammensetzung der Nahrung mit der
Einführung der Landwirtschaft so stark, daß der Mensch sich noch heute
nicht vollständig angepaßt hat. In Kap. 4 wurde darauf hingewiesen, daß Getreideprotein nicht alle essentiellen Aminosäuren enthält, obwohl Getreide
eindeutig die größte Proteinquelle für die Ernährung ist. Die Berechnungen
zu der täglich erforderlichen Zufuhr der essentiellen Aminosäuren brachten

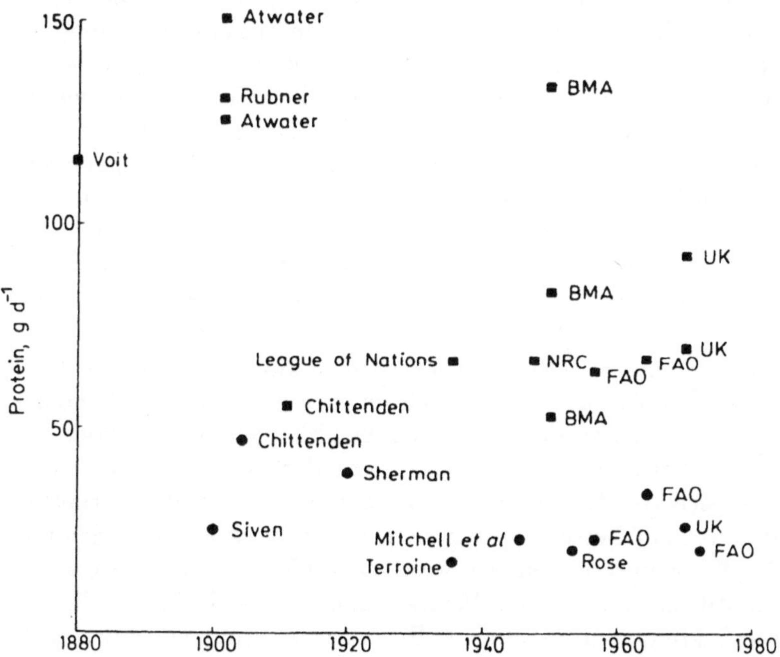

Abb. 6.9. Empfohlene Proteinaufnahme für einen Mann mit 65 kg Körpergewicht ■ und
berechneter minimaler Proteinbedarf zur Aufrechterhaltung einer positiven Stickstoffbi-
lanz ● sowie deren Schwankungen über die Jahre. Die Autoren der einzelnen Empfeh-
lungen sind im Schema genannt (BMA: British Medical Association; FAO: Food and
Agriculture Organization; NRC: National Research Council (USA); UK: Department of
Health). Aus Norton G. (Hrsg.): Payne P. R. (1978) Plant Proteins. Butterworths, London).

über die Jahre unterschiedliche Ergebnisse und die Schätzungen liegen heute niedriger als noch vor einigen Jahren. Die heranwachsenden Kinder haben aber in einigen Gebieten auf der Erde Schwierigkeiten bei der Sicherstellung einer ausgeglichenen Versorgung mit Aminosäuren (s. Abb. 6.9). Der merkliche Anstieg der durchschnittlichen Körpergröße der Bevölkerung, der in den reicheren Gebieten der Erde in den letzten Jahrzehnten zu beobachten war und auch heute noch in einigen Entwicklungsländern zu beobachten ist, hängt in gewisser Weise mit dem immer besser werdenden Ernährungszustand in der Kindheit zusammen.

Yudkin ging noch weiter und schlug vor, man müsse nur die bevorzugte Nahrung der Menschen herausfinden, und zwar ohne ökonomische Einschränkungen. Das Ergebnis würde wahrscheinlich die Nahrung der Vorfahren, d.h. die optimale Nahrung, widerspiegeln. Yudkin behauptet nämlich, daß der Mensch, ähnlich wie andere Allesfresser, in gewisser Weise über eine Art Sonde verfügt, die ihn die passende Zusammensetzung der Nahrung auswählen läßt. Der Nachweis dieser Behauptung muß allerdings erst noch erfolgen, was sehr wahrscheinlich nicht einfach sein dürfte. Allerdings läßt sich vermuten, daß eine Ernährung mit Fleisch, Früchten und einem kleinen Anteil von Kohlenhydraten aus Wurzeln die Zusammensetzung der Nahrung vor der Erfindung der Landwirtschaft relativ gut widerspiegeln sollte. Vermutlich würde sie auch der Ernährung sehr nahe kommen, wie sie heutzutage bevorzugt wäre, wenn kein kultureller Druck ausgeübt würde. Das soll heißen, daß keiner erwartet, daß eine nach außen hin vegetarisch lebende Gesellschaftsform nun Fleisch bevorzugen würde, betrachtet man aber die Erde als Ganzes und die erstaunliche Vielfalt an Tabus und Imperativen, die sich auf Nahrungsmittel beziehen und die sich im großen und ganzen gegenseitig ausschließen, so ist eine grundsätzliche Übereinstimmung an bevorzugten Nahrungsmitteln festzustellen.

In neuerer Zeit hat die Industrialisierung eine zweite Ernährungsrevolution ausgelöst. Wiederum war damit ein enormer Anstieg der Bevölkerungszahl verbunden und wiederum mußten die althergebrachten Produktionsmethoden und Verbrauchsgewohnheiten verändert werden. An die erste Revolution hat sich der Mensch immer noch nicht vollständig angepaßt: gewisse Reaktionen auf Getreideprotein und Milchprodukte sind in den untersuchten Bevölkerungsgruppen der westlichen Welt und in Europa am bekanntesten. Mit anderen Worten, Veränderungen in der Nahrung, die vor 9000 Jahren erfolgten, sind für manche Bevölkerungsgruppen immer noch mit Schwierigkeiten verbunden. Sind ähnliche Probleme aus der Nahrungsumstellung der letzten 200 Jahre zu erwarten, und, da der Prozeß noch nicht beendet ist, wie hoch ist die Wahrscheinlichkeit, daß noch weitere Probleme auftauchen? Genau aus diesem Grund spreche ich dieses Problemgebiet in einem Werk an, das sich hauptsächlich mit der Anwendung der Biotechnologie in der Nahrungsmittelindustrie befaßt. Die wesentlich verbesserten Möglichkeiten, die aus der Anwendung der Biotechnologie hervorgehen, können die oben angedeuteten Veränderungsprozesse noch beschleunigen. Und die Anpassung des Menschen erfordert Zeit. Zudem wissen wir heute sehr viel mehr über die Unterschiede zwischen den einzelnen Bevölkerungsgruppen (damit befaßt sich ein eigener Zweig der Molekularbiologie) und sind möglicherweise in der Lage, dagegen anzugehen, wenn Schwierigkeiten auftauchen sollten.

Es wurde argumentiert, daß es den Nahrungsmittelproduzenten nicht zumutbar sei, auf die Probleme eines verschwindend kleinen Prozentsatzes der potentiellen Verbraucher Rücksicht zu nehmen. Beispielsweise kennen die meisten Menschen Nahrungsmittel, die sie ‚nicht vertragen' und von selbst meiden. Die Frage an sich ist offensichtlich widersprüchlich und wird es auch noch längere Zeit bleiben. Aspartam wird beispielsweise heute in Nahrungsmitteln zwar verarbeitet, die entsprechenden Erzeugnisse müssen aber einen Warnhinweis tragen, da Menschen, die unter Phenylketonurie leiden (in Europa etwa einer unter 15000), Aspartam nicht konsumieren dürfen. Es ist äußerst unwahrscheinlich, daß ein an Phenylketonurie erkrankter Mensch darüber nichts weiß. In den USA wird jedes Neugeborene auf Phenylketonurie hin getestet. Wird die Philosophie des Warnhinweises weiterverfolgt, so könnten bald neue Warnungen folgen: diejenigen, die solche Warnhinweise befürworten, argumentieren, daß der zunehmende Verarbeitungsgrad von Nahrungsmitteln und neuerdings die Verwendung von genetisch veränderten Rohstoffen eine solche Strategie notwendig macht, weil die potentiellen Verbraucher sonst nur schwer an Informationen über die Inhaltsstoffe der entsprechenden Nahrungsmittel herankommen. Standardisierte Etiketteninhalte sind ungeeignet, auch wenn die Verbraucher wissen, daß sie manche Substanzen meiden sollen. Die meisten Nahrungsmittelverarbeiter sind sich mittlerweile im Klaren, daß die Etikettierung informativer gestaltet werden muß, und warten auf entsprechende Gesetze. Ein weiteres Problem ist, die Nahrungsmittel überhaupt auf potentielle Risiken hin zu testen. Verantwortungsbewußte Nahrungsmittelverarbeiter führen Qualitätskontrollen durch, um eine entsprechende Produktqualität sicherzustellen. Sie können allerdings nur in gewissen Grenzen testen. Auf den folgenden Seiten werden einige der bekannten Polymorphismen vorgestellt sowie Eingriffsmöglichkeiten der Biotechnologie.

6.4.1 Zöliakie

Zöliakie ist unter den Krankheiten, die sich möglicherweise auf die vor langer Zeit erfolgte Umstellung auf landwirtschaftliche Produkte zurückführen läßt, die bekannteste. Sie wird durch Gluten aus Weizen, Gerste, Roggen oder Buchweizen oder aus Folgeprodukten, wie beispielsweise Malz, hervorgerufen. Auch gekochte oder anderweitig verarbeitete Nahrungsmittel aus Weizenmehl verursachen die Symptome. Sogar Produkte , die sich aus dem Tryptophanabbau ableiten, können die Symptome der Zöliakie hervorrufen. Dies wäre nur logisch, denn das Weizenprotein wird durch die üblichen Verdauungsenzyme zumindest teilweise abgebaut. Die Zöliakie geht mit markanten Veränderungen der Mucosa im Darm und dadurch hervorgerufener mangelhafter Absorption von Nahrungsbestandteilen einher. Häufig leiden die Betroffenen unter einem Eiweißverlustsyndrom, das zu einer allgemeinen Mangelernährung und zu abgesenkten Konzentrationen der im Serum zirkulierenden Serumproteine führt. Weiterhin ist der Wasser- und Salzverlust erhöht. Diese Störungen sind für die meisten Symptome der Zöliakie verantwortlich. Die Zöliakie geht bemerkenswert häufig mit einem Lactasemangel sowie einem Diabetes Mellitus einher. Mit einer glutenfreien Diät verschwinden alle Symptome innerhalb einiger Tage.

Obgleich die Zöliakie relativ weit verbreitet ist, kennt man erst einige Aminosäuresequenzen der Gluten-Proteine, die für die Schäden an der Mucosa verantwortlich sind. Zunächst könnte man die Lectine verdächtigen, und die Tatsache, daß die Zöliakie vererbbar ist, könnte darauf hindeuten, daß die Anfälligkeit gegen die gestörte Glutenaufnahme für jedes Individuum unterschiedlich hoch ist.

6.4.2 Favismus

Diese Erkrankung ist unter vielen Bezeichnungen bekannt, und die schmeichelhafteste ist noch ‚Bagdad-Frühlingsfieber'. Favismus wird durch Genuß von Saubohnen (*Vicia faba*) hervorgerufen, betrifft jedoch nur wenige Menschen. Bei einem Frühlingsfest in Bagdad war es Sitte, Saubohnen zu verzehren. Zu den Symptomen des Favismus zählt unter anderem Hämolyse, und bei längerer Erkrankung muß mit Anämie gerechnet werden. Das starke Interesse an dieser Krankheit kommt daher, weil nur ein bestimmter Teil der Bevölkerung daran leidet, jedoch haben wir es hier mit einer weitaus häufigeren Situation zu tun, als man vielleicht annehmen mag.

Abbildung 6.10 zeigt eine Auswahl von Substanzen aus der Saubohne, die GSH oxidieren sollen (also den GSH-Spiegel senken). Divicin soll eine der Hauptkomponenten sein und man nimmt an, daß es die Glutathion(GSH)-Konzentration im Gewebe senkt. GSH ist in Individuen mit menschlichen Erythrocyten weit verbreitet. Kommt bei einem Individuum mit Mangel an Glucose-6-phosphat-dehydrogenase-Aktivität noch ein Verlust an GSH hinzu, lösen sich die roten Blutkörperchen der betreffenden Menschen auf. (Beachten Sie, daß hier von einem Mangel an Enzym-*Aktivität* gesprochen wird und nicht von einem Enzymmangel an sich. Punktmutationen können eine einzige Aminosäure in der Kette verändern, so daß das Enzym an sich durchaus noch vorhanden ist, jedoch in einer inaktiven Form. Unter solchen Umständen ist es ungenau, wenn von einem ‚Enzymmangel' gesprochen wird, obwohl dies häufig geschieht). Diese allgemeine Betrachtung bringt die Schwierigkeit mit sich, daß die entsprechenden Verbindungen auch in anderen Bohnensorten vorkommen, dort aber nicht mit Favismus in Zusammenhang gebracht werden. Sogar die Aufnahme von Bohnenpollen durch die Lunge soll entsprechende Symptome hervorrufen. Dies würde wiederum

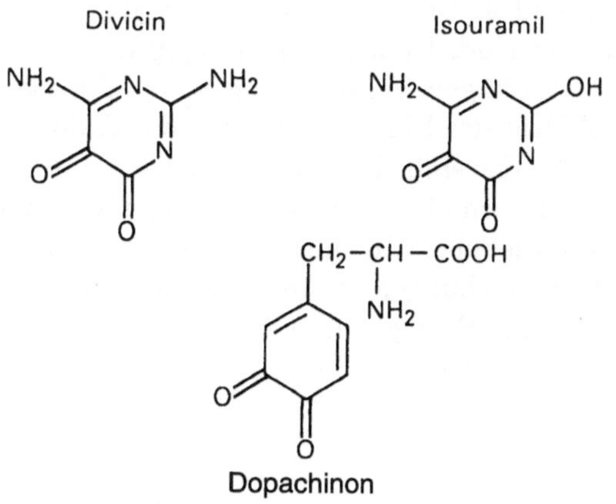

Divicin

Isouramil

Dopachinon

Abb. 6.10. Stoffe aus *Vicia faba*, die Glutathion oxidieren sollen und möglicherweise zum Auftreten von Favismus beitragen. Die Stoffe sind in ihrer oxidierten Form angegeben. Da sie alle chinoid sind, können sie allgemein als Oxidationsmittel wirken.

darauf hindeuten, daß die Aufnahme größerer Mengen an Hämagglutininen nicht Voraussetzung für den Ausbruch des Krankheitsbildes ist. Gesichert ist aber, daß zum Ausbruch des Krankheitsbildes das Aufeinandertreffen mehrerer Faktoren Voraussetzung ist und daß die Konzentration der Glucose-6-phosphat-Dehydrogenase genetisch kontrolliert ist. Ein genaues Pendant der Erkrankung bei Tieren ist nicht bekannt, obwohl auch Hühner bei Aufnahme von Divicin mit der Nahrung eine Reaktion zeigen. Durch Erhitzen läßt sich die krankmachende Wirkung der Bohnen nicht eliminieren. Andererseits gibt es eine relativ hohe Korrelation zwischen dem Auftreten von Malaria in einer Bevölkerungsgruppe und dem Vorkommen von Dehydrogenase-Mangel. Möglicherweise schützt ein Dehydrogenase-Mangel vor Malaria. Man weiß, daß der Malariaparasit die Erythrocyten infiziert und einen Großteil seines Cysteinbedarfs aus dem GSH aquiriert.

Der Nahrungsmittelproduzent, der *Vicia faba* vertreibt, und dies schon immer gemacht hat, wird durch die Möglichkeit, daß unter seinen Kunden auch einzelne unter Favismus leiden können, in ein Dilemma gestürzt. Das Problem wird noch schwieriger, wenn er einen Rohstoff, der aus *Vicia faba* hergestellt wurde, als Bestandteil irgendeines weiterverarbeiteten Nahrungsmittels verwenden will. Nahrungsmittel, die bereits seit Jahrhunderten verzehrt werden, werfen geringere Probleme auf als Nahrungsmittel, die erst neu eingeführt werden. Die Problematik ist noch nicht abschließend gelöst und momentan ist man darauf angewiesen, daß die einzelnen Verbraucher über ihre eigenen Empfindlichkeiten Bescheid wissen und daß die Produkte genau beschriftet sind. Wenigstens kann man heute die Wirkungen mehr oder weniger direkt mit ihrer Ursache in Verbindung bringen. Die Wahrscheinlichkeit des Favismus variiert bei den einzelnen Bevölkerungsgruppen beträchtlich. In Europa tritt die Anfälligkeit für Favismus gehäuft rund ums Mittelmeer auf, während in Gebieten, wo fabrikmäßig verarbeitete Nahrungsmittel weitverbreitet sind, Favismus nicht signifikant ist. Mit der weiteren Zunahme der fabrikmäßigen Verarbeitung von Nahrungsmitteln und der zunehmenden Mobilität des Einzelnen wächst die Wahrscheinlichkeit, daß auf dem Etikett vor Favismus-hervorrufenden Komponenten im Nahrungsmittel gewarnt werden muß. Nach der Warnung vor Aspartam wäre dies der zweite vorgeschriebene Warnhinweis auf einen potentiell gefährlichen Inhaltsstoff. Aus Untersuchungen an Ratten ergab sich der Hinweis, daß durch Zusatz von Vitamin E möglicherweise ein Schutz vor der Wirkung von Divicin erreicht werden kann.

6.4.3 Hexoseintoleranz

Hexosen werden im Darm über einen aktiven Prozeß absorbiert. Für Probleme ist ein Mangel an Verdauungsenzymen, mangelhafte Adsorption oder ein Fehler beim nachfolgenden Metabolismus die Ursache. Daß der größte Teil der Erwachsenen der amerikanisch-indianischen, chinesischen und arabischen Bevölkerung keine Lactose verwerten kann, wurde bereits angesprochen. Wie zu erwarten, ist bei kleinen Kindern die Lactaseaktivität sehr hoch, nimmt mit zunehmendem Alter ab und ist beim Erwachsenen auf etwa ein Zehntel der ursprünglichen Aktivität abgesunken. Bei den amerikanischen Indianern, den Chinesen und der arabischen Bevölkerung verschwindet die Lactaseaktivität bis ins Erwachsenenalter nahezu vollständig, und aus diesem Grund leiden diese Menschen nach dem Genuß von Milch an allen Symptomen, die von unverdauten Kohlenhydraten im Darm bekannt sind. Fehler beim Absorptionsmechanismus einiger oder aller Hexosen sind nur in den seltensten Fällen vererbt. Leidet ein Säugling an Galaktosämie, ist seine normale körperliche Entwicklung bei der üblichen Nahrung, die ja vor allem aus Milch besteht, merklich gestört. Das Krankheitsbild verbessert sich deutlich, wenn die Aufnahme von Galaktose vermieden wird. Bei fortdauernder Galaktoseaufnahme mit der Nahrung muß mit ernsten Folgen gerechnet werden. Die Reaktionen von Galaktose im Stoffwechsel zeigt Abb. 6.11. Die Funktionsstörung liegt meist bei der Galaktosyl-1-phosphaturidyl-Transferase, die inaktiv sein kann. Als Folge häuft sich in den einzelnen Geweben Galaktose-1-phosphat an und bewirkt eine Hypoglucosämie, die zu generalisierten Schäden führt.

Für die Fructoseintoleranz ist eine Aldolase (EC 4.1.2.13) verantwortlich. Meist muß Saccharose aus der Nahrung gestrichen werden, und selbstverständlich Fructose selbst. Ein normaler Erwachsener nimmt täglich bis zu 100 g Fructose auf, und zwar aus Früchten und Süßwaren. Meist fehlt den an Fructoseintoleranz leidenden Menschen eine spezielle Aldolase in der Leber, während die Aldolase in den Muskeln intakt ist. Abbildung 6.12 zeigt den Metabolismus von Fructose im Körper. Die Funktionsstörung führt zu einer Anhäufung von Fructose-1-phosphat. In den seltenen Fällen eines

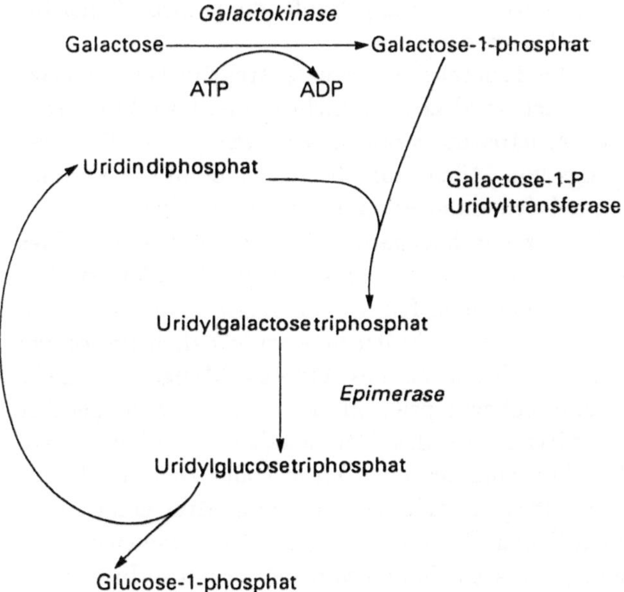

Abb. 6.11. Beteiligte Enzyme bei der Galaktosämie. Die Galaktosyl-1-phosphat-uridyl-Transferase besitzt keine Aktivität, wodurch sich Galaktose-1-phosphat anhäuft.

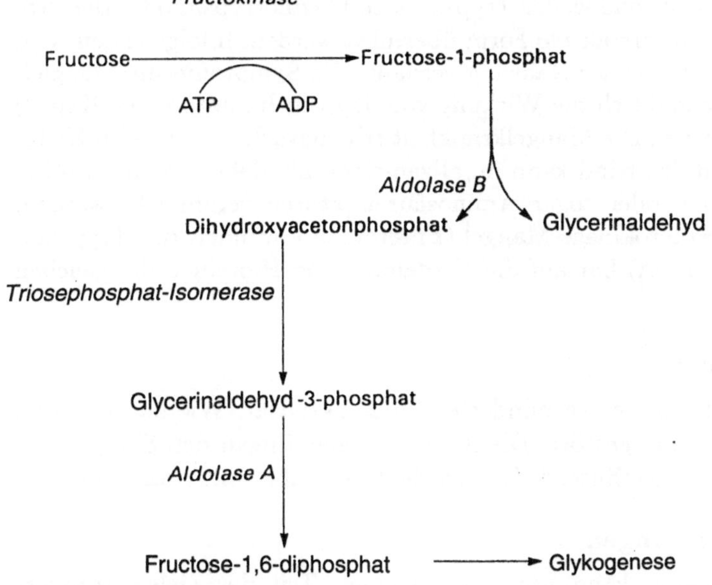

Abb. 6.12. An der Fructose-Intoleranz beteiligte Enzyme: die von der Aldolase katalysierten Reaktionen. Meistens akkumuliert Fructose-1-phosphat, weil in der Leber die Aldolase-B-Aktivität fehlt. Die Aldolase A im Muskel ist funktionsfähig. Allerdings können beide Aldolasen beide Reaktionen katalysieren.

Fructokinase-Mangels wird Fructose selbst angehäuft, die jedoch offensichtlich keine krankmachenden Schäden hervorruft.

Die Wahrscheinlichkeit einer Fructoseintoleranz beträgt in Europa etwa 1:20 000. Weil sie relativ selten ist, wird sie auch nicht immer korrekt diagnostiziert. Die Symptome der Fructoseintoleranz erscheinen gewöhnlich erst beim Umstellen des Säuglings von Milch- auf Mischkost, denn die Verdauung von Lactose verursacht bei den entsprechenden Menschen keine Schwierigkeit, wohl aber die Verdauung von Saccharose. In der Entwicklung eines Kindes ist die Umstellung von Milch- auf Mischkost ein einschneidender Vorgang und leider müssen sich immer noch Kinder mit falsch diagnostizierter Fructoseintoleranz zusammen mit ihren Müttern einer gänzlich unnötigen Psychotherapie unterziehen. Der Nachweis des Aldolase-Mangels ist nicht einfach zu erbringen, denn eine Leberbiopsie soll nicht voreilig durchgeführt werden. Allerdings wurde mittlerweile das Gen lokalisiert und in Kürze sollte eine direkte DNA-Sonde verfügbar sein. Damit sollte auch der Nachweis von Fructose-Intoleranz-Trägern möglich sein, immerhin einer unter 140 Menschen. Aus unersichtlichen Gründen, ausgenommen vielleicht, daß Betroffene Saccharose meiden müssen, haben von der Fructose-Intoleranz betroffene Menschen keine Karies.

6.4.4 Proteinase-Mangelkrankheiten

Beim Trypsinogen-Mangel besitzt die Pankreasproteinase nahezu keine Aktivität. Ursächlich ist, daß weder Trypsin noch Chymotrypsin oder die Procarboxypeptidase in ihre aktive Form überführt werden. Infolgedessen wird nahezu kein Protein aus der Nahrung verdaut. Die Symptome sind die gleichen wie die, welche durch die Wirkung von Trypsin-Inhibitoren (s. Kap. 3) hervorgerufen werden. Die Mangelkrankheit tritt natürlich bereits im Kleinkindalter auf, und das Kind kann im allgemeinen überleben, wenn ihm hydrolysiertes Protein oder sogar Aminosäuremixturen verabreicht werden. Ein vererbbarer Enterokinase-Mangel (Enterokinase wandelt das Trypsinogen in das Trypsin um) hat auf die Verdauung von Proteinen die gleichen Auswirkungen.

6.4.5 Lipasemangel

Viele Menschen leiden an verminderter Lipaseaktivität. Wie zu erwarten, ist ihre Fettabsorption gestört. Die Auswirkungen ähneln den Symptomen eines zu geringen Gallenflüssigkeitsspiegels, treten aber mehr akut auf.

6.4.6 Schlußfolgerungen

Die kurze Diskussion kann nur einen kleinen Teil der vielen Hundert beim Menschen bekannten Enzym-Mangelkrankheiten abdecken. Viele der Enzym-Mangelkrankheiten ziehen schwere Stoffwechselstörungen nach sich und enden auch häufig tödlich. Manch andere zeigen keine klinischen Auswirkungen und sind daher auch relativ schwer nachzuweisen. Einige der

Enzymmangelkrankheiten zeigen zwar deutliche Symptome, sind aber nicht lebensbedrohlich, und wieder andere hängen direkt mit der Zusammensetzung der Nahrung zusammen. Gerade diese Enzymmängel erfordern möglicherweise recht einschneidende Veränderungen der Zusammensetzung der täglichen Nahrung. Manchmal werden Enzymmängel bei der üblichen Nahrung nicht tangiert und stellen erst dann eine Gefahr dar, wenn die Nahrung aus irgendeinem Grund deutlich verändert wird. In dem Ausmaß, wie die gewohnte Nahrung umgestellt wird, oder neue Stoffe in die Nahrung aufgenommen werden, besteht die Möglichkeit, daß bis dato unbekannte Enzymmängel plötzlich manifest werden. Unser wachsendes Wissen über die Unterschiede in der Bevölkerung sollte dabei helfen, solche Unglücksfälle zu vermeiden, die sonst unmöglich zu erkennen gewesen wären. Völlig neue Nahrungsmittel sollten mit Vorsicht am Markt eingeführt werden. Glücklicherweise zeigen die vielen Neueinführungen der letzten 200 Jahre, daß die mit einem Risiko behafteten Nahrungsmittel in der Minderzahl sind und üblicherweise keine allzu heftigen Reaktionen auslösen.

6.5 Allgemeine Schlußfolgerungen und Zukunftsperspektiven

Neueinführungen in der Nahrungsmittelindustrie ergeben sich nahezu immer aus dem Auffinden und der Verwendung neuartiger Inhaltsstoffe oder sind die Folge eines Verfahrenswechsels. In beiden Fällen ähnelt das neue Produkt einem bereits auf dem Markt befindlichen. Dieser Vorgang hat sich so etabliert, daß sogar die Verkörperung des Neuen – das Patent – entweder als ‚Zusammensetzungs-‘ oder als ‚Verfahrenspatent‘ klassifiziert wird. Vollständig neuartige Verfahren münden selten in ein Produkt, das ins Supermarktregal kommt, und selbst wenn, sind es meist Nahrungsmittel aus anderen Ländern. Innerhalb der Innovationen für Nahrungsmittel kann die Biotechnologie bei drei Themenkreisen eingreifen.

Zunächst können spezielle Enzymaktivitäten zur Herstellung von Rohstoffen oder Nahrungsmittelkomponenten verwendet werden. Das erfolgreichste Verfahren ist zweifellos die enzymatische Umwandlung von Stärke zu Maltose, Glucose und Fructose. Dieses Verfahren arbeitet mit mehreren Enzymen. Heute zwar noch nicht großtechnisch verwendet, werden wohl die Lipasen in den nächsten Jahren Bedeutung erlangen. Vor allem die großtechnische Verarbeitung von Lipiden und auch die volumenmäßig wesentlich geringer ausfallende Synthese von Geschmackskomponenten sind hier die Ziele. Die Lipasen illustrieren auch eine interessante Verknüpfung zum Non-food Bereich. Mittlerweile nähert sich ein Großteil der Forschungsanstrengungen (auch auf dem Gebiet des protein-engineering) dem Stadium, daß Forschungsergebnisse in die Realität umgesetzt werden können. Allerdings wird hauptsächlich an der Verwendung von Lipasen für Detergentien gearbeitet, und in Kürze wird dieses Ziel auch erreicht sein. Ob allein die Zielsetzung, Lipasen zur Verarbeitung von Nahrungsmitteln zu verwenden, ein solches Maß an Arbeit hätte bewirken können, ist zu bezweifeln. Die Forschungsergebnisse eignen sich aber zur Entwicklung von Lipasen, die auf Umesterungsreaktionen hin optimiert sind. Möglicherweise profitiert auch die Verwendung von Proteasen bei Nahrungsmitteln aus einer solchen Symbiose. Auch Enzyme, die heute auf pharmazeutischem Gebiet verwendet werden, könnten sich zur Verwendung bei der Nahrungsmittelverarbeitung eignen.

Man sollte sich nicht der falschen Meinung hingeben, daß den enzymatischen Verfahren aus der Ecke der nicht-enzymatischen Verfahren keine Konkurrenz erwachsen könnte. Eine der ersten Anwendungen von immobilisierten Enzymen war die Hydrolyse von Saccharose zu Invertzucker, als in Kriegszeiten die Schwefelsäure knapp war. Das recht primitive Verfahren litt unter so vielen Problemen, daß die Unternehmer so bald wie möglich wieder zum alten Verfahren übergingen. Heute steht keines der großtechnischen enzymatischen Verfahren unter Druck, aber gerade bei der kleinmaßstäblichen Produktion von Feinchemikalien ist immer mit der Konkurrenz der rein chemischen Verfahren zu rechnen. Mittlerweile kommen tatsächlich synthetische Katalysatoren auf den Markt, die im Hinblick auf ihre chirale Spezifität und die möglichen milden Bedingungen durchaus Ähnlichkeiten mit Enzymen besitzen. Sie werden wohl die preiswerteren Rohenzyme, wie sie zur Herstellung von Nahrungsmitteln verwendet werden, nicht ersetzen können, jedoch werden sie wahrscheinlich gerade bei chemischen Synthesen den natürlichen Enzymen vorgezogen werden.

Es ist auch gefährlich zu meinen, daß das heutige Klima, das ‚natürlichen‘ enzymatischen Verfahren auf dem Markt einen Wettbewerbsvorteil bringt, für immer Bestand haben könnte. Diese Meinung ist heute ‚in‘, sie kann aber ebenso schnell verschwinden, wie sie entstanden ist, und einer neuen irrationalen Meinungsströmung Platz machen. Eher repräsentativ für die wahrscheinlich richtige Methode zur Entwicklung von Nahrungsmittelbestandteilen ist die momentane Situation auf dem Markt für Süßungsmittel. Hier existieren nebeneinander Saccharose, enzymatisch hergestellte Fructose, in Teilen mikrobiell hergestelltes Aspartam sowie rein chemisch produziertes Saccharin nebeneinander und stehen im direkten Wettbewerb untereinander.

Weiterhin kann mit unserem stetig anwachsenden Wissen die Biotechnologie bei gut eingeführten Fermentationsverfahren eingreifen. Die Zahl der Beispiele wächst, wo in großtechnischen Verfahren die kontrollierte Verwendung zusätzlicher Enzyme als Fermentationshilfsstoff oder zur Modifizierung von Fermentationen Einzug gehalten hat. Vor allem bei der Käseproduktion ist diese Methode hochentwickelt. Letztlich wird wohl bei vielen Verfahren der Mikroorganismus durch einen maßgeschneiderten Enzymcocktail ausgetauscht werden. In den USA wird mittlerweile eine Käsesorte nur mit

Enzymen hergestellt, es werden jedoch noch Jahre vergehen, bis diese Methode an der Welt-Käseproduktion einen merklichen Anteil haben wird. Vermutlich wird zunächst Chymosin aus Hefe eine weite Akzeptanz finden.

Sojabohnen sowie andere Produkte aus Leguminosen werden sehr wahrscheinlich zur kontrollierten Verwendung von Enzymen sehr interessant werden. Vor allem ist die Entwicklung von Proteasen interessant, die auf unerwünschte Proteine, beispielsweise Trypsininhibitoren oder Lectine, reagieren. Dann wären Bohnen für die moderne Verfahrenstechnik zugänglich. Wahrscheinlich werden Enzyme aber zunächst bei der Verarbeitung von Leguminosen als Extraktionshilfsmittel für Lipide und Proteine eingesetzt werden. Für die fernere Zukunft ist wohl die Entwicklung enzymatischer Verfahren für Analogprodukte zu den orientalischen texturierten Sojaprodukten wahrscheinlich. Enzymatische Entgiftungsverfahren lassen sich sicherlich noch verbessern und könnten dann die unsicheren traditionellen Entgiftungsverfahren ersetzen. Inwieweit diese Visionen Wirklichkeit werden, hängt von der Ausgabenpriorität der Entwicklungsländer ab.

Mit Hilfe der Biotechnologie lassen sich weiterhin neue Rohstoffe erschließen. Ein bemerkenswertes Beispiel ist die enorme Produktionssteigerung bei Rapssamen-Öl während der letzten Jahre. Allerdings führten hier klassische Züchtungsmethoden zum Ziel, und zwar konnte eine Sorte mit einem sehr geringem Gehalt an Erucasäure gezüchtet und vermehrt werden. Auch das politische Klima muß für derartige Vorhaben stimmen.

Am Beispiel aus Kap. 1 wurde erstmals gezeigt, daß die Lipidsynthese durch Enzymtransfer beeinflußt werden kann, allerdings liegt eine wirtschaftliche Verwendung dieser Methode für die anderen Ölsaaten noch in weiter Ferne. Durch Enzymtransfer lassen sich möglicherweise auch die relativen Mengenverhältnisse von Stärke und Lipiden als Speichermaterialien von Samen beeinflussen. Interessant wäre beispielsweise eine Erbse mit hohem Lipid-, aber geringem Stärkegehalt, ein Wunsch, der wahrscheinlich erfüllt werden kann. Solche Entwicklungen werden auf die nahrungsmittelverarbeitende Industrie wohl auf lange Sicht weitreichende Auswirkungen haben. Aber wie gesagt, die Entwicklungen werden noch lange dauern und noch sind keine Anwendungen in Sicht, die sich bereits in Kürze umsetzen ließen.

Andere Teilgebiete der Biotechnologie und andere Sichtweisen spielen auch eine Rolle. In diesem Buch wurde mehr oder weniger immer vom Standpunkt der nahrungsmittelverarbeitenden Industrie aus diskutiert. Dagegen können die Enzymproduzenten durchaus andere Interessen besitzen. Nur wenige der Enzymproduzenten sind in der Nahrungsmittelindustrie angesiedelt. Die meisten von ihnen begannen mit der Produktion von Enzymen, um die große Nachfrage nach Enzymen zu befriedigen, die durch die Einführung von enzymatischen Detergentien sowie durch die Verfahren zur Stärkeverzuckerung entstand (etwa die Hälfte bzw. ein Drittel der gesamten Enzymproduktion). Dabei nutzten diese Firmen den Sachverstand, den sie bei großtechnischen Fermentationen, vor allem bei der Herstellung von Antibiotika, gewonnen hatten. Die wirtschaftlichen Interessen der Enzymproduzenten liegen nicht nur in der Produktionsausweitung, sondern auch in einer höheren Wertschöpfung durch ihre Enzyme. Mittlerweile werden immer seltener die Rohkonzentrate eines Kulturmediums verkauft, sondern lieber immobilisierte Enzyme zur Verwendung in Säulen auf Trägermedien. Die gleichen Firmen stellen auch hochgereinigte Enzyme für die pharmazeutische Industrie her und sie könnten, wenn die Nahrungsmittelindustrie jemals eine entsprechende Nachfrage hätte, zweifellos nach gewissen Entwicklungsarbeiten auch entsprechende Enzymmengen an die Nahrungsmittelindustrie liefern. Ob sich die Entwicklungen auch auf protein-engineering ausdehnen, bleibt abzuwarten.

Denkbar ist, daß die größeren unter den Nahrungsmittelproduzenten ihre eigenen gentechnischen Entwicklungen durchführen und die entsprechenden transgenen Organismen produzieren. Anschließend könnten dann Lizenzen an entsprechende Enzymproduzenten gegeben werden. Noch ist keineswegs klar, wo sich die meiste Arbeit abspielen wird. Eine so große und komplex strukturierte Industrie wie die Nahrungsmittelindustrie wird sich nur in kleinen Schritten weiterentwickeln und spektakuläre Neuheiten sind eher unwahrscheinlich. In den vergangenen 200 Jahren hat sich in den hochentwickelten Staaten die Zusammensetzung der Nahrung sehr geändert. Dieser Trend setzt sich fort, wobei die Biotechnologie mit ihren unterschiedlichen Erscheinungsbildern immer eine Rolle spielen wird. Schon seit langem, und das gilt auch für die Zukunft, zeichnet sich ab, daß der Verbraucher eine immer größere Auswahl an Nahrungsmitteln haben möchte, die durch geeignete Methoden zur Haltbarmachung auch möglichst das ganze Jahr über erhältlich sein sollen. In der Vergangenheit kamen Nahrungsmittel von überall aus der Welt und wurden bei uns als ‚neue‘ Nahrungsmittel eingeführt. Nur für Margarine und einige weitere Nahrungsmittel gilt diese Aussage nicht (das in letzter Zeit in Großbritanninien weitverbreitete ‚new food‘ – Getreidezubereitungen fürs Frühstück – ist im übrigen Europa weitgehend unbekannt). Welches Nahrungsmittel als nächstes neu auf den Markt kommt oder ob die Biotechnologie wieder an der Entwicklung eines neuen Nahrungsmittels beteiligt sein wird, läßt sich heute nicht vorhersagen. Neue fermentierte Nahrungsmittel sowie einige neue Früchte stehen aber ganz eindeutig schon in den Startlöchern.

Es ist zwar nicht überraschend, aber schade, daß die Nahrungsmittelindustrie ausgerechnet in den Staaten hoch entwickelt ist, in denen ein Überfluß an Nahrungsmitteln herrscht. Die nahrungsmittelverarbeitende Industrie ist bei der Entdeckung und Verwendung neuer Rohstoffe oder bei der neuartigen und besseren Verwendung bereits bekannter Rohstoffe hocheffizient. Wenn sich in den nächsten zwanzig Jahren der Trend fortsetzt, daß die Nahrungsproduktion pro Kopf sinkt, wird gerade diese Fähigkeit der nahrungsmittelverarbeitenden Industrie dringend gebraucht werden. Auch wenn die Biotechnologie gerade dort am wirkungsvollsten arbeitet, wo sie am wenigsten gebraucht wird, wird sie ihren Teil zur Versorgung mit Nahrungsmitteln beitragen. In einer perfekten Welt würde die Biotechnologie so eingesetzt werden, daß überall dort, wo die Versorgung mit Nahrungsmitteln knapp ist, mit ihrer Hilfe wenigstens eine Minimalversorgung wesentlich besser als heute gesichert wäre. Die Menschheit verfügt über viele potentiell als Nahrungsmittel geeignete Pflanzen, deren Gefährlichkeit mit relativ geringem Entwicklungsaufwand deutlich erniedrigt werden könnte.

Wie auch immer, die Biotechnologie, d.h. der kontrollierte Einsatz von Enzymen, wird eine Rolle spielen.

Literaturhinweise

Neuere Lehr- und Handbücher

Belitz H.-D., Grosch W. (1992) Lehrbuch der Lebensmittelchemie, 4. Aufl. Springer, Berlin Heidelberg New York

Bundesmin. Ernähr. Landw. Forsten (Hrsg.) (1989) Biotechnologie in der Agrar- und Ernährungswissenschaft. Paul Parey, Hamburg Berlin

Dellweg H., Schmid R.D., Trommer W.E. (Hrsg.) (1992) Römpp-Lexikon Biotechnologie. Thieme, Stuttgart New York

Deutscher M.P. (1990) Guide to Protein-Purification. Academic Press, London

Harwalker V.R., Ma C.-Y. (1990) Thermal Analysis of Foods. Elsevier Appl. Sci., London New York

Hudson B.J.F. (1992) Biochemistry of Food Proteins. Elsevier Appl. Sci., London New York

Jackson A.T. (1993) Verfahrenstechnik in der Biotechnologie (Übersetzung aus dem Englischen). Springer, Berlin Heidelberg New York

Knorr D. (Hrsg.) (1987) Food Biotechnology. Marcel Dekker Inc., New York

Kricka L.J. (Hrsg.) (1992) Nonisotopic DNA Probe Techniques. Academic Press, London

Macrae E., Robinson R.K., Sadler M.J. (Hrsg.) (1993) Encyclopaedia of Food Science, Food Technology and Nutrition, Bd. 8. Academic Press, London

Pomeranz Y. (1991) Functional Properties of Food Components, 2. Aufl. Academic Press, London

Rao M.A., Steffe J.F. (Hrsg.) (1992) Viscoelastic Properties of Foods. Elsevier Appl. Sci., London New York

Rehm H.-J., Reed G., Pühler A., Stadler P. (Hrsg.) (1993 ff.) Biotechnology, 2. Aufl., 12. Bd. VCH, Weinheim

Ruttloff H. (Hrsg.) (1991) Lebensmittelbiotechnologie. Akademie-Verlag, Berlin

Schlee D., Kleber H.-P. (Hrsg.) (1991) Wörterbücher der Biologie: Biotechnologie. Fischer, Jena

Sinclair C.G., Kristiansen B., Bu'Lock J.D. (1993) Fermentationsprozesse (Übersetzung aus dem Englischen). Springer, Berlin Heidelberg New York

Trevan M.D., Boffey S., Golding K.H., Stanbury P. (1993) Biotechnologie: Die Biologischen Grundlagen (Übersetzung aus dem Englischen). Springer, Berlin Heidelberg New York

Whistler R.L., Bemiller J.N. (1992) Industrial Gums, 3. Aufl. Academic Press, London

Kapitel 1

Die angegebenen Bücher und Übersichtsartikel sowie einige der Originalveröffentlichungen beziehen sich auf den vorliegenden Abschnitt. Sie sollen zur Vertiefung der angesprochenen Sachverhalte beitragen. Die angegebenen Werke können die neuesten Entwicklungen nicht berücksichtigen. Dies geschieht in den vielen jährlichen Übersichtsartikeln.

Böck A., Forschhammer K., Heider J., Leinfelder W., Sawers G., Veprek B., Zinoni F. (1991) Selenocysteine: the 21st amino acid. Mol. Microbiol. 5, 515–520

Butler L. O., Harwood C., Moseley B. E. (Hrsg.) (1989). Genetic Transformation and Expression. Intercept, Wimbourne, Dorset

Dean P. D. G., Johnson W. S., Middle F. A. (1985) Affinity Chromatography: A Practical Approach. IRL Press, Oxford

Edens L., Van der Wel H. (1985) 'Microbial synthesis of the sweet tasting plant protein thaumatin'. Trends in Biotechnology 3, 61–64

Esser K., Kamper J. (1988) Transformation systems in yeasts. Fundamentals and applications in biotechnology. Process Biochem. 23, 36–41

Gacesa P., Hubble J. (1987) Enzyme Technology. Open University Press, Milton Keynes bzw. (1992) Enzymtechnologie (Übers. aus dem Englischen). Springer, Berlin

Hilditch T. P. (1956) Chemical Constitution of Natural Fats. Chapman and Hall, London

Hitchcock C., Nichols B. (1971) Plant Lipid Biochemistry. Academic Press, London

Hoffman L. M., Donaldson D. D., Herman E. M. (1988) A modified storage protein is synthesized, processed and degraded in the seeds of transgenic plants. Plant Molec. Biol. 11, 717–729

Int. Union of Biochem. (1992) Enzyme Nomenclature. Academic Press, London

Kershavarz E., Hoare M., Dunnill P. (1987) Biochemical engineering aspects of cell disruption. In: Verrall M., Hudson M. (Hrsg.) Separations for Biotechnology. Ellis Horwood, Chichester

Lathe R. (1985) Synthetic oligonucleotide probes deduced from amino acid sequence data. J. Molec. Biol. 183, 1–12

Lynen F. (1980) On the structure of the fatty acid synthetase of yeast. Eur. J. Biochem. 112, 434–442

Neidleman S. L. (1987) Effects of temperature on lipid unsaturation. In: Biotechnology and Genetic Engineering Reviews, Bd. 5. Intercept, Wimborne, Dorset

Ness W. R., Ness W. D. (1980) Lipids in Evolution. Plenum, New York

Shah D. M., Tumer N. E., Fischoff D. A., Horsch R. B., Rogers S. G., Fraley R. T., Jaworski E. G. (1987) The introduction and expression of foreign genes in plants. In: Biotechnology and Genetic Engineering Reviews, Bd. 5. Intercept, Wimborne, Dorset

Shewry P. R., Kreis M., Burrell M. M., Miflin B. J. (1987) Improvement of the processing properties of British crops by genetic engineering. In: King R. D., Cheetham P. J. (Hrsg.) Food Biotechnology. Elsevier Applied Science, London

Scopes R. K. (1982) Protein Purification. Principles and Practice. Springer, New York

Tombs M. P., Cooke K. B., Burston D., Maclagan N. F. (1961) The Chromatography of normal serum proteins. Biochem. J. 80, 284

Volpe J. J., Vagelos P. R. (1973) Saturated fatty acid biosynthesis and its regulation. Ann. Rev. Biochem. 42, 21–61

Kapitel 2

Bucke C. (1983) There is more to sweeteners than sweetness. Trends Biotechnol. 1, 67–71

Eisenberg H. (1990) Thermodynamics and the structure of biological macromolecules. Eur. J. Biochem. 187, 7–22

Evans C. T. et al. (1987) A novel efficient biotransformation for the production of L-phenylalanine. Bio-Technology 5, 818–822

Higginbotham J. (1983) Recent developments in non-nutritive sweeteners. In: Grenby T. H., Parker K. J., Lindley M. G. (Hrsg.) Developments in Sweeteners, 2. Aufl. Elsevier Applied Science, Barking

Hamilton B. K., Hsiaio H. Y., Swann W. E., Anderson D. M., Delente J. J. (1985) Manufacture of L-amino acids with bioreactors. Trends Biotechnol. 3, 64–68

Harada T. (1984) Isoamylase and its industrial significance in the production of sugars from starch. In: Biotechnology and Genetic Engineering Reviews, Bd. 1. Intercept, Wimborne, Dorset

Jaenicke R. (1991) Protein stability and molecular adaptation to extreme conditions. Eur. J. Biochem 202, 715–728

McAllister R. V. (1980) Immobilised Enzymes for Food Processing. CRC Press, Florida

Pace C. N., Heinemann U., Hahn U., Saenger W. (1991) Ribonuclease T1: Struktur, Funktion, Stabilität. Angew. Chem. 103, 351–369

Schneider H., Johnson K., Mackenzie C. (1989) Enzymic debranching of polysaccharides: effects on polymer properties and on enzymic hydrolysis of the main chain. In: Biotechnology and Genetic Engineering Reviews, Bd. 7. Intercept, Wimborne, Dorset

Schulz G. E., Schirmer R. H. (1978) Principles of Protein Structure. Springer, New York Berlin Heidelberg

Tombs M. P. (1985) Stability of enzymes. J. Appl. Biochem. 7, 3–24

Tomazic S. J., Klibanov A. M. (1988) Mechanism of irreversible thermal inactivation of *Bacillus* amylases. J. Biol. Chem. 263, 3086–3091

Kapitel 3

Adler-Nissen J. (1986) Enzymic Hydrolysis of Food Proteins. Elsevier Applied Science, Barking

Bajaj M., Blundell T. (1984) Evolution and the tertiary structure of proteins. Ann. Rev. Biophys. Bioeng. 13, 453–492

Bergquist P. L., Love D. R., Croft J. E., Streiff M. B., Daniel R. M., Morgan W. H. (1987) Genetics and potential biotechnological applications of thermophilic and extremely thermophilic micro-organisms. In: Biotechnology and Genetic Engineering Reviews, Bd. 5. Intercept, Wimborne, Dorset

Bigelow C. C. (1967) On the average hydrophobicity of proteins and the relation between it and protein structure. J. Theoret. Biol. 16, 187–211

Bond J., Butler P. E. (1987) Intra-cellular proteases. Ann. Rev. Biochem. 56, 333–364

Bone R., Silen J. L., Agard D. A. (1989) Structural plasticity broadens the specificity of an engineered protease. Nature 339, 191–195

Campbell-Platt G. (1987) Fermented Foods of the World. Butterworths, London

Clark A. H., Judge F., Richards J., Stubbs J., Sugget A. (1981) Electron microscopy of network structures in thermally induced globular protein gels. Int. J. Peptide Protein Res. 17, 380–392

Cowan D., Daniel R., Morgan H. (1985) Thermophilic proteases properties and potential applications. Trends Biotechnol. 3, 68–72

Danilenko A. N., Grozov E., Bikbov T., Grinberg V., Tolstoguzov V. (1985) Studies on the stability of 11S-globulin from soybeans by differential scanning micro calorimetry. Int. J. Biol. Macromol. 7, 109–112

Daussant J., Mosse J., Vaughan J. (Hrsg.) (1983) Seed Proteins. Academic Press, London

Dickinson E., Stainsby G. (1982) Colloids in Food. Applied Science Publishers, Barking

Dickinson C. D., Floener L., Evans R., Nielsen N. (Hrsg.) (1987) Engineering of soybean seed storage proteins. Fed. Proc. 46, 2023

Honig D., Wolf W. (1987) Mineral and phytate content and solubility of soybean protein isolates. J. Agric. Food Chem. 35, 583–588

Lawrie R. (Hrsg.) (1969) Proteins as Human Food. Butterworths, London

Matheis G., Whitaker J. R. (1987) Enzymatic cross linking of proteins applicable to foods. J. Food Biochem. 11, 309–327

Norton G. (Hrsg.) (1976) Plant Proteins. Butterworths, London

Ogston A. G. (1958) The spaces in a uniform random suspension of fibres. Trans. Farad. Soc. 54, 1754–1757

Richards F. M. (1977) Areas, volumes, packing and protein structure. Ann. Rev. Biophys. Bioeng. 6, 151–176

Schellman J., Lindorfer M., Hawkes R., Grutter M. (1981) Mutations and protein stability. Biopolymers 20, 1989–1999

Stellwagen E., Wilgus H. (1978) Relationship of the protein thermostability to accessible surface area. Nature 275, 342–343

Tanford C. (1973) The Hydrophobic Effect. John Wiley, New York

Tombs M. P. (1967) Protein bodies of the soybean. Plant Physiol. 42, 797–813

Tombs M. P. (1974) Gelation of globular proteins. Faraday Disc. Chem. Soc. 57, 158–164

Wright D. J. (1986) The seed globulins. In: Hudson B. (Hrsg.) Developments in Food Proteins, Bd. 4. Elsevier Applied Science, Barking

Kapitel 4

Berg H. C. (1983) Random Walks in Biology. Princeton University Press, Princeton, N. J.

Blanshard J. M. V. (1984) Native disulphide bond formation in protein biosynthesis: evidence for the role of protein disulphide isomerase. Trends Biochem. Sci. 4, 438

Henis Y., Yaron R., Lamed R., Rishpon J., Sahar E., Katchalski Katzir E. (1988) Mobility of enzymes on insoluble substrates: the β-amylase starch gel system. Biopolymers 27, 123–138

Hough J. S., Briggs D., Stevens R., Young T. (1982) Malting and Brewing Science. Chapman and Hall, London

Munn E. A., Feinstein A., Greville G. (1971) Isolation and properties of the protein calliphorin. Biochem. J. 124, 367–374

Peppler H. J., Reed G. (1987) Enzymes in food and feed processing. In: Rehm H., Reed G. (Hrsg.) Biotechnology. Bd. 7a. VCH, Weinheim

Russell G. E. (Hrsg.) (1988) Yeast Biotechnology. Intercept, Wimbourne, Dorset

Walter R.H. (Hrsg.) (1992) The Chemistry and Technology of Pectin. Academic Press, London

Wieser H., Belitz H.-D. (1992) Coeliac active peptides from gliadin: large scale preparation and characterization. Z. Lebensm. Unters. Forsch. 194, 229–234

Wood B. J. (1985) Microbiology of Fermented Foods. Elsevier Applied Science, Barking

Kapitel 5

Deetz J., Rozzell J. D. (1988) Enzyme catalysed reactions in non-aqueous media. Trends Biotechnol. 6, 15–18

Dickinson E. (Hrsg.), (1987) Food Emulsion and Foams. Royal Society of Chemistry, London

Fournet B., Leroy Y., Montreuil J., Decaro J., Rovery M., van Kuik J., Vleigenthart J. (1987) Primary structure of the glycans of porcine pancreatic lipase. Eur. J. Biochem. 170, 369–371

Fowler M. W. (1986) Process strategies for plant cell cultures. Trends Biotechnol. 4, 214–219

Gatfield I. L. (1988) Enzymatic generation of flavour and aroma components. In: King R. D., Cheetham P. S. J. (Hrsg.) Food Biotechnology, 2. Aufl. Elsevier Applied Science, Barking

Hsiao H. Y., Walter J. F., Anderson D. M., Hamilton B. K. (1988) Enzymatic production of amino acids. In: Biotechnology and Genetic Engineering Reviews. Intercept, Wimborne, Dorset

Hughes S. G., Overbecke N., Robinson S., Pollock K., Smeets F. (1988) Messenger RNA from isolated aleurone cells directs the synthesis of an α-galactosidase found in the endosperm during germination of guar (*Cyamopsis tetrogondoloba*) seed. Plant Molec. Biol. 11, 783–789

Kimura A. (1986) Molecular breeding of yeasts for production of useful compounds; novel methods of transformation and new vector systems. In: Biotechnology and Genetic Engineering Reviews, Bd. 4. Intercept, Wimborne, Dorset

Macrae A. (1983) Lipase catalysed interesterification of oils and fats. J. Amer. Oil. Chem. Soc. 60, 291–294

Macrae A. R., Hammond R. C. (1985) Present and future applications of lipases. Biotechn. In: Gen. Eng. Rev., Bd. 3, 193–217. Intercept, Wimborne, Dorset

Milsom P. E. (1986) Organic acids by fermentation. In: King R. D., Cheetham P. S. J. (Hrsg.) Food Biotechnology, Bd. 1. Elsevier Applied Science, Barking

Roberts G., Tombs M. P. (1987) Preparation of fluorescent derivatives of lipases and their use in fluorescence energy transfer studies in hydrocarbon–water interfaces. Biochem. Biophys. Acta 902, 327–334

Tombs M. P., Blake G. (1982) Stability and inhibition of *Aspergillus* and *Rhizopus* lipases. Biochem. Biophys. Acta 700, 81–89

Wisdom R. A., Dunnil P., Lilly M. D. (1985) Enzymic interesterification of fats: the effect of nonlipase material on immobilised enzyme activity. Enz. Microb. Technol. 7, 567–572

Zaks A., Klibanov A. M. (1984) Enzymic catalysis in organic media. Science 224, 1249–1251

Kapitel 6

Anderson D., Cuthbertson W. F. J. (1987) Safety testing of novel food products generated by biotechnology. In: Biotechnology and Genetic Engineering Reviews, Bd. 5. Intercept, Wimbourne, Dorset

Angharad M., Gatehouse R., Shackley S., Fenton K., Brydon J., Pusztai A. (1989) Mechanism of seed lectin tolerance by a major insect storage pest of *Phaseolus vulgaris*. J. Sci. Food Agric. 47, 269–280

Collins W. (Hrsg.) (1988) Complementary Immunoassays. John Wiley, Chichester

Fenwick G. R. (1989) Bracken–toxic effects and toxic constituents. J. Sci. Food Agric. 46, 147–174

Fowden L. (1978) Non-protein nitrogen compounds: toxicity and antagonistic action in relation to amino acid and protein synthesis. In: Norton G. (Hrsg.) Plant Proteins. Butterworths, London

Gibbs J. N., Kahan J. S. (1986) Biotechnology and the food industry: leaping the regulatory hurdles. Bio-Technology 4, 199–205

Greenwood D. J. (1987) Plant nutrition and human welfare: the word scene. The 1988 Shell lecture. J. Sci. Food Agric. 48, 387–410

Hanssen M. (1984) E is for Additives. Thorsons, Wellingborough, UK

Harris H. (1975) The Principles of Human Biochemical Genetics. North-Holland, Oxford

Krogh, P. (Hrsg.) (1987) Mycotoxins in Food. Academic Press, London

Liener I. E. (1987) Detoxifying enzymes. In: King R. D., Cheetham P. S. J. (Hrsg.) Food Biotechnology, Bd. 1. Elsevier Applied Science, Barking

Lis H., Sharon N. (1986) Lectins as molecules and as tools. Ann. Rev. Biochem. 55, 35–67

Mattiasson B. (1988) Bioaffinity methods of analysis applied in the food area. In: King R. D., Cheetham P. S. J. (Hrsg.) Food Biotechnology, Bd. 2. Elsevier Applied Science, Barking

Morris B. A., Clifford M. N. (Hrsg.) (1985) Immunoassays in Food Analysis. Elsevier, London

Robinson D. (1987) Food Biochemistry and Nutrional Value. Longman Scientific, Harlow, Essex

Ucko P. J., Dimbleby G. W. (Hrsg.) (1969) The Domestication and Exploitation of Plants and Animals. Duckworth, London

Ulitzer S., Kuhn J. (1987) Introduction of *lux* genes into bacteria. A new approach for specific determination of bacteria and their antibiotic susceptibility. In: Scholmerich J., Andresen R., Kapp A., Ernst M., Woods W. (Hrsg.) Bioluminescence and Chemiluminescence: New Perspectives. John Wiley, Chichester

Velazquez A., Burges H. (Hrsg.) (1984) Genetic Factors in Nutrition. Academic Press, New York

Sachverzeichnis

In der Reihe Biotechnologie erschienen bisher:

GACESA, HUBBLE, Enzymtechnologie

HALL, Biosensoren

JACKSON, Verfahrenstechnik in der Biotechnologie

SINCLAIR, Fermentation - Kinetik und Modelling

TOMBS, Biotechnologie in der Lebensmittelindustrie

TREVAN, BOFFEY, GOULDING, STANBURY, Biotechnologie:
   Die Biologischen Grundlagen

WARD, Bioreaktionen - Prinzipien, Verfahren, Produkte

In Vorbereitung sind:

WAINWRIGHT, Biotechnologie mit Pilzen - Eine Einführung
WOLF, Aufgaben zur Bioreaktionstechnik - Biotechnologie,
   Wasser- und Abwassertechnik